木材切削原理与刀具

曹平祥　郭晓磊　主编

中国林业出版社

图书在版编目(CIP)数据

木材切削原理与刀具/曹平祥，郭晓磊主编．-北京：中国林业出版社，2010.3（2016.1 重印）

ISBN 978-7-5038-5796-6

Ⅰ．①木… Ⅱ．①曹… ②郭… Ⅲ．①木材切削 ②木工刀具 Ⅳ．①TS654 ②TS643

中国版本图书馆 CIP 数据核字(2010)第 034426 号

出版 中国林业出版社(100009 北京西城区刘海胡同 7 号)
E-mail forestbook@163.com 电话 010-83143544
网址 lycb.forestry.gov.cn
发行 中国林业出版社
印刷 北京北林印刷厂
版次 2010 年 1 月第 1 版
印次 2016 年 1 月第 2 次
开本 787mm×1092mm 1/16
印张 13.75
字数 300 千字
印数 2001～5000 册
定价 24.00 元

内容简介

本书根据高等林业院校木材科学与工程专业课程教学大纲编写而成，引入了与国际切削技术接轨的表达方式，详述了木材切削的基本原理、木工刀具材料及刀具磨损、铣削与铣刀、锯切与锯子、钻削与钻头、旋切与旋刀、磨削与磨具、木工刀具的修磨和木工刀具的应用等内容，同时增加了木质和非木质复合材料切削原理，木质复合材料及各类木制品切削刀具，新型刀具结构以及木工刀具的修磨与使用，木工刀具应用技术等新内容。在阐述木材切削基本原理的基础上，客观准确地反映当今国内外木工刀具先进水平，体现出专业时代性。

本书可作为高等农林院校木材科学与工程专业和家具设计与制造专业教材，同时也可作为机械设计与制造专业及相关生产企业工程技术人员的参考书。

前　言

本书根据高等林业院校木材科学与工程专业本科课程“木材切削原理与刀具”教学大纲编写而成；全书共分绪论、木材切削的基本原理、木工刀具材料及刀具磨损、铣削与铣刀、锯切与锯子、钻削与钻头、旋切与旋刀、磨削与磨具、木工刀具的修磨和木工刀具的应用等10个部分。

与已出版的教材相比较，本书引入了与国际接轨的表达方式，增加了木质和非木质复合材料切削原理，木质复合材料及各类木制品切削刀具，新型刀具结构以及木工刀具的修磨与使用，木工刀具应用技术等内容。编者在阐述木材切削基本原理的基础上，力求客观准确地反映当今国内外木工刀具先进水平，体现专业基础课教材的时代性；在内容的表达和分量的安排上，有利于学生自学能力的培养。授课教师在选用本教材时，可以根据自身的教学经验，作适当的调整或补充。

本书主要针对木材科学与工程专业和家具设计与制造专业本科生教学进行编写，同时地兼顾机械设计与制造专业学生的使用。本书也可以作为相关生产企业工程技术人员的参考书。

本书在初审和定稿过程中，南京林业大学王厚立教授对书稿进行了认真细致的审阅，并提出了很多宝贵的修改意见，在此谨致衷心的谢意。

由于编者水平有限，书中不妥之处在所难免；为进一步提高教材质量，欢迎广大同仁和读者批评指正，以便在再版时加以改进，不胜感激之至。

编　者

2010. 1

目　录

绪　论

一、课程的性质

《木材切削原理与刀具》是研究木材切削过程中的基本规律、标准刀具的选型与使用、非标准刀具设计原理与方法的一门技术学科。材料的切削加工是用一种硬度高于工件材料的单刃或多刃刀具，在工件表层切去一部分预留量，使工件达到预定的几何形状、尺寸准确度、表面质量以及低加工成本的要求。木材切削原理是研究木材切削加工理论的一门学科，木材切削刀具着重介绍木工刀具的结构和工作原理、木工刀具设计基本理论以及木工刀具的选用原则等，磨削是用带有磨粒的工具对工件进行加工的方法，特种加工技术在木材加工中的应用近年来也有发展。

木材切削理论、木材干燥理论与木材胶合理论共同构成了木材加工的三大基本理论基础。《木材切削原理与刀具》主要针对木材科学与工程、家具设计与制造专业，并兼顾农林院校的机械设计制造及其自动化专业教学需要，也可作为相关工程技术人员的参考书。本课程是一门专业基础课，它为培养木材科学与工程、家具设计与制造方面的工程师服务，它既是学习木工机床知识的理论基础，也是掌握木材加工工艺(包括制材、人造板工艺、家具木制品工艺等)的专业基础理论，为专业课程设计、毕业设计提供必要的基础知识。

二、课程的任务

学生通过本课程的教学、实验、并配合生产实习，应达到以下要求：

(1)在基本理论方面：掌握木材切削及磨削过程中的切削变形、切削力、切削热及切削温度、刀具磨损、破损以及磨削的基本理论与基本规律。

(2)在基本知识方面：掌握常用刀具材料的种类、性能及应用范围；掌握木材加工性及加工表面质量的评定标志、影响因素和提高加工性及加工表面质量的主要措施等知识；掌握刀具切削部分的几何参数选择的选用原则；掌握切削用量的选用原则。

(3)在基本能力方面：应具有根据加工条件和要求合理选择刀具材料；正确选择刀具的类型、结构和规格；应具有根据加工条件，利用资料、手册及公式，计算切削力和切削功率的能力；应初步具有木材切削试验的基本方法和技能，并具有对试验数据进行处理和分析的能力；应具有设计整体成型铣刀的能力；应具有正确使用先进刀具，合理使用刀具及修磨刀具的能力。

此外，还应初步了解国内外在木材切削、磨削及特种加工方面的新成就和发展趋势，对国内切削加工实践有一定的了解，有初步的对生产上提出的切削加工问题进行分析、试验研究的能力。

木材切削原理与刀具是与生产实践紧密联系的，该课程涉及知识面较广。因此，学生还需阅读有关手册、样本，特别要重视生产实践，参加生产线的调试与维护的工作实践，这样才能做到理论联系实际，提高解决实际问题的工作能力。

三、课程的基本内容

1. 木材切削过程的基本规律

在实际生产中，尽管用于不同切削加工方法的刀具种类很多，但是它们参加切削的部分在几何特征上却具有共性：都可以看做是一把楔形切刀和一个直线运动构成的直角自由切削过程。直角自由切削是指刀刃与主运动方向垂直，刀刃上参加切削各点的切屑流出方向相同的切削过程。直角自由切削是最简单的、最基本的木材切削形式，在一定程度上，可以反映各种复杂的切削机理与方式的共同规律。其他各类刀具，包括复杂刀具根据它们的工作要求，都是在这个基本的形态上演变出各自的特点。

研究木材的切削过程，首先需要建立有关刀具、工件以及它们构成的切削运动(切削三要素)，以及刀具的几何角度和切削层参数等基本概念。木材的切削过程实质上是在刀具的作用下切削区发生变形的过程。因此，对于切削区木材的变形研究是木材切削研究的基本问题。至于在切削过程中产生的一系列物理现象，如切削力、切削功率、声发射及其应用、切削热与切削温度等也都一一阐明。

2. 各种木工刀具的原理及应用

刀具对于提高劳动生产率、保证加工精度与表面质量、改进生产技术、降低成本都有直接的影响。任何正确选择、合理使用、不断改进刀具，以及设计专用刀具是木材加工的一项重要工作。根据木材切削所用刀具或者刀具与工件相对运动的特点木工刀具种类很多，随着生产的不断发展还在日益增加中。

教材以铣削、锯切、钻削、旋切为例，介绍了木工刀具的结构类型、性能、规格、使用，学习的重点为铣刀和锯条(片)；为使学生初步掌握专用刀具的设计方法，教材较详细地介绍了成型铣刀的设计方法，要求学生能正确设计整体成型铣刀。

教材还介绍了在家具、木制品生产中，木工刀具应用的具体实例。

3. 木材磨削及特种加工

磨削是一种特殊的切削加工工艺，从研究木材切削中所得出的结论，必须附加一定的条件，才能适用于磨削，在木材加工中有着重要的应用；特种加工是指除常规切削加工以外的新的加工方法，各种加工方法在木材加工生产中已有应用。

4. 木工刀具材料及刀具的修磨

刀具切削性能的好坏，取决于构成刀具切削部分的材料、切削部分的几何参数以及刀具结构的选择和设计是否合理。切削加工生产率和刀具耐用度的高低，刀具消耗和加工成本的多少，加工精度和表面质量的优劣等等，在很大程度上取决于刀具材料的合理选择。为了特别强调刀具材料及修磨对木材切削的影响，我们将以上内容分别单列成章。

四、研究方向

木材切削原理与刀具的研究目的和其他技术学科一样，应当为生产实践服务，与此相应，需要从理论和实践两个方面展开关于木材切削的科学研究工作。到目前为止，对木材切削原理与刀具进行的研究，主要内容有13个方面：

(1)对木材切削加工的研究，制定出木材试验标准的方法。

(2)测定木材切削力。

(3)对单位木材的切削功率研究，制定木材切削用量。

(4)用高速摄像机，对切削区木材的变形及切屑的形成进行观察，分析切削过程，对切屑流进行控制。

(5)用自然热电偶或人工热电偶，对木材切削热及切削温度研究。

(6)对木材钻削加工进行研究。

(7)对刀具磨损的研究，刀具的磨钝标准、刀具耐用度、刀具寿命、用于自动加工生产线的刀具可靠性等。

(8)对新型刀具材料如改性金属陶瓷、涂层刀具材料、金刚石、立方氮化硼(CBN)等在木材切削中应用的研究。

(9)以砂代刨、以磨代铣、宽带砂光等的研究。

(10)锯切时锯条(片)振动以及薄锯路锯条(片)的研究。

(11)木工刀具的降噪研究。

(12)切削过程的自动在线检测方法的应用。

(13)木材特种加工技术，如高压水射流加工、激光切削、振动切削。

随着生产实践的发展，新的研究领域和方向不断地被开发，并有可能形成新的研究热点。

五、发展趋势

木材切削原理与刀具的发展与刀具材料、木工机床以及木制品加工工艺要求的发展息息相关，试验方法的改进与试验仪器的现代化在本学科的发展上做出了重要的贡献。当前木材切削研究的中心课题是围绕着提高加工效率、降低生产成本、提高刀具寿命、改善加工表面质量、发展自动化和自适应控制等方面进行的。其发展趋势主要体现在以下几个方面：

1. 探索新的加工方法

传统的锯、铣、刨、磨、钻等木材加工方式会产生大量的切屑，木材利用率不高。为了减少切屑损失，提高木材的利用率、提高加工质量和劳动生产率而不断探索出新的加工方法，以及特种加工在木材加工中应用的探索。

2. 提高刀具耐用度、刀具寿命和加工质量

为了适应木材加工自动化生产的需要，提高刀具耐用度，国内外越来越广泛地使用了硬质合金木工刀具。与此同时，随着人造板工业的发展和自动化生产的要求，耐磨性更高的CBN刀具、涂层刀具、金刚石刀具等也越来越广泛地应用于木材加工生产中。

3. 用近代试验手段深入研究木材切削

木材切削的科学研究包括理论研究和实验研究两个方面。由于木材切削是一个十分复杂的过程，影响因素众多而又相互关联，因此，到目前为止，实验研究仍在木材切削研究中占有主要地位。近年来，木材切削实验技术有很大的发展和提高，出现了不少新的试验方法和新仪器。

扫描电镜、透射电镜、能谱仪、电子探针、离子探针、俄歇谱仪等已在木材切削实验研究中得到应用，使切削变形过程的机理和刀具磨损本质的研究取得突破性进展，达到新的高度；新型高刚度、高灵敏度热像仪的应用使切削、磨削区的温度可以直接测量；切削过程的自动在线检测方法的应用，使切削加工自动化和自适应控制的实现有了可能；用计算机程序分析带锯振动和稳定性；用频谱分析仪器测定锯片的适张度；试验数据的计算机自动采集和一些现代数据处理方法的实际应用，使切削实验技术得到新的提高。所有这些不仅发展和提高了木材切削试验技术，而且大大提高可整了木材切削技术的研究和应用水平。

4. 加强电子计算机在木材切削研究中的应用

要加强电子计算机在木材切削加工研究各方面的应用，例如用计算机系统模拟各种切削加工过程和现象，这类系统显示出模拟的结果，选择出最佳的切削和磨削条件，大大减少试验的工作量；开展建立切削数据库的研究工作，要将生产实践中的丰富经验、国内外文献资料以及实验室的试验数据收集起来，加以科学分析、处理，提出一整套在各种切削条件下刀具的合理几何参数及最佳切削用量，帮助工厂提高生产率和产品质量。

第一章 木材切削的基本原理

刀具沿着预定的工件表面，切开木材，获得要求的尺寸、形状和粗糙度制品的工艺过程，称为木材切削。通常，工件上被切去的相对变形较大的一层木材称为切屑。绝大多数情况下，切屑不是制品；但有时切屑本身就是制品，如单板旋切和薄木刨切。

木材切削有两种基本的切削方式：一是直角自由切削，它是指切削刃垂直于刀具与工件的相对运动方向且主运动为直线运动的切削，如刨切；二是直齿圆柱铣削，它是指切削刃垂直于刀具与工件的相对运动方向且主运动为回转运动的切削，如平刨床刨刀的切削。实际上，直角自由切削可以看成是直齿圆柱铣削的特例，即刀具半径无限大、切削刃角速度为零。直角自由切削是最简单、最基本的切削方式，能反映各种复杂的切削方式和切削机理的共同规律。故经常以这种简单的切削方式来研究切削区木材的变形、切削力、切削热和刀具磨损等物理现象。

第一节　基本概念

在实际生产中，会遇到各种木材切削的方式，如车削、铣削、刨削、锯切、旋切和钻削等。无论采用哪种切削方式来完成某一切削过程，都离不开刀具、工件和运动。因此，刀具、工件和运动是木材切削的三要素。

一、运　动

欲从工件上切除一层木材，刀具或工件必须作直线运动或回转运动。刀具作直线运动的切削为刨削，如图 1-1(a)；刀具作回转运动的切削为铣削，如图 1-1(b)。切削运动是指刀具切削木材过程中刀具和工件之间的相对运动，可分为主运动和进给运动。

(一)主运动

使刀具切入工件而产生切屑所需要的最基本运动，称为主运动，用 $\vec{V}$ 表示，它是矢量。通常主运动是切削运动中速度高、消耗功率大的运动，它可以由刀具完成，如铣刀和圆锯片的旋转运动；也可由工件完成，如旋切时木段的旋转运动、车削时工件的回转运动。主运动方向是指完成主运动的刀具或工件在切削刃上选定点的运动方向。

当主运动为回转运动时，其速度 V 大小为：

$$V = \frac{\pi D \cdot n}{6 \times 10^4}(\mathrm{m/s}) \qquad (1\text{-}1)$$

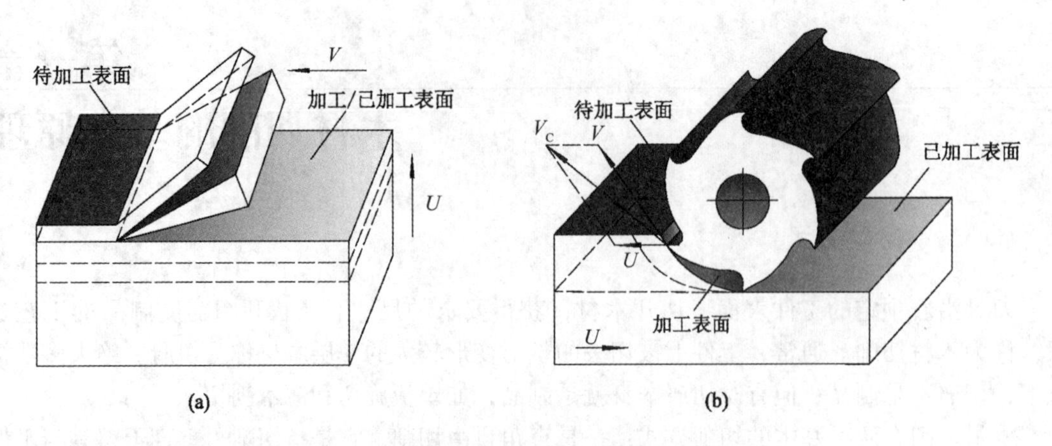

图 1-1 直线和回转运动切削时的加工表面

(a)直线运动切削 (b)回转运动切削

在确定主运动速度大小时，应以刀具或工件的最大回转半径来计算。这是因为主运动速度大的位置，刀具刃口部分的发热和磨损也大。

(二)进给运动

从工件上连续或逐步切除切削区的木材，形成已加工表面所需的运动，称为进给运动，用$\vec{U}$表示，它是矢量。进给运动可以和主运动同时进行，如铣削；也可以和主运动间隙交替进行，如单板刨切。进给运动方向是指完成进给运动的刀具或工件在切削刃上选定点的运动方向。进给运动大小可用以下三种形式表示：

(1)进给速度，用 U 表示。

单位时间内工件与刀具在进给运动方向的相对位移，单位为 m/min。

(2)每转进给量，用 U_n 表示。

刀具或工件旋转一周，两者在进给运动方向的相对位移，单位为 mm/r。其大小可用下式计算：

$$U_n = \frac{1000U}{n} \tag{1-2}$$

式中：U ——进给速度(m/min)；

n ——主运动的转速(r/min)。

(3)每齿进给量，用 U_z 表示。

刀具每转一个齿相对工件在进给运动方向的位移，单位为 mm/Z。其大小可用下式计算：

$$U_z = \frac{1000U}{n \cdot Z_n} \tag{1-3}$$

式中：U ——进给速度(m/min)；

n ——主运动的转速(r/min)；

Z_n ——刀具转一周，参加切削的齿数。

(三)切削运动

切削运动为主运动和进给运动的合成运动，用$\vec{V_c}$表示，为矢量，如图 1-1。大小为两者的合成，方向为切削刃选定点相对于工件的合成切削运动方向。

切削运动方向与主运动方向之间的夹角称为运动后角，用 α_m 表示。切削运动方向与进给运动方向之间的夹角称为运动遇角，用 θ 表示。运动后角反映了进给速度对切削速度的影响程度。在绝大多数木材切削过程中，主运动速度要比进给速度大许多，在这种情况下，常以主运动的大小和方向取代切削运动的大小和方向。

在切削加工中，直线运动和回转运动是两个最基本的运动单元。无论切削方式多么复杂，切削刃上选定点的相对工件的运动都可以分解为这两个基本运动单元。常见的运动和运动组合为：

(1)刨削、刮削：一个直线运动。

(2)带锯、排锯锯切：两个直线运动。

(3)铣削、圆锯锯切和钻削：一个直线运动和一个回转运动。

(4)仿形铣削：两个回转运动。

典型木材切削方式的主运动、进给运动和切削运动见表1-1。

表1-1　典型木材加工方式的切削运动

加工方法		主运动	进给运动	备　注
锯切	圆锯	圆锯片回转运动	工件直线运动	电子开料锯机的主运动和进给运动都由圆锯片完成
	带锯	带锯条直线运动	工件直线运动或曲线运动	锯轮回转运动，驱动带锯条作直线运动
	排锯	排锯条往复直线运动	工件直线运动	
铣削		铣刀回转运动	工件直线运动或回转运动	仿形铣削的工件作回转运动
刨削		刨刀或工件往复直线运动	刨刀或工件在垂直于主运动方向，与主运动交替进行的直线运动	主运动可由刨刀完成也可由工件完成
钻削		钻头回转运动	钻头还作轴向直线进给运动	通常主运动和进给运动均由钻头完成
旋切		木段回转运动	旋刀直线移动	
磨削	砂轮	砂轮回转运动	工件直线或曲线运动	
	宽带砂光	砂带回转运动	工件直线运动	
	砂辊	砂辊回转运动	工件直线运动	

二、工　件

在切削过程中，工件上有三个与刀具相关的表面，即：

(1)待加工表面——工件上将被切去切屑的表面。

(2)已加工表面——工件上已经切去切屑而形成的所要求的表面。

(3)加工表面——刀刃正在切削的表面。当用单刃刀具切削时，它将在刀具或工件的下一转、或下一次切削行程中被切削；而用多刃刀具切削时，它将被随后一个刀齿切削。

这三个表面随刀具相对工件的运动而改变，如图1-1。某些切削方式，如刨削，已加工表面和加工表面重合；某些切削方式，如铣削，加工表面随着切削刃在工件中位置的变化而改变。

在刀具切削刃工作长度范围内，相邻两刀齿切削轨迹之间的木材称为切削层，也就是工件上正被刀具切削刃切削着的一层木材，如图 1-2(a)。衡量切削层大小的参数称为切削层尺寸参数，它们是切削厚度 a、切削宽度 b 和切削面积 A，影响到工件表面粗糙度、切削力、刀具磨损和切削热等物理现象。

切削厚度 a 是相邻两刀齿切削轨迹之间的垂直距离，即切削层的厚度。主运动为直线运动时，切削厚度为常数，它是相邻两个加工表面间的垂直距离[图 1-2(a)]。当主运动为刀具的回转运动时，切削厚度不为常数，它随着切削刃在工件中位置的变化为改变。

切削宽度 b 是沿刀具切削刃测量的切削层尺寸，即切削刃的工作长度，它对切削力的影响最大。当切削运动垂直于切削刃时，切削宽度等于工件宽度。

切削面积 A 是切削厚度 a 与切削宽度 b 的乘积($A = ab = bU_z\sin\theta$)，也就是切削层的断面积。显然，当主运动为刀具的回转运动时，和切削厚度一样，切削面积也是随着切削刃在工件中位置的变化为改变。

在实际木材切削过程中，由于切削层木材的变形，切削层的实际尺寸会发生变化。但这种变形较小，往往不予考虑。

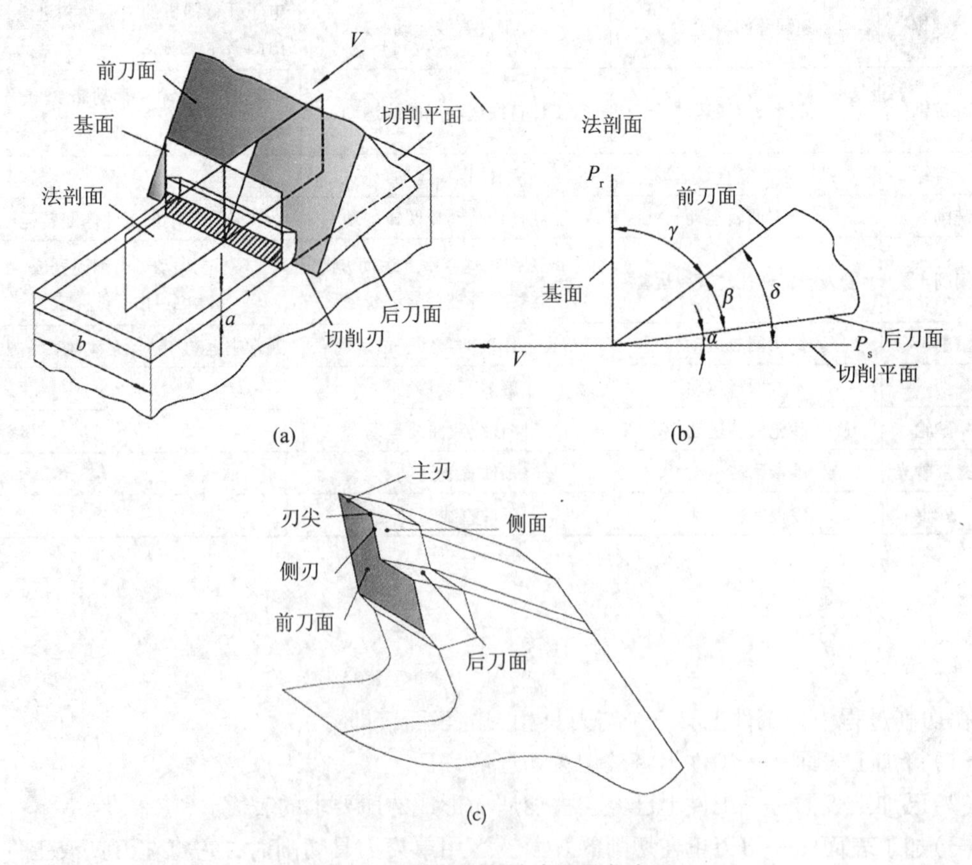

图 1-2　刀具切削部分术语及角度

三、刀　具

尽管木工刀具种类多、结构差异大，但它们总是由两部分组成：一是切削部分，似一楔形体，与木材相接触，直接参加木材切削；二是支持部分，结构差异很大。

(一)切削部分

由切削刃和刀面所构成的刀具工作部分(楔形体)称为刀具的切削部分。多刃刀具的每一个刀齿都有一个切削部分。在刀具切削部分上，定义以下几个术语：

(1)前刀面：刀具切削部分上，切屑直接接触的、并沿其排出的表面。

(2)后刀面：刀具切削部分上，与工件加工表面相对的表面。

(3)侧面：与前刀面、后刀面相邻的表面。

(4)切削刃：刀具前刀面上起切削作用的边缘。

(5)主切削刃(主刃)：前刀面和后刀面的相交部分，主要靠它完成切削工作。

(6)副切削刃(侧刃)：前刀面和侧面的相交部分。

(7)刃尖：主切削刃与副切削刃交接处的尖角部分。

(8)切削刃选定点：为了定义刀具的几何角度而在切削刃上任选的一点，它可以在主切削刃上，也可在副切削刃上。当选在副切削刃上时，则所定义的均为副切削刃的角度。

(二)刀具的角度

为了确定刀具切削部分各刀面、切削刃的几何形状及其在空间的位置，定义刀具的角度，需要作为基准的坐标平面和测量角度用的测量平面，如图1-2。

1. 坐标平面

坐标平面包括基面和切削平面。

(1)基面 P_r：通过切削刃选定点并垂直于主运动速度方向的平面。主运动为直线运动且切削刃为直线时，基面和(已)加工表面垂直；主运动为回转运动时，基面通过刀具或工件的旋转中心，并随刀具在工件中的位置而改变。

(2)切削平面 P_s：通过切削刃选定点，与切削刃相切并垂直于 P_r 的平面。主运动为直线运动且切削刃为直线时，切削平面和(已)加工表面重合；主运动为回转运动时，切削平面的位置并随刀具在工件中的位置而改变。

切削刃选定点的切削平面和基面是互相垂直的。这两个平面组成了一组坐标平面。刀具的角度便是在这组坐标平面上定义的。

2. 测量平面

(1)法平面 P_n：通过切削刃选定点并垂直于切削刃的平面。

(2)正交平面 P_o：通过切削刃选定点，与基面和切削平面都垂直的平面。

当切削刃选定点取在主切削刃上时，习惯上将正交平面称为主截面。一旦主运动方向和主切削刃垂直，主截面与法平面为同一平面。

3. 刀具的角度

刀具的角度是在正交平面上测量的。

刀具角度分为两类：一类是在静态参考系下，刀具在制造、刃磨及测量时的定位角度，即刀具生产图纸上的标注角度；另一类是在工作参考系中，正在切削的刀具切削刃、刀面相对于工件几何位置的角度，是实际的切削角度，即刀具的工作角度。

(1)标注角度：刀具的标注角度如图 1-2(b)。

前角 γ——刀具前刀面和基面之间的夹角。反映前刀面对基面的倾斜程度，影响到切削层木材的变形。前角越大，切削层木材的变形就越小；反之，变形就越大。前角可正、可负，也可为零。当前刀面相对于基面接近后刀面时，前角为正；当前刀面相对于基面远离后刀面时，前角为负；当前刀面与基面重合时，前角为0。

后角 α——刀具后刀面和切削平面之间的夹角。反映后刀面对切削平面的倾斜程度，影响到后刀面与切削平面之间的摩擦。后角越大，摩擦就越小，刀具后刀面摩擦发热就越小。

楔角 β——刀具前刀面与后刀面之间的夹角。反映刀具切削部分的强度和锋利程度。楔角越大，强度越大，但刃口容易变钝；楔角越小，强度越小，但刃口锋利。

切削角 δ——刀具前刀面与切削平面之间的夹角。反映前刀面对切削平面的倾斜程度，与前角的意义正相反。

因基面与切削平面垂直，所以上述各角度的关系如下：

$$\begin{aligned} \alpha + \gamma + \beta &= 90° \\ \delta = \alpha + \beta &= 90° - \gamma \end{aligned} \tag{1-4}$$

(2)工作角度：在工作参考系中，通过切削刃选定点并垂直于切削运动方向的平面，称为工作基面。通过切削刃选定点并垂直于工作基面平面，称为工作切削平面。显然，工作切削平面与工作基面因考虑进给运动的影响，而偏转一个角度：切削运动方向与主运动方向的夹角，即运动后角 α_m，如图 1-3。影响木材切削的是工作角度，而不是标注角度。工作角度与标注角度的关系为：

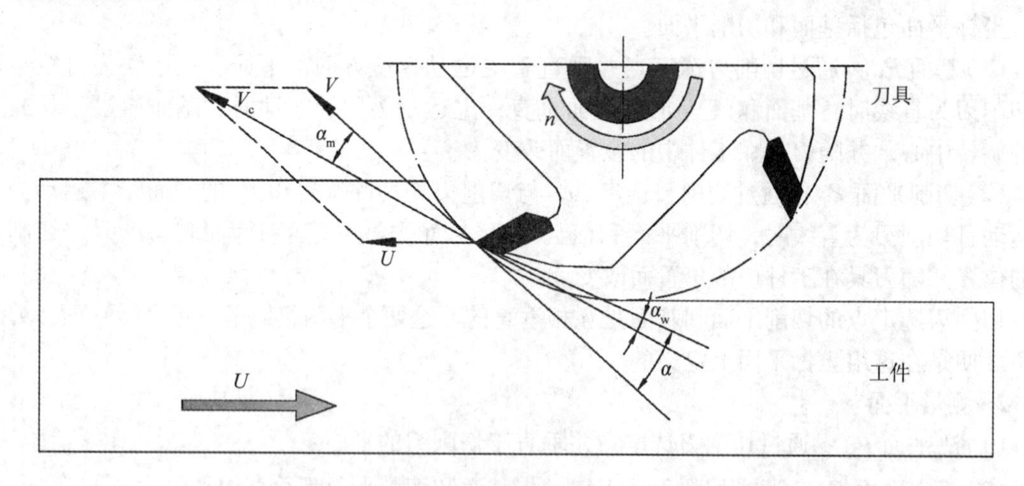

图 1-3 铣削时的刀具标注角度与工作角度

$$\begin{aligned} \alpha_w &= \alpha - \alpha_m \\ \gamma_w &= \gamma + \alpha_m \\ \delta_w &= \alpha_w + \beta \end{aligned} \tag{1-5}$$

式中：α_w，γ_w，δ_w 分别为工作后角、工作前角和工作切削角。

值得指出的是，在木材切削过程中，当主运动与进给运动不同时进行时，如单板刨切，标注角度和工作角度相同；当主运动与进给运动同时进行时，如铣削，标注角度和工作角度不一样。随着 U/V 比值的增加，标注角度和工作角度的差异也就越大。

第二节　木材切削变形

木材切削过程中的各种物理现象，如切削力、切削热、刀具磨损、声发射和工件的表面质量等，都和切削区的木材变形密切相关。因此，研究木材切削变形显得十分必要。

木材切削实质上是一个切削层木材的破坏过程，即切削层木材是在刀具的作用下，发生剪切、挤压、弯曲和折断的过程。木材是各向异性材料，应该根据切削刃和主运动相对木材纤维方向的不同，分析切削区木材的变形。

根据切削刃和主运动相对木材纤维方向的不同，木材直角自由切削分为纵向、横向和端向三个主要切削方向及纵端向、横端向和横纵向三个过渡切削方向，如图 1-4。

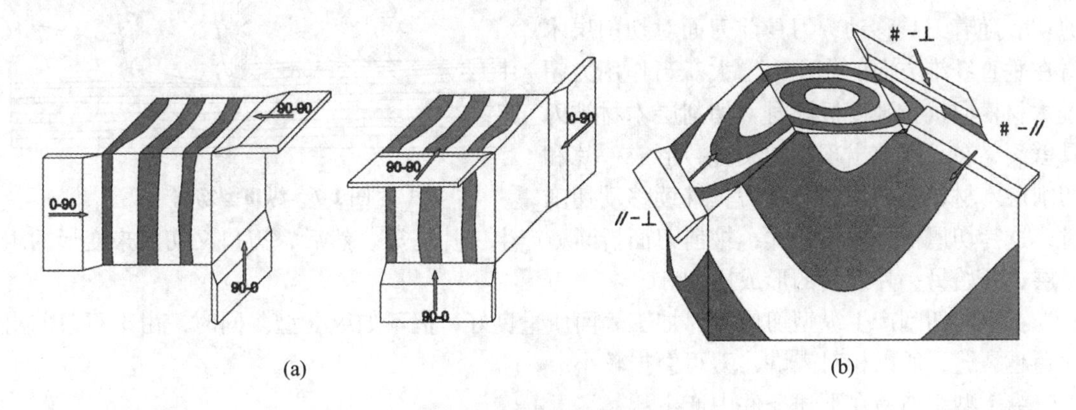

图 1-4　木材切削方向

(a) 主要切削方向　(b) 过渡切削方向

一、纵向切削

刀具切削刃垂直于木材纤维且主运动方向与木材纤维方向平行的切削称为纵向切削。纵向切削通常用“90－0”或“//”表示。在“90－0”中，90 和 0 分别表示切削刃、主运动方向与木材纤维方向的夹角。

根据 Peter Koch(1955 年)和 N. C. Franz(1958 年)的试验研究，木材纵向切削时，切削层木材从工件上脱离时，切屑变形分为三种类型：

(1)纵Ⅰ型切屑——沿着纤维方向劈裂而折断。屑瓣之间的界线有时分明，形成多角形切屑；有时不分明，产生螺旋状切屑，如图 1-5。

(2)纵Ⅱ型切屑——剪切破坏，而形成光滑螺旋形切屑，如图 1-6。

(3)纵Ⅲ型切屑——平行于纤维方向严重压碎、皱折，而形成无定形切屑，如图 1-7。

可见，当形成纵Ⅱ型切屑时，工件表面切削质量最好。

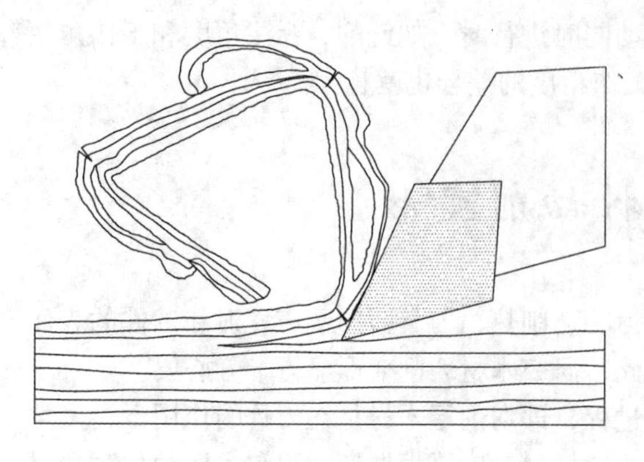

图 1-5　纵Ⅰ型切屑

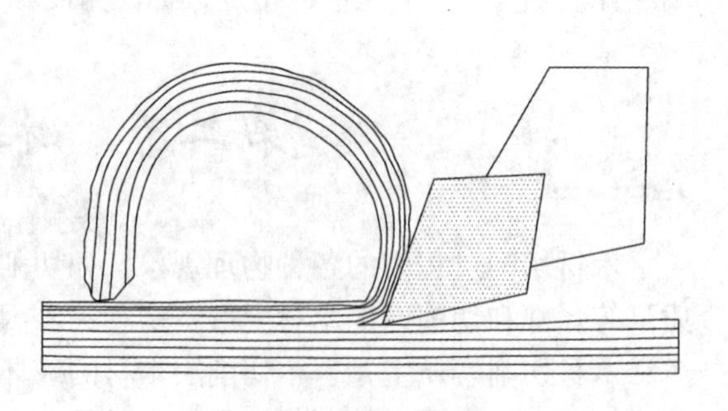

图 1-6　纵Ⅱ型切屑

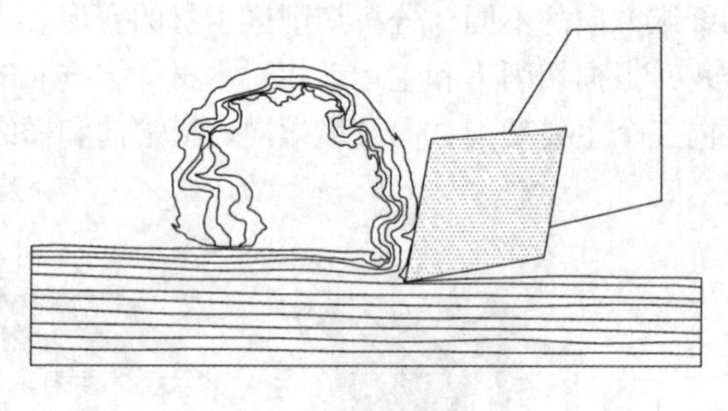

图 1-7　纵Ⅲ型切屑

1. 纵Ⅰ型切屑

当刀具切入木材时，刀具前刀面顺着纤维不均匀地压缩木材，使切削层木材沿切削平面剪切。随着刀具移动，刀具前刀面对切削层木材在垂直纤维方向的作用力增大。当作用力超过木材横向抗拉强度极限时，切削层木材被刀具劈裂，在刃口前出现超越裂缝，形成一片和切削层木材相连的切屑。在刀具继续移动切削时，这片切屑像悬臂梁一样，被前刀面折断，产生一片屑瓣。然后，刃口又切入未变形的木材层，开始另一片屑瓣的形成周期。

在纵向切削产生纵型切屑时，加工表面质量良好，但不如纵Ⅱ型。同时，由于刃口前出现超越裂缝，所以相对来讲，刀刃磨损较小。

纵Ⅰ型切屑易在下述条件中产生：

(1)木材抗劈裂强度低和抗弯强度高。

(2)厚切屑(只要其他因素合适，任何切削厚度都会产生纵Ⅰ型切屑)。

(3)大前角(25°~35°)。

(4)切削层木材与刀具前刀面的低摩擦系数。

(5)低含水率。

纵Ⅰ切屑形成时，刃口前木材劈裂而形成超越裂缝。裂缝会顺着纤维方向发展，所以当纤维方向与刀具运动方向不一致时，会出现两种情况：顺纹切削和逆纹切削。超越裂缝向切削平面以上发展的就是顺纹切削；超越裂缝向切削平面以下发展的就是逆纹切削。顺纹切削时，木材的劈裂从刃口开始，向工件表面倾斜延伸，使得下一片新切屑的初始切削厚度降到零，易形成纵Ⅱ型切屑。随着刀具往前运动，切削厚度增加，切屑又恢复为纵Ⅰ型。纵向切削出现这种复合型切屑，可以产生优质加工表面。

逆纹切削时，刃口前的裂缝沿倾斜纤维方向伸展到切削平面以下，造成切削层木材在切削平面以下弯曲、折断，形成挖切，在工件切削表面留下凹坑。为改善上述情况，刀具上需要设计断屑器，在裂缝尚未伸展至切削平面以下，就折断切屑。

2. 纵Ⅱ型切屑

木材纵向切削时，切削层木材受前刀面的顺纤维压缩，形成剪切。当剪切应力达到临界值时，木材单体就发生变形和破坏。随着变形的木材沿着前刀面向上移动，应力也不断地传递到切削刃前尚未变形的木材上。因此，木材变形、破坏是连续的，形成光滑螺旋状的切屑，并且切屑螺旋的半径随着切削厚度的增加而增大。切削刃前的木材没有出现裂缝，木材变形、破坏尚未延伸切削平面以下，故纵Ⅱ型切屑形成时，加工表面质量良好，无缺陷。

纵Ⅱ型切屑易在下述条件中产生：

(1)切削厚度小。

(2)中到高的含水率。

(3)5°~20°的前角。

在纵Ⅱ型切屑形成时，切削刃一直与木材密切接触，刀具刃口磨损变钝快。

Stewart 在 1977 年提出一个简单的假设：刀具前刀面上的法向力 $F_{\gamma y}$ 等于零，则出现纵Ⅱ型切屑。刀具前刀面上的法向力为零，即刀具前刀面在垂直主运动方向对切削层木材的作用力为零，切削层木材就不会产生超越裂缝。因此，就能获得优良的加工表面质量，形成纵Ⅱ型切屑。

刀具前刀面上的法向力 $F_{\gamma y}$ 等于零，即：

$$\mu = \tan(\gamma + \arctan\frac{F_{\gamma y}}{F_{\gamma x}}) = \tan\gamma \quad (1\text{-}6)$$

式中：μ ——木材与刀具表面的摩擦系数；

γ ——刀具前角；

$F_{\gamma x}$、$F_{\gamma y}$ ——刀具前刀面的切削力和法向力。

因此，已知木材与刀具表面的摩擦系数，就能估算获得纵Ⅱ型切屑时的刀具前角。例如，当含水率为11%、切削厚度为0.76mm 时，槐木切削层木材与刀具表面德摩擦系数为0.51，则获得纵Ⅱ型切屑时的刀具前角为27.1°。

3. 纵Ⅲ切屑

刀具切入木材时，前刀面平行纤维方向压缩木材，沿纤维方向产生剪切应力。当刀具深入木材一定距离后，剪切应力超过木材顺纤维方向的剪切强度极限时，刀具前的木材层被压溃。压溃的木材没有沿前刀面向上移动，而是被前刀面继续压缩。同时，应力亦传递到还没有破坏的相邻木材层上。当这些材料进一步受压后，才形成切屑，并从前刀面上排出。之后，随着刀具的移动，又开始新的切屑形成周期。

纵Ⅲ型切屑易在下述条件中产生：

(1)小前角或负前角。

(2)变钝的切削刃(切削刃变钝，有效前角往往是负的)。

(3)刀具表面与木材之间的摩擦系数高。

在纵Ⅲ型切屑形成时，切削层木材在前刀面压缩下，不是沿着切削平面破坏，往往会延伸到切削平面以下，导致切削平面以下的木材被搓起、挖切，获得比纵Ⅰ型切屑还差的表面质量。

当纵Ⅲ切屑形成时，刀具切削刃磨损很快、消耗的切削功也很大。

纵向切削时，三种切屑类型比较见表1-2。

表 1-2　三种切屑类型比较

切屑类型	切削力		刀具磨损	切削质量
	最大值	平均		
纵Ⅰ切屑	大	小	小	中
纵Ⅱ切屑	小	中	中	好
纵Ⅲ切屑	中	大	大	差

二、横向切削

刀具切削刃平行于木材纤维，主运动方向与木材纤维方向垂直的切削称为横向切削。横向切削通常用“0－90”或“#”表示。在“0－90”中，“0”和“90”分别表示切削刃、主运动方向与木材纤维方向的夹角。横向切削和纵向切削时，刀具都是在纤维平面内切削木材。

根据试验研究，H. A. STEWART 将横向切屑分为以下三种类型：

(1)横Ⅰ型切屑——屑瓣间界线清晰，屑瓣稀松相连。

(2)横Ⅲ型切屑——屑瓣间界线不明。

(3)横Ⅰ-Ⅲ型切屑——切屑上可见屑瓣，但屑瓣间界线没有横Ⅰ型切屑明显。

1. 横Ⅰ型切屑(图 1-8)

刀具进入木材后，在垂直纤维方向压缩切削层木材，并沿切削层底面剪切切削层木材。这时刀刃前的木材纤维，由于其长度方向和刀刃平行，所以在刀刃的作用下，木材纤维不是平移剪切分离，而是一边剪切，一边滚动，形成“滚动”剪切。和纵向切削一样，当刀具对切削层木材作用的应力超过横纤维剪切强度极限时，切削层木材被撕开，然后这层木材像悬臂梁一样被弯断，形成一片屑瓣。和纵向切削不同的是屑瓣不是沿纤维方向纵向撕裂，而是沿年轮中早材部分横纤维方向撕裂。此时屑瓣是在强度小的纤维平面中折断的，所以屑瓣远比纵Ⅰ型切屑的屑瓣短。

横Ⅰ型切屑形成时，屑瓣的形成过程分明，在屑瓣破坏前瞬间，切削力达到最大值。当屑瓣一旦形成，切削力迅速降到接近零值。切削力的变化起伏大，周期明显。

在横Ⅰ型切屑形成时，往往屑瓣会带动切削平面以下的部分木纤维和屑瓣连成一体同时被撕裂。因而加工表面有凹坑，影响加工质量。

在切削椴木试验时，下列试验条件下，可形成横Ⅰ型切屑：

(1)含水率为 8%。

(2)前角为 50°~60°。

(3)切削厚度为 1mm。

2. 横Ⅲ型切屑(图 1-9)

切削区木材在刀具的压缩和“滚动”剪切作用下破坏，然后卷曲成屑瓣间界线不清晰的切屑。由于没有明显的屑瓣形成过程，所以在切削过程中切削力的变化相对稳定，切削力也不会降到接近零值。

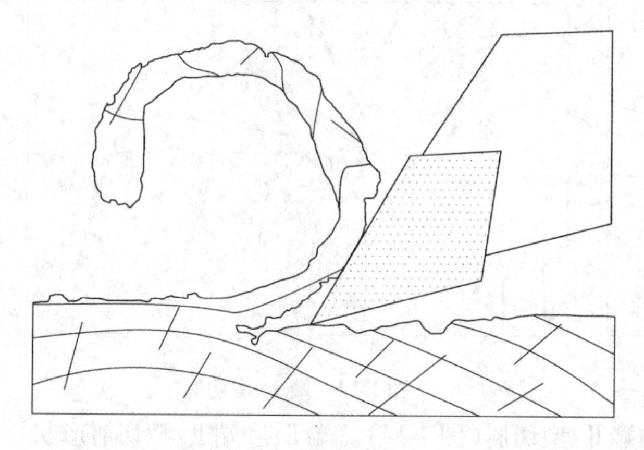

图 1-8　横Ⅰ型切屑

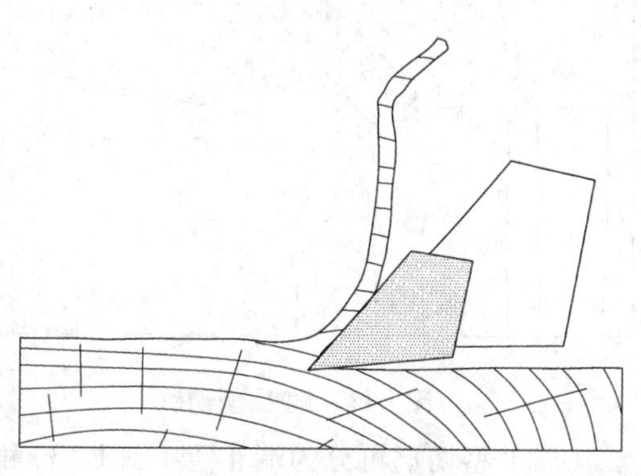

图 1-9　横Ⅲ型切屑

在椴木切削试验时，当含水率为 8%，结果表明：前角为 30°~45°、切削厚度为0.08~1.22mm 时，将产生横Ⅲ型切屑，而前角45°~60° 时，只有在薄切屑时才产生横Ⅲ型切屑。

横Ⅲ型切屑形成时的加工表面平整，没有凹坑。

3. 横Ⅰ-Ⅲ型过渡切屑(图 1-10)

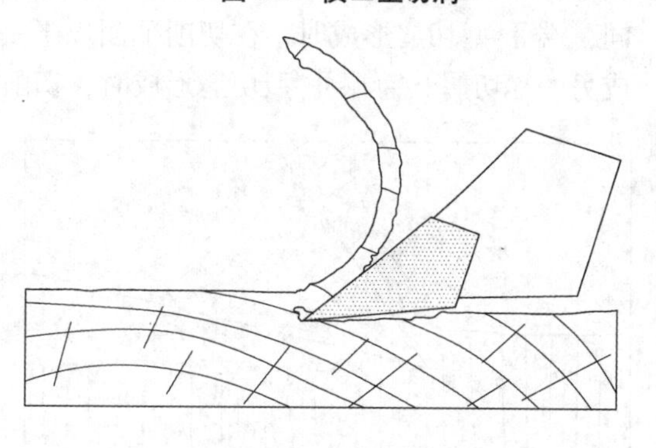

图 1-10　横Ⅰ-Ⅲ型切屑

切屑是在压溃、剪切、劈裂、弯折等作用下形成的。切屑上可见屑瓣，但没有横Ⅰ型切屑的屑瓣界线那样分明。这种切屑形状并非一种独特的切屑类型，它只是兼有横Ⅰ型和横Ⅲ型两种切屑类型的特点。切削力变化大，但在局部区域内横Ⅰ-Ⅲ型切屑形成时切削力变化较平稳。只有当切削厚度变厚时，横Ⅰ-Ⅲ型过渡切屑才在切屑从横Ⅲ型向横Ⅰ型变化的过程中出现，且加工表面质量一般。

三、端向切削

刀具切削刃和主运动方向均与纤维方向垂直的切削称为端向切削。端向切削通常用“90-90”或“⊥”表示。在“90-90”中，“90”和“90”分别表示切削刃、主运动方向与木材纤维方向的夹角。端向切削时，刀具是在垂直于纤维平面内切削木材的。

端向切削的切屑主要是剪切破坏，屑瓣或连接较松或连接较紧。根据切削平面以下的木材破坏情况的不同，W. M. Mckenzie 将端向切削分为端Ⅰ型和端Ⅱ型切屑。端Ⅰ型切屑形成时，切削平面以下木材虽然弯裂，但破坏不大。端Ⅱ型切屑破坏时，切削平面以下木材弯裂折断、破坏严重，乃至在切削平面以下产生另一片切屑。

端Ⅰ型切屑又分为端Ⅰ$_a$型(图 1-11)和端Ⅰ$_b$型(图 1-12)切屑。端Ⅰ$_a$型切屑的屑瓣连续相接，切削平面下裂隙较浅，裂隙间隔较小。端Ⅰ$_b$型切屑的屑瓣连接较松，切削平面下裂隙较深，裂隙间隔较大。

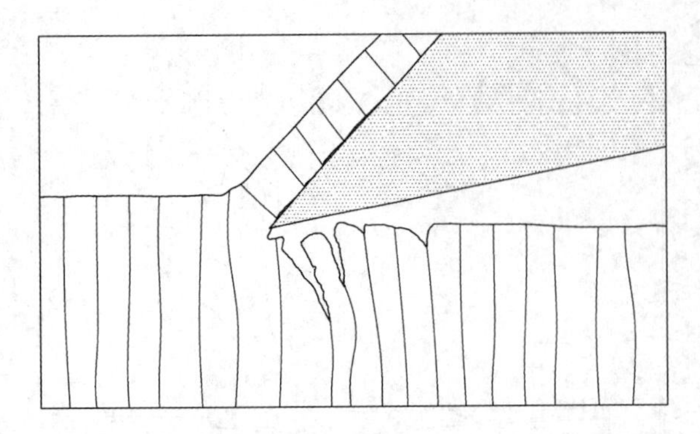

图 1-11 端 I_a 型切屑

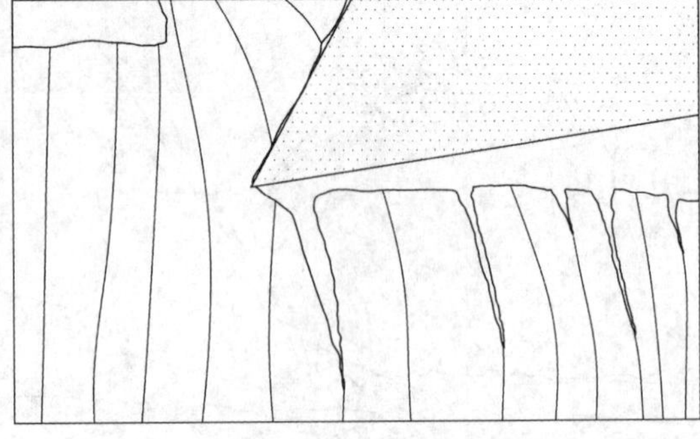

图 1-12 端 I_b 型切屑

端Ⅱ型切屑再分为端 II_a 型(图 1-13)和端 II_b 型切屑(图 1-14)。端 II_a 和端 II_b 型切屑形状相似，或剪切成屑瓣相连，或完整、连续相接。两者差别在于切削平面以下的木材破坏不同，端 II_a 型切屑形成时，在切削平面以下一定深度的木材虽然局部折断、挤裂，但没有形成另一片切屑；而端 II_b 型切屑形成时，切削平面上下各出现一片切屑。

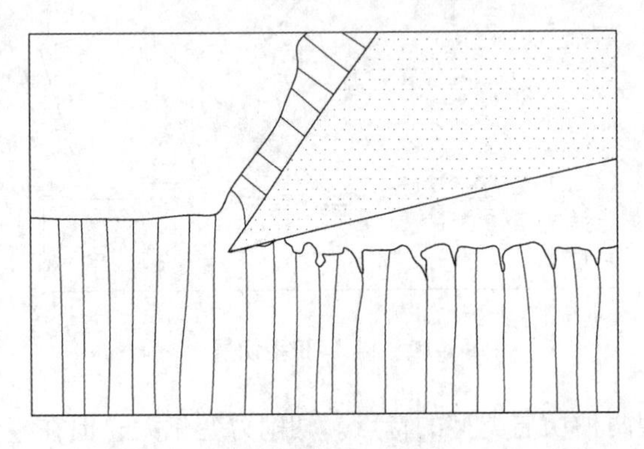

图 1-13 端 II_a 型切屑

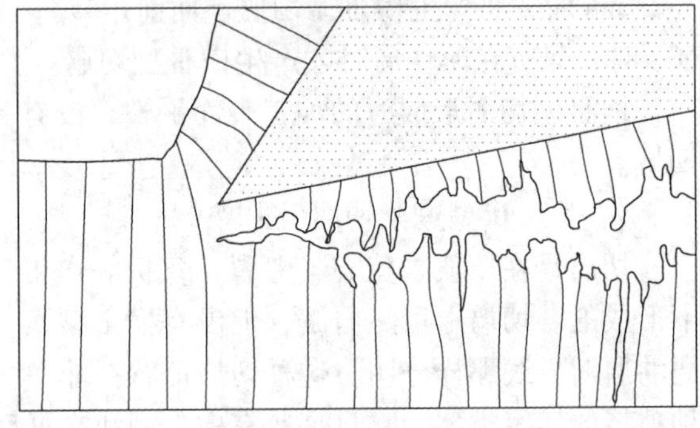

图 1-14 端 II_b 型切屑

从上述端向切削过程切屑形成的照片中，可以看出：纤维是先挠曲而后破坏的。这是因为实际刀刃不是绝对锋利的一条线，大都具有半径 ρ 为 5 ~ 10μm 的圆弧，而被切白松木材纤维的一对细胞壁厚约 2 ~ 20μm。在刀刃圆半径接近或大于一对细胞壁平均厚度的切削条件下，刃口前的纤维在一开始切削时不是被刃口切开，而是被刃口压弯，见图 1-15。纤维弯曲后，在刃口前方包括切削平面以下的纤维都产生拉应力，而拉应力在曲率半径最小的刃口附近，也就是切削平面上最大。当拉应力超过木材抗拉强度极限，刃口前的纤维就被拉断，刃口起到了切开纤维的作用。在上述破坏的瞬时，刃口前的木材，高度张紧的状况得到缓弛，接着切削平面上方的切屑被前刀面剪成屑瓣。切削平面以下，纤维弯曲拉裂面和切削平面上的切屑剪切面一

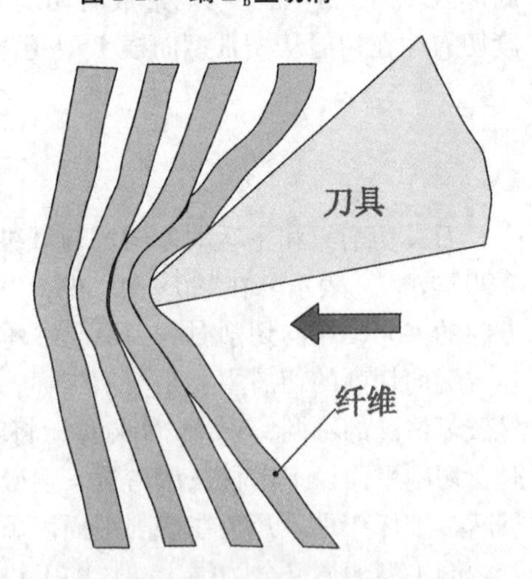

图 1-15 纤维破坏示意图

致。即在切削阶段结束、新的压弯阶段开始之前，一对木材纤维发生破坏，这便是端Ⅰ$_a$型切屑的破坏过程。在端Ⅰ$_b$型破坏情况中，虽然开始切削后切削平面下已接二连三地产生小破坏，但破坏能量仍然积蓄在切削区木材的挠曲变形中，一旦达到极限，便会产生大的破坏，从而在切削平面下形成较深的裂痕。

比较几种切屑类型，显然端Ⅱ$_b$型切屑形成时，切削平面以下的木材破坏严重，产生另一屑瓣，切削质量最差；端Ⅱ$_a$型切屑形成时，切削平面以下的木材尽管破坏严重，但没有产生另一屑瓣，切削质量比端Ⅱ$_b$型好；端Ⅰ型切屑形成时，切削平面以下的木材破坏不严重，但有裂隙，且端Ⅰ$_a$型切削质量比端Ⅰ$_b$型好。

第三节　切削力和切削功率

木材切削时，刀具一定要借助外力作用才能完成切削过程。因此，切削力是木材切削过程中的主要物理现象之一，是切削层木材、切屑和切削平面以下的木材在刀具作用下，发生弹、塑变形的结果。研究切削力及变化规律，不仅是研究刀具磨损、切削热、声发射和切削质量基础，也是设计、使用木工机床和刀具的依据。

一、切削力分析

尽管刀具刃口十分锋利，但在显微镜下观察其横截面，前、后刀面相交处不是一个点，而是一个具有一定半径ρ的圆弧。即使刚刚刃磨的刀具，其刃口圆弧半径ρ也有5～10μm。因此，刀具对木材的作用力，除了前刀面对切削层木材和切屑的作用外，还要考虑因刃口变圆而导致的后刀面对切削平面以下木材的作用。当刃口圆弧半径为ρ的刀具切入木材后，沿切削方向的刃口最前点Q(图1-16)，对木材造成足够大的应力，使木材不是沿刀刃底面，而是沿刃口最前点Q平行于切削方向(QX线)分开。将承受刀具切削力作用的木材分为两个区域：前刀面作用区-Ⅰ区和后刀面作用区-Ⅱ区。

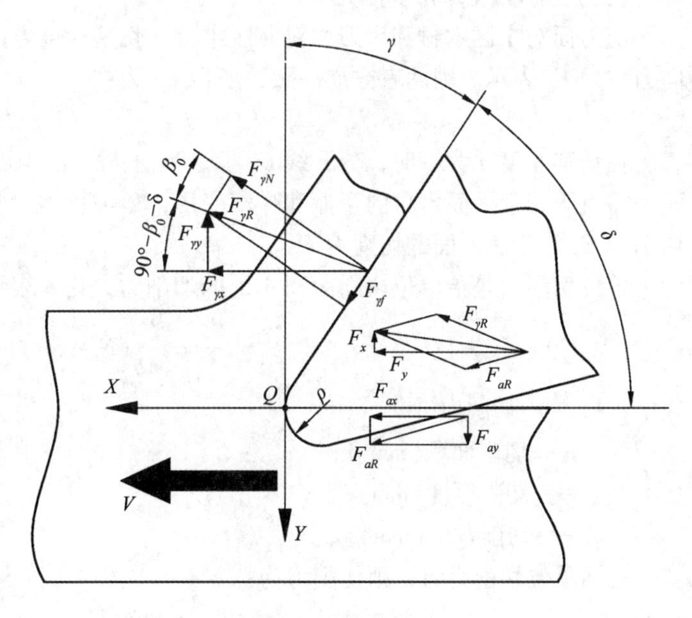

图1-16　切削力分析

(一)前刀面对Ⅰ区的作用力

前刀面对Ⅰ区木材的作用力有：前刀面对木材的正压力$F_{\gamma N}$和摩擦力$F_{\gamma f}$。它们的合力$F_{\gamma R}$沿主运动方向V和沿垂直于主运动方向V,即X轴方向和Y轴方向分解,得$F_{\gamma x}$和$F_{\gamma y}$。$F_{\gamma x}$始

终沿 V 方向作用在切削层木材上。$F_{\gamma y}$ 方向或者向上；或者向下。为了便于分析，规定 $F_{\gamma y}$ 的正负：若 $F_{\gamma y}$ 作用力将切削层木材压向加工表面，则为正；若 $F_{\gamma y}$ 作用力将切削层木材拉离加工表面，则为负。

$F_{\gamma x}$ 和 $F_{\gamma y}$ 之间的关系为：

$$F_{\gamma y} = F_{\gamma x}\tan(90° - \delta - \beta_0) \tag{1-7}$$

式中：δ ——切削角；

β_o ——前刀面与木材之间的摩擦角，一般为 20°~25°。

值得指出的是：当 $\delta + \beta_0 = 90°$，即 $\gamma = \beta_0$ 时，$F_{\gamma y}$ 等于零。

(二)后刀面对Ⅱ区的作用力

后刀面对Ⅱ区木材的作用力为 $F_{\alpha y}$ 和 $F_{\alpha x}$，它们的合力为 $F_{\alpha R}$。$F_{\alpha y}$ 是后刀面对Ⅱ区木材的挤压力。在切削过程中，该力总是垂直切削速度方向并压向切削平面以下的木材，因而 $F_{\alpha y}$ 总是正值。当刃口圆半径和后角一定时，除木材材性和刀具材料会影响 $F_{\alpha y}$ 之外，其他因素如切削厚度等不会改变 $F_{\alpha y}$。

$F_{\alpha x}$ 是后刀面沿切削速度方向对Ⅱ区木材的作用力，它是后刀面与Ⅱ区木材的摩擦力及Ⅱ区木材弹塑性变形所产生的综合作用力，总是正值。$F_{\alpha x}$ 可按下式计算：

$$F_{\alpha x} = \mu_\alpha \cdot F_{\alpha y} \tag{1-8}$$

式中：μ_α ——综合系数，既考虑后刀面与木材的摩擦，又考虑切削平面以下木材的弹塑性变形。

(三)切削力和单位切削力

前刀面对Ⅰ区木材和后刀面对Ⅱ区木材在切削速度方向作用力的合力定义为切削力或切向力，用 F_x 表示。因两者方向一致，所以 F_x 为：

$$F_x = F_{\alpha x} + F_{\gamma x}\ (\mathrm{N}) \tag{1-9}$$

在切削厚度 a 为零时，分开线 QX 以上无木材，前刀面对Ⅰ区木材作用力为零。但后刀面仍需克服切削平面木材的摩擦和弹塑变形，后刀面对Ⅱ区木材的作用力仍然存在。此时，切削力 F_x 等于后刀面的切削力 $F_{\alpha x}$。

单位切削力是指单位切削面积 A 上的切削力，用 p 表示。

$$p = \frac{F_x}{A} = \frac{F_x}{ab}(\mathrm{N/mm^2}) \tag{1-10}$$

式中：F_x ——切削力(N)；

A ——切削面积($\mathrm{mm^2}$)；

a ——切削厚度(mm)；

b ——切削宽度(mm)。

已知单位切削力时，则切削力为：

$$F_x = pab(\mathrm{N}) \tag{1-11}$$

单位宽度切削力是指单位切削宽度 b 上的切削力，用 F'_x 表示。

$$F'_x = pa(\mathrm{N/mm}) \tag{1-12}$$

(四)法向力

前刀面对Ⅰ区木材和后刀面对Ⅱ区木材在垂直于切削速度方向作用力的合力定义为法向力，用 F_y 表示，即：

$$\vec{F}_y = \vec{F}_{\gamma y} + \vec{F}_{\alpha y} \tag{1-13}$$

在切削厚度大于零的情况下，前刀面上的法向力 $F_{\gamma y}$ 可能大于零、等于零或小于零，但后刀面的法向力 $F_{\alpha y}$ 总是大于零。因此，法向力 F_y 也可能大于零、等于零或小于零。根据式(1-8)和式(1-9)，当法向力 F_y 等于零，则下式成立。

$$\frac{F_{\alpha x}}{F_{\gamma x}} = \mu_\alpha \tan(90° - \delta - \beta_o) \tag{1-14}$$

二、切削功率

切削力和切削速度的乘积就是切削功率，用 P_c 表示。由于法向力 F_y 与切削速度垂直，不做功，所以切削功率应为：

$$P_c = F_x \cdot v(\mathrm{W}) = F_x \cdot v \cdot 10^{-3}(\mathrm{kW}) \tag{1-15}$$

在选用机床电动机时，需要考虑机床的传动效率 η，一般 0.75 ~ 0.85。则电动机的功率为：

$$P_E \geq \frac{P_c}{\eta} \tag{1-16}$$

三、切削力经验计算

影响木材切削力因素较多。首先，木材是各向异性材料，切削力受到了木材纤维、年轮方向、早晚材、树种、含水率和切削温度等木材材性的影响。第二，刀具材料、刀具角度和刀具磨损也影响刀切削力。最后，切削厚度、切削宽度、切削速度和进给速度等切削用量也左右切削力大小。因此，要想建立一个把上述因素都考虑在内的精确的切削力计算公式，实际上是不可能的。在实际应用中，通常采用切削力经验计算公式。它是以适当的理论假设为前提，以试验数据为基础，推出的切削力经验计算公式。建立切削力经验公式的步骤如下：

(1)确立单位切削力 p 和切削厚度 a 的关系。

(2)确立单位切削力 p 和刀具磨损变钝的关系。

(3)确定切削角、切削速度、切削方向相对纤维方向和树种等因素与单位切削力的关系。

(4)建立单位切削力与上述所有因素的经验计算公式。

(一)确立单位切削力 p 和切削厚度 a 的关系

木材切削力实验研究表明，当切削厚度 $a \geqslant 0.1\mathrm{mm}$ 时，单位宽度切削力 F'_x 与切削厚度 a 呈正比，其关系可用直线 AB 的线性方程表示，如图 1-17。

$$F'_x = k + \lambda \cdot a = 0.2k + (0.8k + \lambda \cdot a) \tag{1-17}$$

式中：k ——直线 AB 的纵截距(N/mm)；

λ ——直线 AB 的斜率($\mathrm{N/mm^2}$)，$\lambda = \tan\varphi_1$；

a ——切削厚度(mm)。

当切削厚度 $a < 0.1\mathrm{mm}$ 时，单位切削宽度切削力 F'_x 与切削厚度 a 为曲线关系。通常曲线关系为：

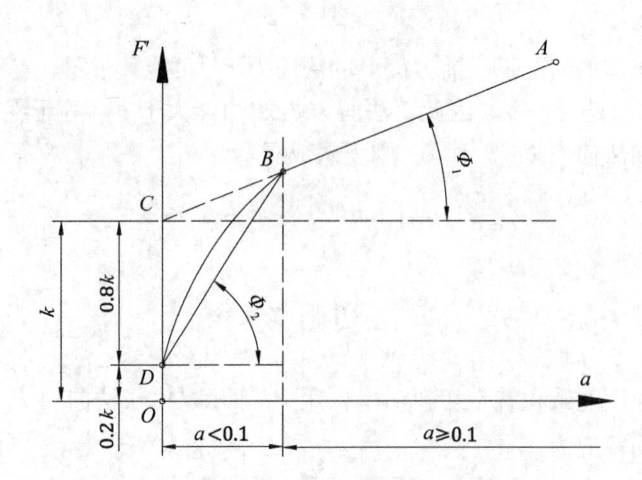

图 1-17 单位切屑宽度上切削厚度切削力的影响关系

$$F'_x = c \cdot a^m \tag{1-18}$$

式中：c——常数；

a——切削厚度(mm)；

m——幂。

在实际应用上，以直线 BD 取代曲线，近似地表示切削厚度 $a<0.1$mm 时的单位切削宽度切削力 F'_x 与切削厚度 a 的关系。

试验数据表明，当切削厚度等于零时，单位宽度切削力为 $0.2k$ (N/mm)。也就是直线 BD 的纵截距为 $0.2k$ 。因此，直线 BD 的方程为：

$$F_x' = 0.2k + a\tan\varphi_2 = 0.2k + (8k+\lambda)a \tag{1-19}$$

可见，单位切削力 p 和切削厚度 a 的关系为：

(1)当切削厚度 $a \geqslant 0.1$mm，其关系为：

$$p = \frac{F'_x}{a} = \frac{k}{a} + \lambda = \frac{0.2k}{a} + (\frac{0.8k}{a} + \lambda) \tag{1-20}$$

(2)当切削厚度 $a<0.1$mm，其关系为：

$$p = \frac{F'_x}{a} = \frac{0.2k}{a} + \tan\varphi_2 = \frac{0.2k}{a} + (8k+\lambda) \tag{1-21}$$

因切削厚度等于零时，刀具前刀面对Ⅰ区木材的作用力等于零，此时切削力就是后刀面对Ⅱ区木材的作用力。因此，后刀面单位宽度切削力为：

$$F'_x = F'_{\alpha x} = 0.2k \tag{1-22}$$

当切削厚度大于零时，不论切削厚度 a 多大，后刀面的单位宽度切削力仍为 $F'_x = 0.2k$，它不随切削厚度变化而改变。

前刀面的单位宽度切削力为：

(1)切削厚度 $a \geqslant 0.1$mm 时，$F'_{\gamma x} = 0.8k + \lambda \cdot a$

(2)切削厚度 $a<0.1$mm 时，$F'_{\gamma x} = (8k+\lambda) \cdot a$

可见，前刀面的单位宽度切削力随着切削厚度增加而变大。

(二)确立单位切削力 p 和刀具磨损变钝的关系

在木材切削过程中，刀具磨损变钝主要影响到后刀面对Ⅱ区木材的作用力(图 1-16)，对前刀面切削力的影响很小，可以不予考虑。那么刀具磨损变钝对切削力的影响就局限在后刀面的切削力。

刀具磨损变钝对单位切削力的影响用刀具刃口钝化系数 C_ρ 修正。根据试验研究，C_ρ 值与刃口圆弧半径 ρ 成正比。锋利刀具(刚刚刃磨过的刀具)刃口圆弧半径 $\rho=5\sim10\mu m$，对应的钝化系数 $C_\rho=1$。此时后刀面的单位宽度切削力为：

$$F'_{\alpha x}=(C_\rho-0.8)\cdot k=(1-0.8)\cdot k=0.2k \tag{1-23}$$

当刀具磨损变钝后，C_ρ 变大，其值在 1～1.7 范围内变化，后刀面的切削力也相应变大，即：

$$F'_{\alpha x}=(C_\rho-0.8)\cdot k \tag{1-24}$$

将式(1-23)代入式(1-21)和(1-22)后，就得出考虑刀具磨损变钝在内的单位切削力计算公式，即：

(1)当切削厚度 $a\geqslant0.1mm$，其关系为：

$$p=\frac{F'_x}{a}=\frac{(C_\rho-0.8)\cdot k}{a}+(\frac{0.8k}{a}+\lambda) \tag{1-25}$$

当切削厚度 $a<0.1mm$，其关系为：

$$p=\frac{F'_x}{a}=\frac{(C_\rho-0.8)\cdot k}{a}+(8k+\lambda) \tag{1-26}$$

(三)确定切削角、切削速度、切削方向相对纤维方向和树种等因素与单位切削力的关系

单位切削力公式中的两个变量 k 和 λ 是在试验数据基础上得出。试验时，将切削方向分为主要切削方向(纵向、横向和端向)和过渡切削方向(纵端向、横端向和横纵向)，主要切削方向以下标 z 表示，过渡切削方向以下标 g 表示。根据对松木、桦木和麻栎等树种的切削力试验，测出了变量 k_z 值(当切削厚度为零时，就能测出 k_z 值)，见表1-3。

表1-3　系数 k 值

树　种	k(单位：N/mm)		
	端　向	纵　向	横　向
松　木	4.81	1.46	0.98
桦　木	5.40	1.86	1.37
麻　栎	6.28	2.06	1.69

试验数据分析表明，对于主要切削方向，变量 λ_z 可用下式表示：

$$\lambda_z=A_z\cdot\delta+B_z\cdot V-C_z \tag{1-27}$$

式中：A_z、B_z 和 C_z——试验数据分析得出的系数，其大小与树种、切削方向相对纤维方向、切削速度和切削角等因素有关，表1-4 列出 A_z、B_z 和 C_z 三系数的大小；

δ——刀具切削角(°)；

V——切削速度(m/s)。

当锯切速度 $V<70m/s$、铣削速度 $V<40m/s$ 时，切削速度 V 以 $90-V$ 代入式(1-26)。反之，代入切削速度的实际大小。

表 1-4 系数 *A*、*B* 和 *C* 值

树 种	A(N/mm²)			B(N/mm²)			C(N/mm²)		
	端 向	纵 向	横 向	端 向	纵 向	横 向#	端向	纵向	横向
松 木	0.549	0.196	0.029	0.200	0.069	0.059~0.069	19.620	5.396	0.647
桦 木	0.746	0.245	0.044	0.235	0.078	0.069~0.098	22.563	6.867	0.834
麻 栎	0.804	0.275	0.059	0.265	0.088	0.083~0.118	25.114	7.456	0.981

注：#表示当 $\delta<55°$，B 取小值；$\delta>55°$，B 取大值。

对于过渡切削方向，变量 k_g 通过主要切削方向的 k 值进行计算。计算公式如下：

$$\text{纵端向}(//-\perp):k_{\text{II}-\perp}=k_{\text{II}}+(k_{\perp}-k_{\text{II}})\frac{\psi_V}{90} \tag{1-28}$$

$$\text{横端向}(\#-\perp):k_{\#-\perp}=k_{\#}+(k_{\perp}-k_{\#})\frac{\psi_{\text{刃}}}{90} \tag{1-29}$$

$$\text{横纵向}(\#-//):k_{\#-\text{II}}=k_{\#}+(k_{\text{II}}-k_{\#})(1-\frac{\psi_V}{90}) \tag{1-30}$$

式中：k_{II}、$k_{\#}$ 和 $k_{\perp}$ 分别表示纵向、横向和端向的 k 值，ψ_V 表示纤维方向与切削运动方向的夹角，$\psi_{\text{刃}}$ 表示纤维方向与刀具切削刃之间的夹角。

变量 λ_g 可用下式表示：

$$\lambda_g=A_g\cdot\delta+B_g\cdot V-C_g \tag{1-31}$$

式中：A_g、B_g 和 C_g 分别表示过渡切削方向的 A、B 和 C 值，其计算公式可套用公式(1-28)、公式(1-29)和公式(1-30)。例如，$A_{\#-\perp}$ 的计算公式为：

$$A_{\#-\perp}=A_{\#}+(A_{\perp}-A_{\#})\frac{\psi_{\text{刃}}}{90} \tag{1-32}$$

根据表 1-3 和表 1-4 查出某一过渡切削方向的两主要切削方向的 k_z、A_z、B_z 和 C_z 值，就能计算出该过渡切削方向的 k_g、A_g、B_g 和 C_g 值。

(四)建立单位切削力与上述所有因素的经验计算公式

公式(1-24)、公式(1-25)中的两变量 k 和 λ，能通过查表 1-3、表 1-4 和计算得出。因此，只要将公式(1-26)代入公式(1-24)、公式(1-25)就得出主要切削方向的单位切削力的计算公式，即：

(1)当切削厚度 $a\geqslant0.1$mm，其关系为：

$$p_z=\frac{C_\rho k_z}{a}+(A_z\cdot\delta+B_z\cdot V-C_z) \tag{1-33}$$

(2)当切削厚度 $a<0.1$mm，其关系为：

$$p_z=\frac{(C_\rho-0.8)k_z}{a}+8k_z+(A_z\cdot\delta+B_z\cdot V-C_z) \tag{1-34}$$

将公式(1-30)代入公式(1-24)、公式(1-25)就得出了过渡切削方向的单位切削力的计算公式，即：

(1)当切削厚度 $a\geqslant0.1$mm，其关系为：

$$p_g=\frac{C_\rho k_g}{a}+(A_g\cdot\delta+B_g\cdot V-C_g) \tag{1-35}$$

(2)当切削厚度 a <0.1mm，其关系为：

$$p_g = \frac{(C_\rho - 0.8)k_g}{a} + 8k_g + (A_g \cdot \delta + B_g \cdot V - C_g) \tag{1-36}$$

四、切削力的影响因素

在木材切削过程中，凡是与切削区木材变形、摩擦等有关的因素都影响切削力。这些因素有切削厚度、木材材性、刀具角度、刀具磨损变钝、切削方向相对于纤维方向和切削速度等。

(一)切削厚度

切削力和法向力随切削厚度的变化规律是不同的，如图1-18。一般而言，切削力随着切削厚度的增加而增大，其变化规律根据切削厚度大小而定，当切削厚度 $a \geq 0.1$mm 时，切削力与切削厚度成线性关系；当切削厚度 $a < 0.1$mm 时，切削力与切削厚度为曲线关系。切削厚度小到接近刀具刃口圆弧半径时，刀具的有效前角变小，并且随着切削厚度变小，有效前角也越来越小，甚至变为负前角。因而，当切削厚度 $a < 0.1$mm 时，切削厚度改变能引起切削力大幅度的改变。

当切削厚度等于零时，尽管前刀面对Ⅰ区木材的作用力降为零，但后刀面对切削平面以下的木材(Ⅱ区木材)仍存在挤压和摩擦，有一定的切削力，大小为 $F_x = F_{\alpha x} = (C_\rho - 0.8)kb$ 。只有当刀具后刀面与切削平面以下的木材没有接触(即切削厚度 $a = -\rho$)时，切削力才为零。综上所述，切削厚度与切削力的关系可归纳如下：

(1)当 $a \geq 0.1$mm 时，切削力随着切削厚度增加而线性增大。

(2)当 $0 < a < 0.1$mm，切削力随着切削厚度增加而曲性增大。

(3)当 $a = 0$ 时，切削力为：$F_x = F_{\alpha x} = (C_\rho - 0.8)kb$ 。

(4)当 $-\rho < a < 0$ 时，切削力不为零。

(5)当 $a = -\rho$ 时，切削力才等于零。

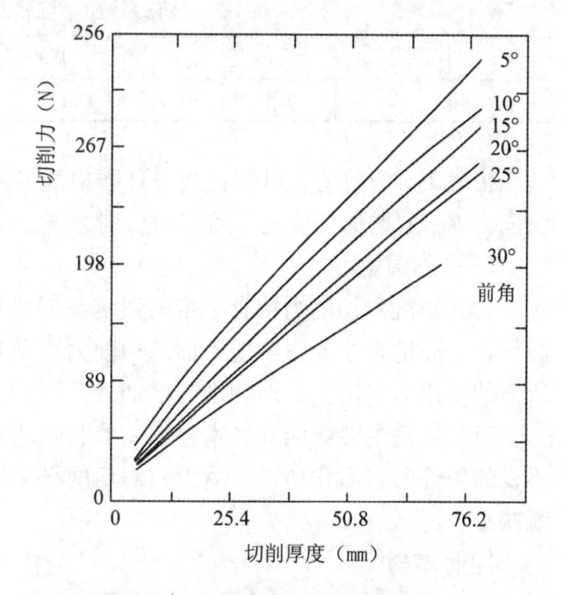

图1-18　切削厚度与切削力的关系

法向力与切削厚度的关系取决于前刀面法向力的方向。当前、后刀面法向力的方向一致时，切削厚度增加，将造成法向力的增大；当前、后刀面法向力的方向相反时，可能导致法向力减小(当 $F_{\alpha y} > F_{\gamma y}$ 时)或引起法向力的增大(当 $F_{\alpha y} < F_{\gamma y}$ 时)。在某一切削量和刀具角度，法向力可能为零(当 $F_{\alpha y} = F_{\gamma y}$ 时)。

(二)刀具磨损变钝

在分析切削力经验公式建立时，曾指出刀具磨损变钝主要影响刀具后刀面的切削力，并且以刀具刃口钝化系数 C_ρ 来修正。当刀具刃口锋利时，$C_\rho = 1$；当刀具磨损变钝时，$C_\rho > 1$。

其计算公式可以用下述方法推导。

(1)当刀具刃口锋利时，刃口圆弧半径$\rho_o = 5 \sim 10\mu m$，则$C_\rho = 1$。

因为$a = -\rho_o$，$F'_x = 0$，即：$0.2k + \lambda \cdot a = 0$，所以

$$\rho_o = \frac{0.2k}{\lambda} \tag{1-37}$$

(2)当刀具刃口磨损变钝时，刃口圆弧半径为ρ，则：$\rho = \rho_o + \Delta\rho$。

因为$a = -\rho$，$F'_x = 0$，即：$(C_\rho - 0.8)k + \lambda \cdot a = 0$，

所以：

$$\rho = \frac{(C_\rho - 0.8)k}{\lambda} \tag{1-38}$$

由式(1-37)和式(1-38)得：

$$C_\rho = 1 + \frac{0.2\Delta\rho}{\rho_o} \tag{1-39}$$

式中：ρ_o——刃口初始圆弧半径(μm)，一般取5~10μm。

$\Delta\rho$——刃口圆弧半径的增量(μm)。

钝化系数C_ρ除了通过计算外，还可通过后刀面的摩擦系数μ_α查表1-5得出。

表1-5　钝化系数C_ρ与后刀面的摩擦系数μ_α的关系

C_ρ	1	1.1	1.2	1.3	1.4	1.5	1.6	1.7	>1.7
μ_α	2	1.5	1.25	1.1	1.0	0.9	0.8	0.75	0.7

由表1-5中数值，可知：当刀具磨损变钝越厉害，摩擦系数μ_α就越小，这说明后刀面法向力$F_{\alpha y}$的增加程度大于后刀面切削力$F_{\alpha x}$。

(三)刀具角度

刀具角度对切削力均有一定的影响。刀具前角(或切削角)主要影响Ⅰ区木材的变形和破坏，因而前角主要影响前刀面的切削力。前角减小，切削层木材变形、破坏的程度增加，所需的作用力也增大，即切削力增加。

刀具后角主要影响Ⅱ区木材的变形和破坏，因而后角主要影响后刀面的切削力。在前角不变的条件下，后角增大，后刀面对切削平面以下木材压缩变形及造成的摩擦减小，切削力就减小。

(四)木材

(1)木材材性。一般而言，木材密度大，切削力大；密度小，切削力小。

(2)含水率。木材含水率高，强度变低，易破坏。但含水率增加，并不一定会引起切削力的减小。因为切削力的大小还受到木材变形的影响，而这种变形是随着含水率的增加而增大。所以含水率与切削力的关系仍不清楚。

(3)温度 。木材温度高，材性软化，易于切削，切削力下降。

(五)切削速度

切削过程中，运动的刀具切入木材后，刀具前的切削层木材，被刀具带动，有静止状态瞬时变为高速运动状态，从而产生很大的加速度。虽然切屑本身的质量很小，但引起的惯性力却能够阻碍木材的变形，进而增大切削力。

第四节　木材切削过程中的声发射

当材料受到机械载荷作用下变形破坏时，会发出响声，这是引起人听觉的声波，其频率在20Hz到20kHz之间，在上述频率范围内的振动称为声振动。一般来说，频率超过上述范围就不能引起人耳的听觉，频率高于20kHz的机械波叫超声波，通常超声波的频率范围在20kHz～100MHz之间，频率低于20Hz的机械波叫次声波，其频率可低达10Hz。实际上，材料在破坏前就会发出在人听频范围之外的超声波，释放的能量以应力波或压力波的形式向外传播，这就是声发射(acoustic emission，缩写AE)。其频率主要集中在100kHz至1MHz之间。声发射是材料破坏的先驱现象，主要用于非破坏性的探伤、焊缝缺陷检查、压力容器裂纹的探测和材料力学试验时机械性能的评估，也用在金属切削中。迄今为止，在木材加工领域内，AE技术已逐步在木材及其制品的非破坏检测及干燥应力的监测等方面得到了应用；但在木材切削方面还处于试验研究阶段，主要集中于以下几个方面：

(1)声发射与切削参数的关系。

(2)声发射与刀具磨损的关系。

(3)声发射与材料及含水率的关系。

(4)声发射与工件表面加工质量的关系。

一、声发射的测量和计量

切削区木材受刀具的压缩、剪切、弯曲变形破坏所释放出的能量以压力波、应力波的形式向外传播。声发射的频率处于超声波的范围内，所以声发射的穿透本领很大，在液体、固体中传播时衰减很小。但在空气媒介中传播时，因空气分子间距与声发射的波长比较接近，所以衰减较大，这给在空气媒介中捕捉声发射信号带来了困难，这也是与材料变形有关的声发射研究受到限制的主要原因。随着电子技术的发展，测量声发射的仪器设备越来越先进，促使该方面的研究进一步深入。

目前，用来测量声发射的方法有两类：一类是首先使用的压电陶瓷法，它是将压电式声发射传感器粘贴在刀具表面上，属于接触式测量，不便于生产实践。第二类是传声器法，测量时传声器离开声发射源一段距离，声发射以压力波、应力波形式激励传声器，属于非接触式测量，便于在生产实践中使用。由于声发射在空气中传播，衰减较大，因而，精密传声器及配套仪器是测量声发射的根本保证。压电陶瓷测量AE的方框图如图1-19，当切削区木材变形破坏以应力波或压力波(机械纵波)形式释放能量激励压电陶瓷传感器时，传感器将AE机械信号转变为电信号。输入前置放大器，经过放大和归一化处理，得到了电压信号，输入高频和低频滤波器，然后再输入示波器、计数器、均方根(RMS)电压表或计算机。传声器法测量AE信号方框图如图1-20，传声器位于工作台面100mm高，距离锯身平面600mm，传声器中心线与锯轴成45°。当发出的AE信号激励传声器(B&K：Type2609)时，将机械信号变为电信号，经过放大再输入高频滤波器和低频滤波器，然后输入信号分析仪(NEC-SA-NEI：TypeT175)进行AE计数率的计算、RMS值的计算及其他频谱分析。

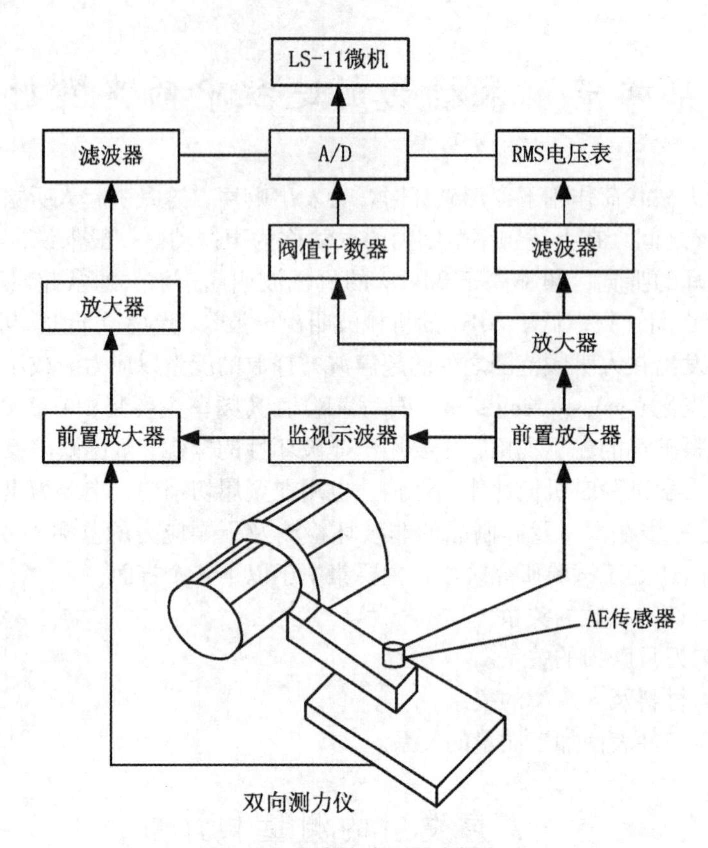

图 1-19 压电陶瓷测量方框图

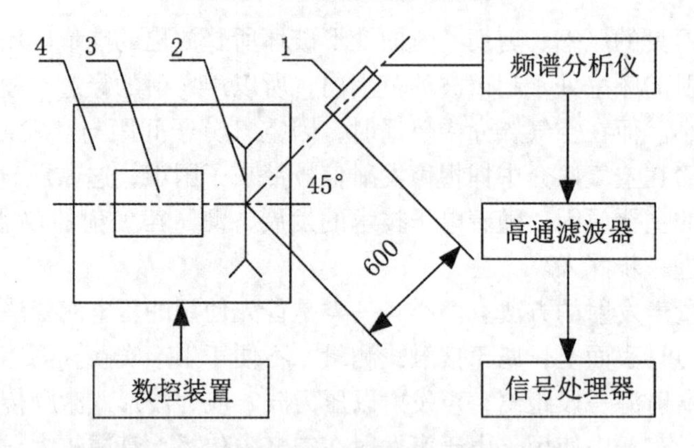

图 1-20 传声器法(非接触型)测量方框图

1. AE 传声器 2. 锯片 3. 电机 4. 进给工作台

声发射信号是非周期性多频率信号，不可能用简单的数学关系式来描述，需要用数理统计方法分析。在各种方法中，常采用的是：累计计数(cumulative count)、计数率(count Rate)、均方根电压(RMS voltage)、频谱分析(spectrum analysis)、概率密度函数(probability density function)和自相关函数(auto-correlation function)。较为普遍采用的是计数率和均方根电压。

木材切削时 AE 信号在空气媒介中传播，衰减较快，AE 信号的电压属于阻尼型的余弦波：

$$V(t) = V_0 \cdot e^{\beta t}\cos 2\pi f \tag{1-40}$$

式中：V——阈值电压；

V_0——传感器经放大后初输出值；

β——阻尼因素；

f——频率；

t——时间。

AE 均方根电压可用下式表示：

$$RMS = \left(\frac{1}{\Delta T}\int_0^{\Delta T} V^2(t)\,\mathrm{d}t\right)^{\frac{1}{2}} \tag{1-41}$$

式中 ΔT 为时间间隔。

木材切削时所发射的 AE 信号包括脉冲型和连续型，如图 1-21。连续型 AE 信号是指两个大小接近的 AE 信号发射时间的平均差异小于或接近信号持续的时间，无论哪一种类型的 AE 信号，AE 计数率(count rate)的含义均是在一定的时间间隔内输出的 AE 信号超过阈值的脉冲次数(图 1-21)。AE 计数率越大说明发射的 AE 脉冲越多，均方根 *RMS* 值越大说明 AE 信号的能量级越高。

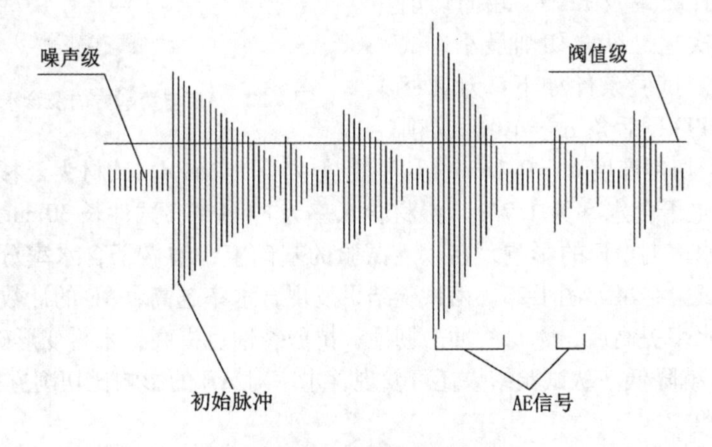

图 1-21　声发射信号

二、木材切削时的发射源

木材切削系统由机床、刀具和工件三要素组成，该系统中任何一个部件变形破坏释放能量时都将有声发射。和木材切削过程密切相关的声发射源是工件切削区木材在刀具作用下发生剪切、压缩、弯曲变形破坏所产生的。所以木材切削过程存在如下几种潜在的声发射源：

(1)切削区木材剪切区域的塑性变形。

(2)切屑在前刀面上的滑动。

(3)断裂屑瓣撞击前刀面。

(4)产生超前裂缝时的劈裂及切屑断裂。

(5)切削平面以下木材层和后刀面的摩擦。

三、影响声发射的因素

切削区木材的变形形式及程度直接影响到声发射。影响切削区木材变形的因素包括切削参数、切削方向、木材材性、含水率、刀具磨损、刀具表面粗糙度等。上述因素也势必影响到声发射。

(一)木材含水率及切削方向

纵向(90－0)、横向(0－90)、端向(90－90)三种主要切削的切削区木材变形机理不同，发出AE也就不同。纵向切削的切削层木材是在压缩、劈裂、弯曲下破坏的，横向切削的切削层木材是在压缩、滚动剪切下破坏的，端向切削的木材是在拉伸、弯曲、剪切下破坏的。所以，三种主要切削方向发射的AE水平是不同的。研究表明，声发射的计数率及*RMS*，端向切削最大，横向切削次之，纵向切削最小，试验结果如图1-22。试验条件如下：刀具材料为高速钢(SKH9)，后角α =10°，切削角δ =30°~60°，切削厚度a =0.1mm，切削速度V_c =1.2m/s，试材为云杉(picea)，气干容积重为0.43，绝干含水率为1.7%，湿材含水率为84.4%，试件长30mm，宽10mm。为了进一步考察含水率对AE的影响，在以上试验的基础上，增做了含水率分别为11.3%和17.6%的试验，试验结果如图1-22。由试验结果发现含水率越高，AE的计数率和RMS都降低。其原因为含水率提高后，木材的冲击韧性、抗劈裂性也提高，木材变形破坏的前驱现象变弱。因此，AE就降低。从试验结果还可发现含水率对AE的影响比切削方向要小。

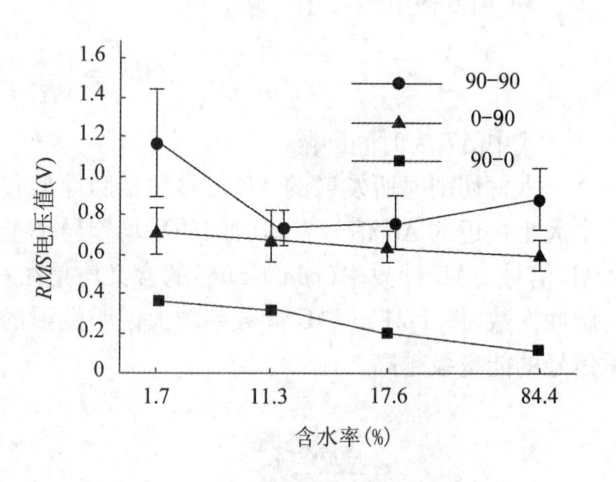

图1-22　AE与切削方向及含水率的关系

(二)木材材性

木材材性影响切屑形成规律，也就影响到AE。为了考察木材材性对AE的影响，选择了8种不同容积重的木材进行试验，试验结果如图1-23。发现木材容积重越低，AE的计数率及均方根电压值也越低。供试验的木材分别是泡桐(paulownia，气干容积重0.23)、婆罗双树I(shorea，气干容积重0.45)、婆罗双树II(shorea，气干容积重0.50)、黄杉(pseudotsuga，气干容积重0.52)、山毛榉(fagus，气干容积重0.67)、蒙古栎(quercus mongolica，气干容积重0.74)、麻栎(quercus mysinaefolia，气干容积重0.70)、羯布罗香树(dipterocarpus，气干容积重0.84)。

(三)切削速度、进给速度

刀具切削速度或转速也影响到AE。研究表明，声发射的计数率随着转速的提高而降低，如图1-24。在切削过程中，运动的刀具切入木材后，刀具前的木材层被刀具带动，由静止状态瞬时变为高速运动状态，从而产生很大的加速度，使切屑有较大的惯性力，减少木材破坏时的变形，也就削弱了木材破坏时的前驱现象。所以，切削速度或转速提高时，AE信号减弱。试验还表明，锯片空转时，频率集中在3~7kHz，锯切木材时，高于20kHz的超声波明显提高。

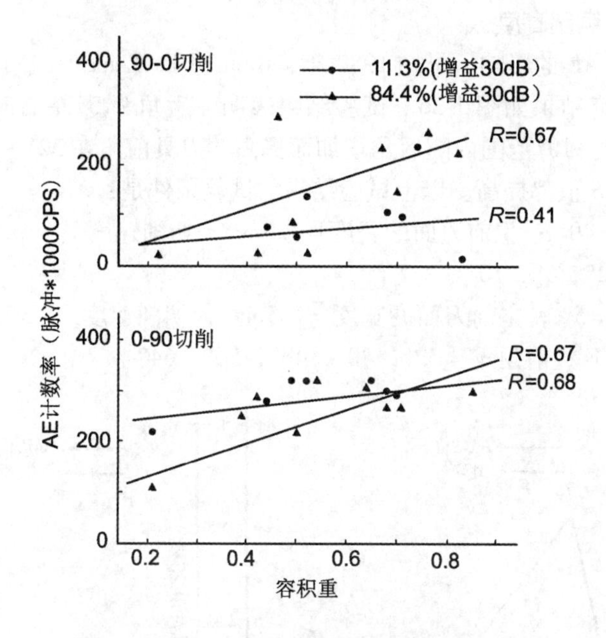

图 1-23　AE 与试材容积重的关系（阈值 0.2V）

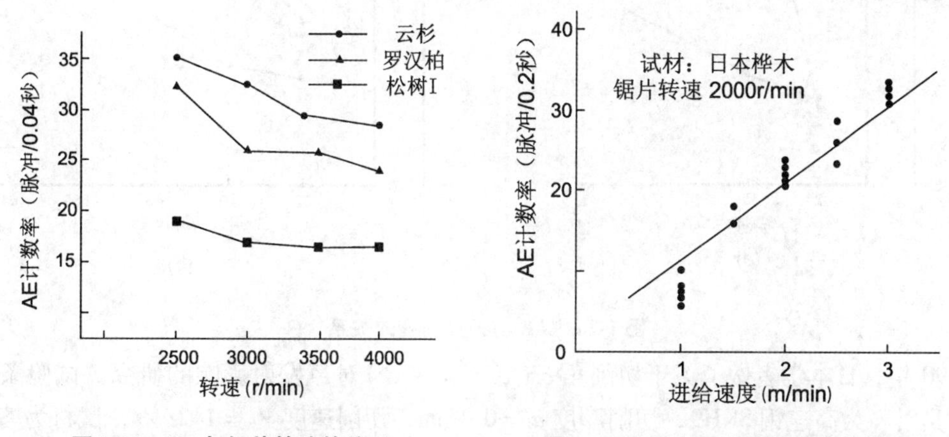

图 1-24　AE 与锯片转速的关系

图 1-25　AE 与工件进给速度的关系

进给速度和声发射的关系也比较密切，文献研究指出工件进给速度提高后，AE 计数率呈线性关系提高，如图 1-25。试验条件如下：硬质合金锯片，齿数 $z=100$，前角 $\gamma=3°$，后角 $\alpha=15°$，前齿面斜磨角 $\lambda=20°$，锯片直径 $D=305$mm，锯片转速 $n=2000$r/min，试件为日本桦木，试件尺寸为 30mm×150mm×1000mm。试验数据经回归分析，得出下列回归方程：

(1) 当 $n=2000$n/min 时，$Y=10.6X+0.4$，相关系数 $R=0.97$。

(2) 当 $n=3000$n/min 时，$Y=7.6X+3.1$，相关系数 $R=0.95$。

(3) 当 $n=4000$n/min 时，$Y=5.0X+15.7$，相关系数 $R=0.83$。

方程中的 Y 表示 AE 的计数率，X 表示进给速度，单位为 m/min。

(四)刀具角度、锯路高度

关于刀具角度对AE的影响，早在1982年，Richard L. Lemaster就研究了刀具前角、后角对AE的影响，研究结果如图1-26。试验结果表明，后角为5°左右时，AE计数率最大。*RMS*值在后角位于0°~10°范围内随后角增加而提高。刀具前角在32°~64°范围内逐渐提高时，AE计数率及*RMS*值都提高。以上试验结果的试验条件是：

条件1：前角$\gamma=40°$；主前刀面的宽度=1.5mm；切削速度$V_c=3.38$mm/s；试材温度$T=70°$F；后角$\alpha=2°$，5°，10°。

条件2：后角$\alpha=5°$；主前刀面的宽度=1.5mm；切削速度$V_c=3.38$mm/s；试材温度$T=70°$F；前角$\gamma=32°$，40°，48°，56°，64°。

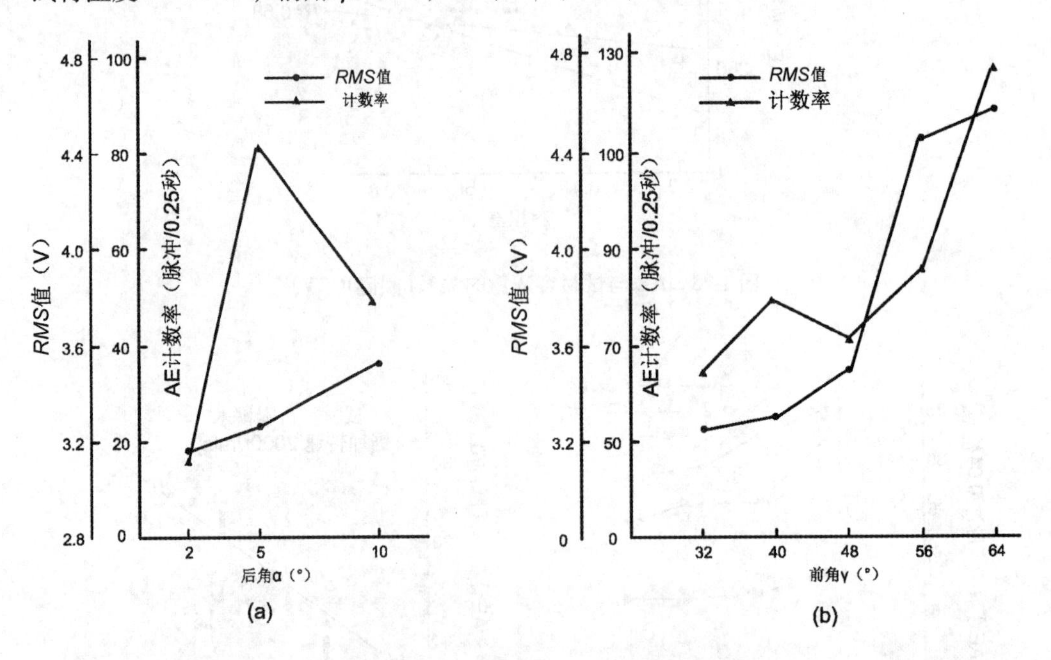

图1-26 AE与刀具角度的关系

1990年，日本学者做了关于切削角δ($\delta=\alpha+\beta$)对声发射影响的研究。试验条件如下：刀具材料为高速钢SKH9，切削厚度$a=0.1$mm，切削速度$V_c=1.2$m/s，试材为婆罗双树(气干容积重为0.36，含水率为12.3%)和云杉(气干容积重为0.43，含水率为12.8%)。试验指出AE信号频率集中在0.1M~0.3MHz，并且当切削角为40°左右时，AE计数率和RMS值达到最大。同时，还指出AE与刃口附近切屑的变形、劈裂密切相关。

有关锯路高度和AE的关系，研究表明锯路高度提高后，AE也相应地提高，如图1-27。

(五)声发射与刀具磨损及工件表面加工质量的关系

刀具磨损是指在木材切削过程中，因机械的、化学的和热的作用，金属材料不断地从刀具刃口附近消失，改变了刀具刃口的几何形状。因而，刀具磨损势必影响到切削区木材的变形。具体表现在刀具磨损后，刀具的有效前角和后角相应变小，导致切屑变形区域和切削平面木材层应力分布和变形发生变化，也就改变了声发射。为了考察刀具磨损和声发射的关系，1985年，Richard L. Lemaster着重研究了刀具磨损和AE的关系。研究指出，随着刀具磨损的加剧，AE随着刀具磨损的增加而提高，如图1-28。

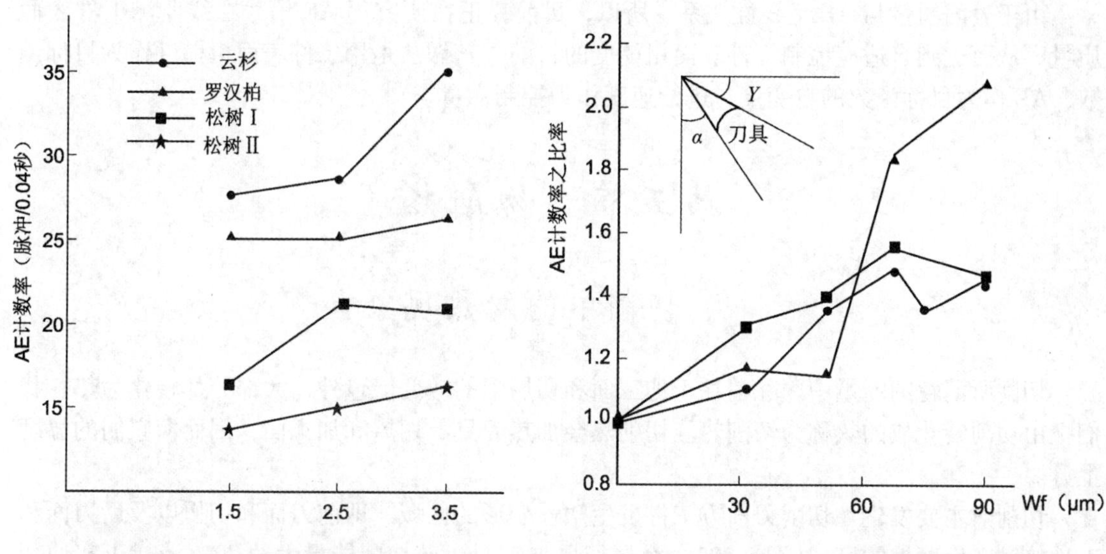

图 1-27　AE 与锯路高度的关系

（锯片回转速度为 3600r/min，进给速度为 2m/s）

图 1-28　AE 与刀具磨损的关系

（AE 计数率之比率为某切削长度 AE 计数率与切削长度为零的）

工件表面质量受到许多因素的影响，包括刀具转速、进给速度、刀齿数、刀具磨损等。除了刀具磨损是不可控制之外，其他因素均可通过调节机床、铣刀设计而人为控制。保证刀具刃口锋利，做到及时换刀和磨刀是保证工件表面质量的重要手段。实际上工件表面质量和 AE 之间没有直接的关系，由于 AE 与刀具磨损的关系、刀具磨损与工件表面质量的关系，所以，AE 和工件表面质量也有密切的关系。曾有研究指出 AE 与工件表面质量呈线性关系，如图 1-29，其回归方程为：

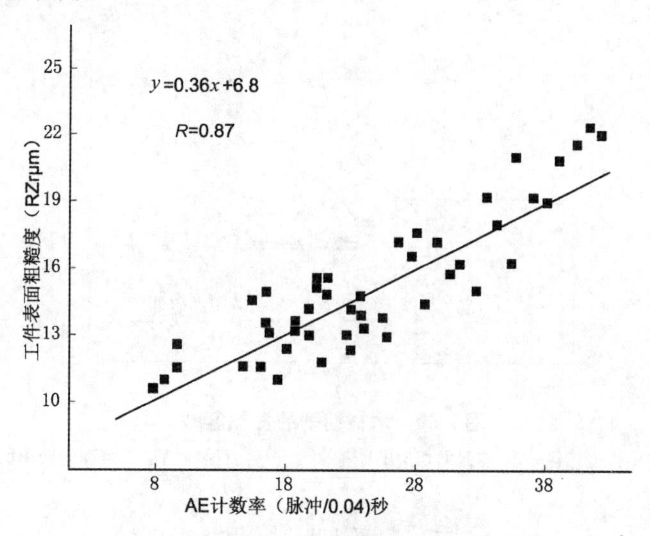

图 1-29　AE 与工件表面加工质量的关系

$$y = 0.36x + 6.8\ ,\ R = 8.7$$

式中：y——表面粗糙度(μm)；

x——AE 计数率(AE 脉冲数/0.04s)；

R——回归系数。

由于表面质量与AE呈线性关系，所以，目前，正在研究用AE信号在线监测工件表面质量，从而达到自适应控制工件表面粗糙度的目的。其做法是用工件表面粗糙度作为目标函数，AE作为目标函数的自变量，进给速度作为控制变量。

第五节 切削热

一、切削中的发热现象

切削所消耗的能量中，除消耗于加工面和切屑中的应变能量外，大部分都转化为热。我们把由切削转化成的热称为切削热。切削热会加热刀具、切屑和加工面，因而使它们的温度上升。

切削热主要发生在切削刃前方工件发生塑性变形的区域，即前刀面和切屑以及后刀面和工件接触产生摩擦的区域(图1-30)。金属切屑加工时，其切削能量大约70%消耗于剪切变形，因此发热区主要集中在从刀具的刃口延伸到剪断面，以及前刀面与切屑发生摩擦区域。但木材切削时，由于切削变形所需的力比金属要小很多，且切削速度要高，因此，通常条件下，木材削时前刀面的摩擦发热最为重要。由于已加工表面的弹性恢复较大，后刀面的摩擦发热也不可忽视。锯切和钻削加工这类闭式切削，与切屑形成无直接关系的刀具部分也会与切削面发生摩擦发而发热。

切削热不仅会使切削刀具温度升高，还会提高切屑和工件温度。但木材切削时刀具以外的温度基本都不讨论。所以说到切削温度，一般都是指刀具温度。

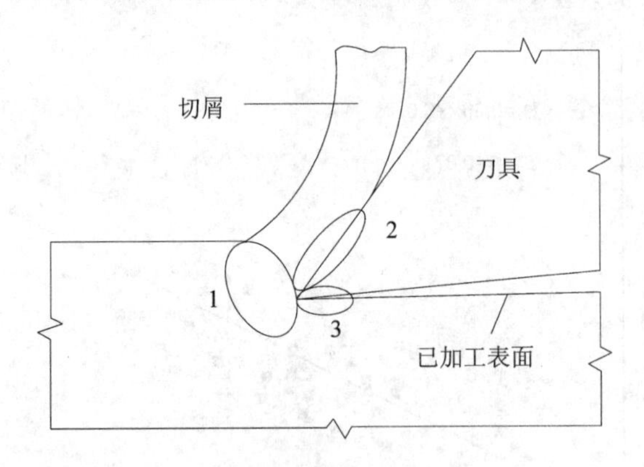

图1-30 木材切削的发热区域

1. 塑性变形区 2. 前刀面切屑的摩擦面 3. 后刀面与已加工表面的摩擦面

二、刀具温度

刀具温度升高引起的结果有两个，一是刃口温度上升会加速刀具的磨损；另一个是刀体不均匀的温度分布，会使刀具丧失其原有的稳定性。前者是由于刀具材料在高温时硬度降低，或发生热劣化；后者与刀具自身的热膨胀和热应力有关。

(一)刀具温度升高的原因

刀具切削时，刀齿与切屑和工件接触部分摩擦生热，同时，齿尖的热量向整个刀刃和刀体以热传导的形式传递热量，然后，再向周围环境辐射散热。因此，刀具温度的问题最终要归结于求解界面间稳定和非稳定的热传导问题，而温度分布取决于接触面单位时间传递的热量、接触面积、热量传递持续的时间、刀具的形状和热物理特性、周围环境的温度和气流速度等。

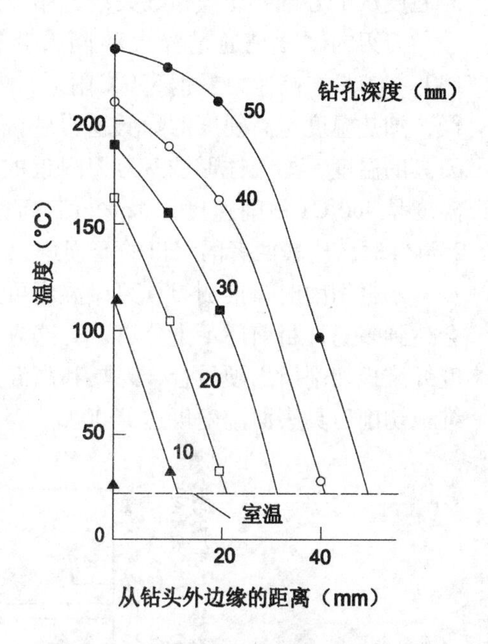

图 1-31　钻头沿半径方向的温度分布

刀具温度随时间的变化规律与刀具的受热状态有关，即决定于切削方式。车削和钻削，在确定时间内连续生成切屑，在刀具与工件接触部位温度最高，且呈直线上升趋势(图 1-31)，接触部位的温度通常处于稳定状态。铣削和锯切等多刀刃切削时，形成断续的切削，刃口温度受热也是不连续的，因此，刃口温度时而上升，时而下降，刀体温度缓慢上升。此时刀刃与工件接触的时间越短，温度变化的区域亦越窄。由于木材切削刀刃与木材工件接触的时间很短，一般仅数毫秒，因此切削热只能影响到工件接触面下约 1mm 以内的范围。

伴随切屑生成而产生的热量以什么样的比例传导到刀具、切屑和加工面将直接关系到它们在切削过程中的温度变化。金属切削时，切削速度越快，则传导到切屑的热量越多。在高速切削时，大部分热量随切屑一起被带走。木材切削时，刀具表面的摩擦是产生热量的主要来源，木材的热传导系数比金属刀具要小很多，因此，传导到刀具的热量要比金属切削时大很多。

(二)刀具温度的测定

由于木材切削速度很高，且温度显著上升的部位仅发生在刀具刃口非常微小的区域内，而干燥的木材又是绝缘体，因此，金属切削中常用的测定刀具和切屑接触面温度的方法，如刀具-试件热电偶法，在木材切削中是无法使用的，所以直接测定木材切削刀具某点的温度，尤其是刃口温度一般是非常困难的。

刀具温度测定一般是将热电偶或热电阻传感器粘贴或焊接在刀具上进行。这种方法虽然简便，但测定时必须要停止刀具的运动，因为元件热容量产生的温度场混乱及响应滞后的影响，要准确测定刀具和刀刃的温度也是很困难的。不过如果用极细的热电偶，使元件热容量尽量地减小，也可以在温度场不发生混乱的条件下实现高响应的测定。

利用物体发射的热量测定物体温度用的辐射温度计，可在不扰乱温度场、以非接触的方式测定刀具的温度。如远红外线温度测量仪，可获得非常灵敏、精确的测量结果。图 1-32 中使用细热电偶，测定的单个锯齿非连连续直角自由切削时，锯齿上 5 个点的温度，结果表明锯齿在非连续切削的一个周期内出现了显著的温度上升与下降，温度在锯齿脱离切削后迅速降低。同时切削速度 20m/s 的锯齿刃口附近温度可达到 200℃左右的峰值，并在 100℃的幅度范围内变化，切削速度 57m/s 的铣刀刃口侧面最高温度可达到 300℃，圆锯片沿半径方向温度从中心到外缘呈指数关系分布，逐渐升高。

刀刃的硬度是通过淬火和同火获得的，用高于回火温度(150～200℃，合金刀具钢100～500℃，高速刀具钢550℃附近)对刀具材料加热和冷却，刀具的硬度会出现明显的降低，加热温度越高硬度的降低越明显。因此，通过切削过程中刀具硬度的变化可推测切削时刀具的温度，如圆柱形铣刀刀刃附近的温度是370～380℃(切削速度44m/s)，钻头端部的温度是460℃(钻削速度3.1m/s)。高速钢和斯特立合金红热硬性不同，在切削速度20～25m/s时，比较两者的刃口的磨损量，可以推测刃口表面的温度至少达到500℃。

木材切削时，推测刀具刃口温度可达到500℃，但在不同的切削条件下，刀具最高温度会达到多高，目前还不十分清楚。这方面的理论分析和实验研究还需进一步进行，比较中密度纤维板切削所用硬质合金刀具和高温处理的硬质合金表面的形态和成分，可推测中密测纤维板切削刀具表面温度可达1000℃，甚至更高。

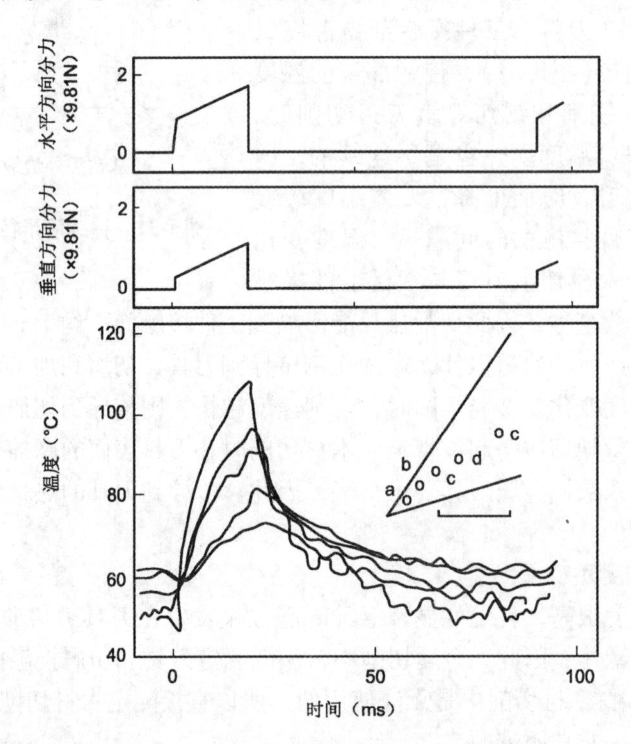

图1-32 非连续切削时锯齿侧面的温度分布

(三)影响刀具温度的因素

影响刀具温度最大的因素是切削系统单位时间的发热量，发热量与切削功率呈正比关系。即切削力及切削速度越大，刀具的温度越高。不过即使切削力相同，根据刀具切削角、后角、切削类型、刀刃的磨损状态等条件，刀具和切屑及已加工面的接触状态的不同，刀刃附近的温度分布也不相同。木材切削的切削力虽然小，但切削速度高，切削功率与金属切屑基本相同或更高，因此木材切削也会和金属切削产生同样切削热。

影响刀具温度升高的因素在刀具自身方向，主要有刀具材料的热物理性能，刀刃或刀体的结构及与工作的接触面的形状等。刀具表面有一定量的发热量时，刀具材料的热传导系数越大，刀具表面的温度越低，稳定状态下刀具内部的温度梯度越平缓。因此，硬质合金刀具表面温度比高速钢刀具的表面温度低。但是，非稳定状态刀具的内部温度分布受温度传导系数的影响。与刀具的形状，刀具材料热容量和表面积有关，刀刃楔角越小，温度升高越快，并且冷却的也快。由于带锯条和圆锯片基体是薄钢板，锯齿附近区域温度极易迅速升高，并且冷却的也快。由于带锯条和圆锯片基体是薄钢板，锯齿附近区域极易迅速升高，但锯身温度并不高。钻头由于其独特的切削形态，刀体极易蓄积热量，在钻削接触面上容易形成高温。刀具前后刀面的性质(如表面粗糙度和质地、材料种类等)与工件和刀具摩擦系数有关的因素也对切削刀具的温度产生影响。如镀铬使刀具与木材接表面的摩擦系数减小，从而延长刀具的使用寿命。因此，后角减小，增加刀具与已加工表面的摩擦，锯片或锯条锯料不合适，都会引起刀具温度的显著升高。

从刀具表面向周围空气的热传导及辐射散失的热量也影响刀具自身的温度。刀具表面的热传导系数和环境温度决定刀具向空气传导热量的多少。气流速度快，热传导系数大，刀具散失的热量和环境温度决定刀具向空气传导热量的多少。气流速度快，热传导系数大，刀具散失的热量也多。例如，圆锯片的回转速度越高，生成的切削热量也越多，但同时散失的热量也多，生成和散失热平衡最终决定刀具的温度。带锯锯切时，热量向锯轮的转移也可以使锯条的温度下降。

三、切屑接触面上升温度与影响因素

因为木材强度随温度升高直线下降，在其他条件不变的情况下，工件温度越高切削阻力越小。虽然目前对木材切削和已加工表面的温度还不甚了解，但由切削热引起的工件温度升高及由此引起的切削力降低是可以肯定的。即如果工件温度随切削速度增加而升高，切削力则随速度增加而降低。但是，切削速度提高会引起切屑的变形阻抗增加(变形速度效应)，所以实际并不一定如此。

木材切削时刀刃的温度至少可达500℃，这就意味着切屑和已加工面的表面也会达到该温度，而实际与刀具接触表面的温度可能更高。此温度已经超过了木材燃点温度，足以使木材发生热分解。因此，我们时常可以看到木材分解残余物粘附在刀刃上。通常切削条件下，因为加热时间极短，在已加工表面上不会出现肉眼可见的变化，但由于某种原因使工件或刀具停止进给或进给不顺利时，就会在已加工表面某一部位因反复摩擦而出现灼烧，这种烧痕使制品的表面质量降低。磨削加工时，磨具正压力过大或磨具孔隙堵塞时，极易引起加工面温度升高出现表面烧伤或因表层含水率快速降低而引发表面开裂。

第二章
木工刀具材料及刀具磨损

刀具材料一般是指刀具切削部分的材料。它的性能优劣是影响加工表面质量、切削效率、刀具磨损及寿命的重要因素。研究应用新刀具材料不但能有效地提高生产效率、加工质量和经济效益，而且往往是某些难加工材料工艺的关键。本章主要讲解木工刀具切削对象特点及刀具材料、木工刀具磨损及提高木工刀具耐磨技术。

第一节　木工刀具特点及材料

一、木工刀具切削对象

木材是有由多种复杂有机物质组成的复合体，其中绝大部分是高分子化合物。除了含有纤维素、半纤维素、木质素之外，木材还含有水分和各种浸提物，包括石英砂、生物碱及有机弱酸(单宁、醋酸、多元酚类化合物)等。各种木质复合材料，如水泥刨花板、石膏刨花板、纤维板、刨花板、胶合板、细木工板和贴面板等，还含有了各种胶合材料(如胶粘剂、水泥、石膏等)、固化剂和缓凝剂等。因此，木材及木质复合材料是多组分的、复杂的混合体。

当刀具在切削时，如同将刀具置于复杂的介质中，既有造成刀具机械擦伤的硬质点(如三氧化二铝、树脂、石英砂、胶合材料等)，又有引发刀具产生化学腐蚀的酸性介质，还有促进刀具材料和工件材料相互作用的切削温度、切削压力、环境气氛等。因而，刀具切削木质复合材料的过程实质是在刀具与工件材料发生机械的、热的和化学腐蚀作用下，刀具前后面的刀具材料不断消失过程。刀具磨损越快、刃口变越钝厉害，工件加工表面的材料就更容易被搓起、撕裂、挖切，从而工件表面粗糙度提高，颜色变深，甚至烧焦发黑。

二、木工刀具特点

和金工刀具相比，木工刀具具有以下特点：

(1)旋转速度高，铣刀转速一般为3000～8000r/min，某些铣刀如柄铣刀，转速则超过20000r/min。

(2)加工对象质地不均匀性和各向异性。木材中有节子、树脂和矿物质(如SiO_2等)，还有纵向、径向和弦向之分。人造板则还存在厚度方向的密度差异和胶层。

(3)加工对象的多样性。木工刀具除了切削不同种类的木材之外，还要切削各种人造板和复合地板等木质材料。

三、木工刀具切削部分材料应具备的性能

1. 硬度和耐磨性

一般刀具的常温硬度应在44～62HRC。硬度越高，耐磨性(主要是抗磨料磨损的能力)也越好。此外，刀具材料组织中的化学成分、显微组织及碳化物的硬度、数量、颗粒尺寸和分布也影响耐磨性。

2. 热硬性

刀具材料在高温下应保持其硬度、耐磨性、强度和韧性。热硬性越好，所允许的切削速度就越高。

3. 强度和韧性

木工刀具冲击较大，要求刀具具有足够的强度和韧性。这样刀具在大的机械冲击下，不致崩刀。

4. 化学稳定性

木材中水分、浸提物等能使刀具发生腐蚀磨损。因此，要求刀具材料化学性能稳定。

5. 工艺性

刀具材料应具有较好的工艺性，使刀具制造容易、成本低廉。刀刃能够刃磨锋利，砂轮消耗少。

四、木工刀具材料

刀具能否进行正常的切削、切削质量的好坏、经久耐用的程度都与刀具切削部分的材料密切相关。切削过程中的各种物理现象，特别是刀具的磨损，与刀具材料的性质关系极大。在机床许可的条件下，刀具的劳动生产效率基本上取决于其本身材料所发挥的切削性能。

(一)碳素工具钢

含碳量为0.65%～1.36%的优质碳素钢，如T8、T8A、T10A等。以钢中S，P含量的多少，分为优质钢和高级优质钢。优质钢用来制造载荷小，切削速度低的手工刀具，高级优质钢用来制造机用刀具。碳工钢具有价格低廉，刀口容易刃磨锋利，热塑性好以及切削加工性好等优点。它维持切削性能的温度低于300℃，淬火后的常温硬度为60～64HRC。这类钢不足之处是热处理变形大，淬透性差，热硬性差。

(二)合金工具钢

合金工具钢是在碳素工具钢基础上加入铬、钼、钨、钒等合金元素以提高淬透性、韧性、耐磨性和耐热性的一类钢种。这类材料的热处理变形、淬透性和热硬性都比碳素工具钢好。有些木工刀具(如带锯条)，还采用弹簧钢(65Mn)制造。

(三)高速钢

1. 概　述

高速钢又名风钢或锋钢，意思是淬火时即使在空气中冷却也能硬化，并且很锋利。高速钢是含有W、Mo、Cr、V等合金元素较多的合金工具钢。

高速钢是综合性能较好、应用范围最广的一种刀具材料。热处理后硬度达62～66HRC，

抗弯强度约3.3GPa，耐热性为600℃左右，此外，还具有热处理变形小、能锻造、易磨出较锋利的刃口等优点。

常用高速钢的牌号及其物理力学性能见表2-1。

表2-1 常用高速钢牌号物理力学性能

类型		牌号*			硬度 HRC			抗强弯度 σ_{bb} (GPa)	冲击韧度 a_k (MJ/m^2)
		YB12-77牌号	美国AISI代号	国内有关代号	室温	500℃	600℃		
普通高速钢		W18Cr4V (T1)			63~66	56	48.5	2.94~3.33	0.176~0.314
普通高速钢		W6Mo5Cr4V2 (M2)			63~66	55~56	47~48	3.43~3.92	0.294~0.392
普通高速钢		W9Mo3Cr4V			65~66.5	—	—	4~4.5	0.343~0.392
高性能高速钢	高钒	W12Cr4V4Mo (EV4)			65~67	—	51.7	≈3.136	≈0.245
高性能高速钢	高钒	W6Mo5Cr4V (M3)			65~67	—	51.7	≈3.136	≈0.245
高性能高速钢	含钴	W6Mo5Cr4V2Co8 (M36)			66~68	—	54	≈2.92	≈0.294
高性能高速钢	含钴	W2Mo9Cr4VCo8 (M42)			67~70	60	55	2.65~3.72	0.225~0.294
高性能高速钢	含铝	W6Mo5Cr4V2Al (M2Al)(501)			67~69	60	55	2.84~3.82	0.225~0.294
高性能高速钢	含铝	W10Mo4Cr4V3Al (5F6)			67~69	60	54	3.04~3.43	0.196~0.274
高性能高速钢	含铝	W6Mo5Cr4V5SiNbAl (B201)			66~68	57.7	50.9	3.53~3.82	0.255~0.265

*牌号中化学元素后面数字表示含量大致百分比，未注者约在1%左右。

2. 通用型高速钢

这类高速钢应用最为广泛，约占高速钢总量的75%。碳的质量分数为0.7%~0.9%，按钨、钼质量分数的不同，分为钨系、钨钼系。主要牌号有以下三种：

(1) W18Cr4V(18-4-1)钨系高速钢。18-4-1高速钢具有较好的综合性能。因含钒量少，刃磨工艺性好。淬火时过热倾向小，热处理控制较容易。缺点是碳化物分布不均匀，不宜作大截面的刀具。热塑性较差。又因钨价格较高，国内使用逐渐减少，国外已很少采用。

(2) W6Mo5Cr4V2(6-5-4-2)钨钼系高速钢。6-5-4-2高速钢是国内外普遍应用的牌号。因一份钼可代替两份钨，这就能减少钢中的合金元素，降低钢中碳化物的数量及分布的不均匀性，有利于提高热塑性、抗弯强度与韧度。加入3%~5%的钼，可改善刃磨工艺性。因此6-5-4-2的高温塑性及韧性胜过18-4-1。主要缺点是淬火温度范围窄，脱碳过热敏感性大。

(3) W9Mo3Cr4V(9-3-4-1)钨钼系高速钢。9-3-4-1高速钢是根据我国资源研制的牌号，其抗弯强度与韧性均比6-5-4-2好。高温热塑性好，而且淬火过热、脱碳敏感性小，有良好的切削性能。

3. 高性能高速钢

高性能高速钢是指在通用型高速钢中增加碳、钒，添加钴或铝等合金元素的新钢种。其常温硬度可达67~70HRC，耐磨性与耐热性有显著的提高。

表2-1列出各类高性能高速钢的典型牌号。

高碳高速钢的含碳量提高，使钢中的合金元素能全部形成碳化物，从而提高钢的硬度与耐磨性，但其强度与韧性略有下降，目前已很少使用。

高钒高速钢是将钢中的钒增加到3%~5%。由于碳化钒的硬度较高，可达到2800HV，比普通刚玉高，所以一方面增加了钢的耐磨性，同时也增加了此钢种的刃磨难度。

钴高速钢的典型牌号是 W2Mo9C4VCo8(M42)。在钢中加入了钴，可提高高速钢的高温硬度和抗氧化能力。钴在钢中能促进钢在回火时从马氏体中析出钨、钼的碳化物，提高回火硬度。钴的热导率较高，对提高刀具的切削性能是有利的。钢中加入钴还可以降低摩擦系数，改善其磨削加工性。

铝高速钢是我国独创的超硬高速钢。典型的牌号是 W6Mo5Cr4V2Al(501)。铝不是碳化物的形成元素，但它能提高钨、钼等元素在钢中的溶解度，并可阻止晶粒长大。因此，铝高速钢可提高高温硬度、热塑性与韧性。

4. 粉末冶金高速钢

粉末冶金高速钢是通过高压惰性气体或高压水雾化高速钢水而得到的细小的高速钢粉末，然后压制或热压成形，再经烧结而成的高速钢。粉末冶金高速钢在 20 世纪 60 年代由瑞典首先研制成功，70 年代国产的粉末冶金高速钢就开始应用。由于其使用性能好，故应用日益增加。

粉末冶金高速钢与熔炼高速钢比较有如下优点：

(1)由于可获得细小均匀的结晶组织(碳化物晶粒 2～5μm)，完全避免了碳化物的偏析，从而提高了钢的硬度与强度，能达到 69.5～70HRC，抗弯强度能达到 2.73～3.43GPa。

(2)由于物理力学性能各向同性，可减少热处理变形与应力，因此，可用于制造精密刀具。

(3)由于钢中的碳化物细小均匀，使磨削加工性得到显著改善。含钒量多者，改善程度就更显著。这一独特的优点，使得粉末冶金高速钢能用于制造新型的、增加合金元素的、加入大量碳化物的超硬高速钢，而不降低其刃磨工艺性。这是熔炼高速钢无法比拟的。

(4)粉末冶金高速钢提高了材料的利用率。

粉末冶金高速钢目前应用尚少的原因是成本较高，其价格相当于硬质合金。

5. 高速钢刀具的表面涂层

高速钢刀具的表面涂层是采用物理气相沉积(PVD)方法，在刀具表面涂覆 TiN 等硬膜，以提高刀具性能的新工艺。这种工艺要求在高真空、500℃环境下进行，气化的钛离子与氮反应，在阳级刀具表面上生成 TiN，一般厚度只有 2μm。对刀具的尺寸精度影响不大。

涂层的高速钢是一种复合材料，基体是强度、韧性较好的高速钢，而表层是高硬度、高耐磨的材料。TiN 有较高的热稳定性，与钢的摩擦系数较低，而且与高速钢涂层结合牢固。表面硬度可达 2200HV，呈金黄色。

涂层高速钢刀具的切削力、切削温度约下降 25%，切削速度、进给量约可提高一倍左右，刀具寿命显著提高。即使刀具重磨后其性能仍优于普通高速钢。

(四)硬质合金

1. 硬质合金的组成与性能

硬质合金是由硬度和熔点很高的碳化物(称硬质相)和金属(称粘结相)通过粉末冶金工艺制成的。硬质合金刀具中常用的碳化物有 WC、TiC、TaC、NbC 等。常用的粘结剂是 Co，碳化钛基的粘结剂是 Mo、Ni。

硬质合金的物理力学性能取决于合金的成分、粉末颗粒的粗细以及合金的烧结工艺。含高硬度、高熔点的硬质相愈多，合金的硬度与高温硬度愈高。含粘结剂愈多，强度也就愈高。合金中加入TaC、NbC有利于细化晶粒，提高合金的耐热性。常用的硬质合金牌号中含有大量的WC、TiC，因此硬度、耐磨性、耐热性均高于工具钢。常温硬度达89～94HRA，耐热性达800～1000℃。

2. 普通硬质合金分类、牌号与使用性能

硬质合金按其化学成分与使用性能分为四类：钨钴类（WC + Co）、钨钛钴类（WC + TiC + Co）、添加稀有金属碳化物类[WC + TiC + TaC（NbC）+ Co]及碳化钛基类（TiC + WC + Ni + Mo）。最常用的国产牌号、性能及对应的新国标牌号见表2-2。

表2-2　常用硬质合金牌号与性能

类型	牌号	成分×100					物理力学性能				相当于GB2075—87牌号	
		ω_{WC}	ω_{TiC}	ω_{TaC} ω_{NbC}	ω_{Co}	其他	相对密度	导热率/（W/m·K）	硬度HRA（HRC）	抗弯强度（GPa）		
钨钴类	YG3	97	—	—	3	—	14.9～15.3	87.	91（78）	1.08	K类	K01
	YG6X	93.5	—	0.5	6	—	14.6～15.0	75.55	91（78）	1.37		K05
	YG6	94	—	—	6	—	14.6～15.0	75.55	89.5（75）	1.42		K10
	YG8	92	—	—	8	—	14.5～14.9	75.36	89（74）	1.47		K20
	YG8C	92	—	—	8	—	14.5～14.9	75.36	88（72）	1.72		K20
钨钛钴类	YT30	66	30	—	4	—	9.3～9.7	20.93	92.5（80.5）	0.88	P类	P01
	YT15	79	15	—	6	—	11～11.7	33.49	91（78）	1.13		P10
	YT14	78	14	—	8	—	11.2～12.0	33.49	90.5（77）	1.17		P20
	YT5	85	5	—	10	—	12.5～13.2	62.80	89（74）	1.37		P30
添加钽（铌）类	YG6A（YA6）	91	—	5	6	—	14.6～15.0	—	91.5（79）	1.37	K M类	K10
	YG8A	91	—	1	8	—	14.5～14.9	—	89.5（75）	1.47		K10
	YW1	84	6	4	6	—	12.8～13.3	—	91.5（79）	1.18		M10
	YW2	82	6	4	8	—	12.6～13.0	—	90.5（77）	1.32		M20
碳化钛基类	YN05	—	79	—	—	Ni7 Mo14	5.56	—	93.3（82）	0.78～0.93	P类	P01
	YN10	15	62	1	—	Ni12 Mo10	6.3	—	92（80）	1.08		P01

注：Y——硬质合金；G——钴；T——钛；X——细颗粒合金；C——粗颗粒合金；A——含TaC（NbC）的YG类合金；W——通用合金；N——不含钴，用镍作粘结剂的合金。

（1）YG类合金（GB2075—87标准中K类）。YG类抗弯强度与韧性比YT类高，可减少切削时的崩刃，但耐热性比YT类差。YG类合金能承受对刀具冲击，导热性较好，有利于降低切削温度。此外，YG类合金磨削加工性好，可以刃磨出较锋利的刃口。合金中含钴量愈高，韧性愈好。

（2）YT类合金（GB2075—87标准中P类）。YT类合金有较高的硬度，特别是有较高的耐热性、较好的抗粘结、抗氧化能力。它主要用于加工以钢为代表的塑性材料。加工钢时塑性变形大、摩擦剧烈，切削温度较高。YT类合金磨损慢，刀具寿命高。合金中含TiC量较多者，含 Co 量就少，耐磨性、耐热性就更好，适合精加工。但 TiC 量增多时，合金导热性变差，焊接与刃磨时容易产生裂纹。含 TiC 量较少者，则适合粗加工。

(3) YW 类合金(GB2075—87 标准中 M 类)。YW 类合金加入了适量稀有难溶金属碳化物，以提高合金的性能。其中效果显著的是加入 TaC 或 NbC，一般情况下，质量分数在 4% 左右。

TaC 或 NbC 在合金中主要作用是提高合金的高温硬度与高温强度。在 YG 类合金中加入 TaC，可使 800℃时强度提高约 0.15～0.20GPa。在 YT 类合金中加入 TaC，可使高温硬度提高约 50～100HV。

TaC 或 NbC 还可提高合金的常温硬度，提高 YT 类合金抗弯强度与冲击韧性，特别是提高合金的抗疲劳强度。能阻止 WC 晶粒在烧结过程中的长大，有助于细化晶粒，提高合金的耐磨性。

TaC 在合金中的质量分数达 12%～15% 时，可增加抵抗周期性温度变化的能力，防止产生裂纹，并提高抗塑性变形的能力。此外，TaC 或 NbC 可改善合金的焊接、刃磨工艺性、提高合金的使用性能。

(4) YN 类合金(GB2075—87 标准中 P01 类)。YN 类合金是碳化钛基类，它以 TiC 为主要成分，Ni、Mo 作粘结金属。

TiC 基合金的主要特点是硬度非常高，达 90～95HRA，有较好的耐磨性。有较好的耐热性与抗氧化能力，在 1000～1300℃高温下仍能进行切削。

TiC 基合金的主要缺点是抗塑性变形能力差，抗崩刃性差。

3. 细晶粒、超细晶粒合金

普通硬质合金中 WC 粒度为几个微米，细晶粒合金平均粒度在 1.5μm 左右。超细晶粒合金粒度在 0.2～1μm 之间，其中绝大多数在 0.5μm 以下。

细晶粒合金中由于硬质相和粘结相高度分散，增加了粘结面积，提高了粘结强度。因此，其硬度与强度都比同样成分的合金高，硬度约提高 1.5～2HRA，抗弯强度约提高 0.6～0.8GPa，而且高温硬度也能提高一些。

生产超细晶粒合金，除必须使用细的 WC 粉末外，还应添加微量抑制剂，以控制晶粒长大。并采用先进烧结工艺，成本较高。

4. 涂层硬质合金

涂层硬质合金是 20 世纪 60 年代出现的新型刀具材料。采用化学气相沉积(CVD)工艺，在硬质合金表面涂覆一层或多层(5～13μm)难溶金属碳化物。涂层合金有较好的综合性能，基体强度韧性较好，表面耐磨、耐高温。但涂层硬质合金刃口锋利程度与抗崩刃性不及普通合金。涂层材料主要有 TiC、TiN、Al_2O_3 及其复合材料。它们的性能见表 2-3。

表 2-3　几种涂层材料的性能

项目＼性能＼材料	硬质合金	涂层材料		
		TiC	TiN	Al_2O_3
高温时与工件材料的反应	大	中等	轻微	不反应
在空气中抗氧化能力	<1000℃	1100～1200℃	1000～1400℃	好

（续）

性能 材料 项目	硬质合金	涂层材料		
		TiC	TiN	Al_2O_3
硬度 HV	≈1500	≈3200	≈2000	≈2700
导热率(W/m·K)	83.7～125.6	31.82	20.1	33.91
线膨胀系数($10^{-6}K^{-1}$)	4.5～6.5	8.3	9.8	8.0

TiC 涂层具有很高的硬度与耐磨性，抗氧化性也好，切削时能产生氧化钛薄膜，降低摩擦系数，减少刀具磨损。一般切削速度可提高 40% 左右。TiC 涂层的缺点是线膨胀系数与基体差别较大，与基体间形成脆弱的脱碳层，降低了刀具的抗弯强度。

TiN 涂层在高温时能形成氧化膜，抗粘结性能好，能有效的降低切削温度。此外，TiN 涂层抗热振性能也较好。缺点是与基体结合强度不及 TiC 涂层，而且涂层厚时易剥落。

TiC-TiN 复合涂层：第一层涂 TiC，与基体粘结牢固不易脱落。第二层涂 TiN，减少表面层与工件的摩擦。

TiC-Al_2O_3复合涂层：第一层涂 TiC，与基体粘结牢固不易脱落。第二层涂 Al_2O_3，使表面层具有良好的化学稳定性与抗氧化性能。这种复合涂层能像陶瓷刀具那样高速切削，耐用度比 TiC、TiN 涂层刀片高，同时又能避免陶瓷刀的脆性、易崩刃的缺点。

目前，单涂层刀片已很少应用，大多采用 TiC-TiN 复合涂层或 TiC-Al_2O_3-TiN 三复合涂层。

5. 钢结硬质合金

钢结硬质合金是由 WC、TiC 作硬质相，高速钢作粘结相，通过粉末冶金工艺制成。它可以锻造、切削加工、热处理与焊接。淬火后硬度高于高性能高速钢，强度、韧性胜过硬质合金。

(五)陶　瓷

1. 陶瓷刀具的特点

陶瓷刀具是以氧化铝(Al_2O_3)或以氮化硅(Si_3N_4)为基体，再添加少量金属，在高温下烧结而成的一种刀具材料。主要特点是：

(1)有高硬度与耐磨性，常温硬度达 91～95HRA，超过硬质合金。

(2)有高的耐热性，1200℃下硬度为 80HRA，强度、韧性降低较少。

(3)有高的化学稳定性，在高温下仍有较好的抗氧化、抗粘结性能。

(4)强度与韧性低，强度只有硬质合金的 1/2。

(5)有较低的摩擦系数。

(6)热导率低，仅为硬质合金的 1/2～1/5，热胀系数比硬质合金高 10%～30%，这就使陶瓷刀具抗热冲击性能较差。

2. 陶瓷刀具的种类

(1)氧化铝—碳化物系陶瓷。

这类陶瓷是将一定量的碳化物(一般多用 TiC)添加到 Al_2O_3 中，并采用热压工艺制成，称混合陶瓷或组合陶瓷。TiC 的质量分数达 30% 左右时即可有效地提高陶瓷的密度、强度与韧性，改善耐磨性及抗热冲击性，使刀片不易产生热裂纹，不易破损。

氧化铝—碳化物系陶瓷中添加 Ni、Co、W 等作为粘结金属，可提高氧化铝与碳化物的结合强度。

(2)氮化硅基陶瓷。氮化硅基陶瓷是将硅粉经氮化、球磨后添加助烧剂置于模腔内热压烧结而成。主要性能特点是：

①硬度高，达到 1800～1900HV，耐磨性好。

②耐热性、抗氧化性好，达 1200～1300℃。

③摩擦系数较低。

(六)超硬刀具材料

超硬刀具材料指金刚石与立方氮化硼。

1. 金刚石

金刚石是碳的同素异形体，是目前最硬的物质，显微硬度达 10000HV。

金刚石刀具有三类：

(1)天然单晶金刚石刀具。主要用于有色金属及非金属的精密加工。单晶金刚石结晶界面有一定的方向，不同的晶面上硬度与耐磨性有较大的差异，刃磨时需选定某一平面，否则影响刃磨与使用质量。

(2)人造聚晶金刚石。人造金刚石是通过合金触媒的作用，在高温高压下由石墨转化而成。我国 1993 年成功获得第一颗人造金刚石。聚晶金刚石是将人造金刚石微晶在高温高压下再烧结而成，可制成所需形状尺寸，镶嵌在刀体上使用。由于抗冲击强度提高，可选用较大切削用量。聚晶金刚石结晶界面无固定方向，可自由刃磨。

(3)复合金刚石刀片。它是在硬质合金基体上烧结一层约 0.5mm 厚的聚晶金刚石。复合金刚石刀片强度较好，允许切削断面较大，也能断续切削，可多次重磨使用。

金刚石刀具的主要优点是：①有极高的硬度与耐磨性，可加工 65～70HRC 的材料。②有很好的导热性，较低的热膨胀系数。因此，切削加工时不会产生很大的热变形。有利于精密加工。③刃面粗糙度较小，刃口非常锋利。因此，能胜任薄层切削，用于超精密加工。

金刚石耐热温度只有 700～800℃，其工作温度不能过高。此外，金刚石的抗冲击韧性差。

2. 立方氮化硼(CBN)

立方氮化硼是由六方氮化硼(白石墨)在高温高压下转化而成的。是 20 世纪 70 年代发展起来的新型刀具材料。用立方氮化硼铣刀端铣刨花板边($V=60m/s$，$U_z=0.22mm$，$h=0.2mm$)时耐磨性比硬质合金铣刀高 20 倍。

立方氮化硼刀具的主要优点是：

(1)有很高的硬度与耐磨性，达到 3500～4500HV，仅次于金刚石。

(2)有很高的热稳定性，1300℃时不发生氧化。

(3)有较好的导热性。

(4)抗弯强度与断裂韧性介于陶瓷与硬质合金之间。

CBN 也可与硬质合金热压成复合刀片，复合刀片的抗弯强度可达 1.47GPa，能经多次重磨使用。

(七)新型刀具材料的发展方向

研制发展新型刀具材料目的在于改善现有刀具材料性能，使其具有更广泛的应用范围；

满足新的难加工材料切削加工要求。近年来刀具材料发展与应用的主要方向是发展高性能的新型材料，提高刀具材料的使用性能，增加刃口的可靠性，延长刀具使用寿命；大幅度地提高切削效率，满足各种难加工材料的切削要求。具体方向是：

(1)开发加入增强纤维须的陶瓷材料，进一步提高陶瓷刀具材料的性能。与铁金属相容的增强纤维须可以使陶瓷刀片韧性提高，实现直接压制成形带有正前角及断屑槽的陶瓷刀片。使陶瓷刀片能更好地控制切屑。

(2)改进碳化钛、氮化钛基硬质合金材料，提高其韧性及刃口的可靠性，使其能用于半精加工或粗加工。

(3)开发应用新的涂层材料。新的涂层材料用更韧的基体与更硬的刃口组合，采用更细颗粒和改进涂层与基体的粘合性，以提高刀具的可靠性。此外，也需扩大 TiC、TiN、TiCN、TiAlN 等多层高速钢涂层刀具的应用。

(4)推广应用金刚石涂层刀具，扩大超硬刀具材料在机械制造业中应用。人们期望在硬质合金基体上加一层金刚石薄膜，能获得金刚石的抗磨性，同时又具有最佳刀具形状和高的抗振性能，这样就能在非铁金属加工中兼备高速切削能力和最佳的刀具形状。

(八)刀具材料性能比较

图 2-1 显示了刀具材料性能比较。刀具材料的硬度大小顺序为：金刚石烧结体 > 金刚石涂层 > CBN 烧结体 > Al_2O_3基陶瓷 > Si_3N_4基陶瓷 > 涂层金属陶瓷 > 金属陶瓷 > 涂层硬质合金 > 硬质合金 > 超细颗粒硬质合金 > 涂层高速钢 > 粉末高速钢 > 高速钢。刀具材料的断裂韧性大小顺序为：高速钢 > 粉末高速钢 > 涂层高速钢 > 超细颗粒硬质合金 > 硬质合金(涂层硬质合金) > 金属陶瓷(涂层金属陶瓷) > Si_3N_4基陶瓷 > Al_2O_3基陶瓷 > CBN 烧结体 > 金刚石涂层 > 金刚石烧结体。

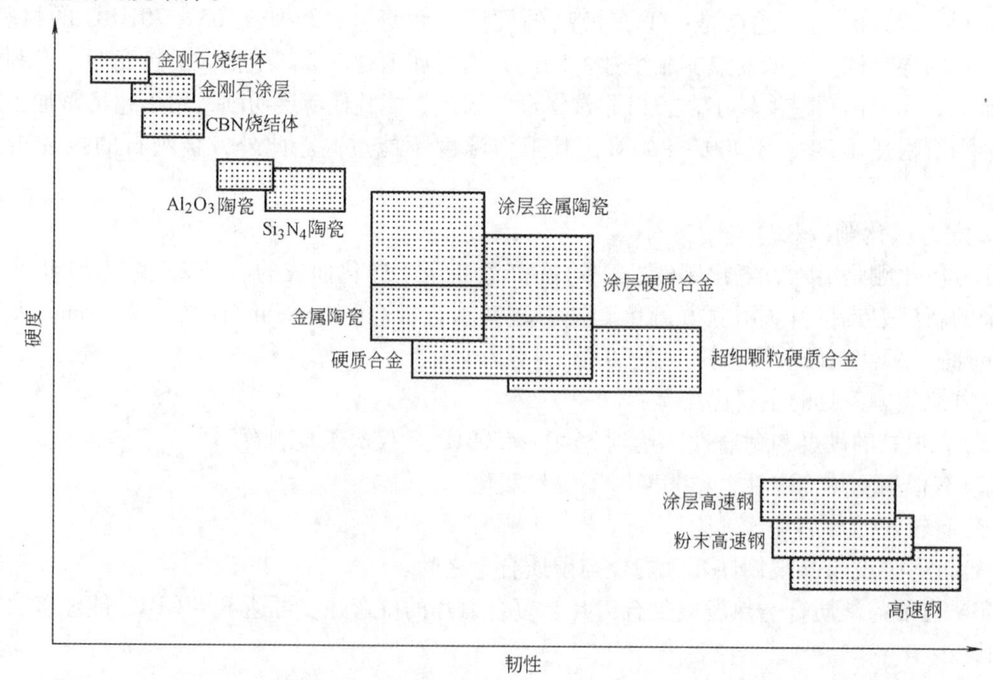

图 2-1　刀具材料性能比较

第二节　木工刀具磨损

一、木工刀具磨损特点

在木材切削时，随着切削过程的进行，刀具的刃口由锋利逐渐磨损变钝。使切削力和切削温度有所增加，切削质量下降。严重时刀具产生振动，出现异常噪声，加工表面质量恶化。若刀具刃口严重磨损后才停机换刀，除使被加工工件造成很大损失外，还会引起磨刀时刀具材料的过多损耗，因而，研究刀具磨损机理，对提高刀具的耐用度和使用寿命有非常重要的意义。

木工刀具磨损与一般机械零件磨损相比，具有以下特点：

(1)因切屑和切削平面木材对前后刀面摩擦，前后刀面经常是新形成的、活性很高的新表面。

(2)刀具前后刀面上的接触压力很大。

(3)刀具的转速很高，摩擦发热造成的刃口温度也很高，有的高达800℃。

(4)刀具磨损实际上是机械、热和化学三种作用的综合结果。

二、木工刀具磨损过程

刀具工作后，在正常情况下刃口会逐渐由锋利到磨钝；但在有些情况下刃口也会突然破损。前一种刀具磨损称为刀具的正常磨损，后一种称为异常磨损。

刀具正常磨损的过程中，随着切削时间延长，刀具磨损增加。根据切削实验，可得如图2-2所示的刀具磨损过程的典型曲线。一般可以分为三个阶段：

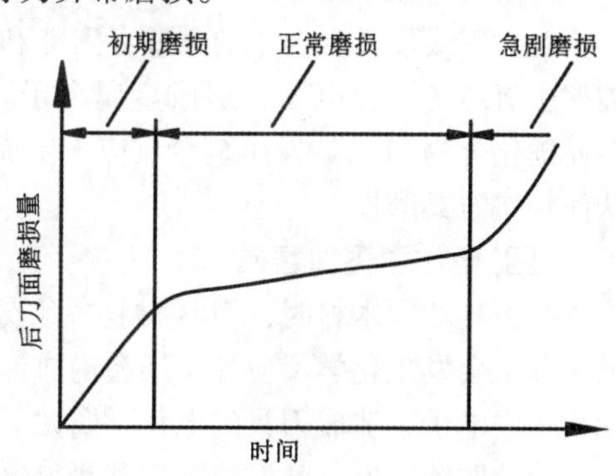

图2-2　刀具磨损过程磨损的典型曲线

(1)初期磨损阶段。因为新刃磨的刀具后刀面存在粗糙度不平之处以及显微裂纹、氧化或脱碳层等缺陷，而且切削刃较锋利，后刀面与加工表面接触面积较小，压应力较大，所以这一阶段的磨损较快。研磨过的刀具，初期磨损量较小。

(2)正常磨损阶段。经初期磨损后，刀具毛糙表面已经磨平，刀具进入正常磨损阶段。这个阶段的磨损比较缓慢均匀。后刀面磨损量随切削时间延长而近似地成比例增加。正常切削时，这阶段时间较长。

(3)急剧磨损阶段。当磨损带宽度增加到一定限度后，加工表面粗糙度变粗，切削力与切削温度均迅速升高，磨损速度增加很快，以致刀具损坏而失去切削能力。生产中为合理使用刀具，保证加工质量，应当避免达到这个磨损阶段。在这个阶段到来之前，就要及时换刀或更换新刀片。

三、木工刀具磨损耐用度及寿命

刀具的耐用度，是指新刃磨过的刀具从开始切削至磨损量达到磨损限度为止的总切削时间，用符号 T 表示。因而，刀具寿命就是刀具耐用度与包括新刀开刃在内的刃磨次数的乘积。

四、木工刀具磨损原因

(一)磨料磨损

磨料磨损是工件中的硬质点在外力作用下，擦伤或显微切削刀具而在前后面留下垄沟或擦痕，所造成的刀具磨损。磨料磨损在很大程度上取决于工件中硬质点的硬度 Ha 和刀具材料的硬度 Hm 之比。当 $Ha/Hm > 0.8$ 时，就会形成明显的磨料磨损。以磨料磨损机理为主的刀具磨损量与下列因子有关：

(1)切削长度：刀具磨损量随着切削长度而线性增加。

(2)刀具材料的屈服强度：刀具磨损量与刀具材料的屈服强度成反比例关系。

(3)切削力：刀具磨损量随着正压力的增大而线性提高。

(二)氯、氧化腐蚀磨损

木工刀具在切削人造板时，当温度分别高达400℃或650℃时，工具钢或硬质合金中的某些元素就会与氯气(来源于人造板中的固化剂)和空气中的氧发生化学反应，生成易挥发的氯化物($FeCl_2$、$FeCl_3$、$CoCl_2$和$CoCl_3$)和疏松的氧化物(WO_3、TiO_2、CoO 和 Co_3O_4)。当这些反应物被机械作用擦去后，就造成了刀具的磨损。

(三)化学腐蚀磨损

工具钢或硬质合金中的某些元素能和木材中的有机弱酸及多元酚化合物发生化学反应，被酸中氢离子夺去电子，形成金属离子。然后进一步在空气中氧化成更高价离子如 Fe^{3+}，多元酚化合物和 Fe^{3+} 发生螯合反应，生成疏松的螯合物覆盖在刀具表面而被机械作用带走，从而加快刀具磨损。

(四)电化学腐蚀磨损

当刀具切削木材时，刀具材料各组分与木材中的水溶液、有机弱酸、多元酚化合物接触，除了会发生化学反应外，还会构成许多微小的原电池，发生电化学反应，电极电位高的元素失去电子，造成刀具的电化学腐蚀。

化学腐蚀、电化学腐蚀磨损和氯氧化腐蚀，都属腐蚀机理范畴，统称腐蚀磨损机理。以腐蚀磨损为主的刀具磨损量和切削时间有关，切削时间越长，刀具磨损就越大。

五、木工刀具磨损影响因素

影响木工刀具磨损的因素很多，如刀具材料、刀具角度、切削条件及加工对象。表2-4列出了各个影响因素对木工刀具磨损的作用。

表 2-4　磨损影响因素

<table>
<tr><th colspan="2">因素名称</th><th>作　　用</th></tr>
<tr><td rowspan="2">刀具</td><td>材料</td><td>刀具材料对耐用度影响很大。在刀具具有足够强度和韧性条件下，通常刀具硬度愈高、耐热性愈好，则耐磨性愈好，耐用度也就愈高</td></tr>
<tr><td>角度</td><td>在后角相同时，小楔角β能降低前刀面的磨损，从而提高刀具耐用度。当楔角不变时，大后角能降低后刀面的磨损，从而提高刀具耐用度。因此，对于以后刀面磨损为主的情况，可选择较大的后角</td></tr>
<tr><td rowspan="3">加工条件</td><td>主运动速度（V）</td><td>在刀具达到耐用度时的切削长度为主运动速度和耐用度的乘积。切削长度增大，通常刀具磨损也相应变大。因此，主运动速度提高会降低刀具耐用度</td></tr>
<tr><td>进给速度（U）</td><td>当刀具转速不变时，若进给速度提高，一般情况下刀具耐用度都会降低</td></tr>
<tr><td>切削厚度（a）</td><td>因为切削厚度增加，切削力相应提高，加大了切削区木材对刀具摩擦。因此，刀具耐用度也相应降低</td></tr>
<tr><td colspan="2">工件材料</td><td>木材纤维方向、木材中硬质点(如节子、树脂和石英砂等)、木材中酸性的浸提物(如醋酸、单宁和多酚类化合物等)和人造板中胶合材料及其他添加剂都会影响刀具的耐用度</td></tr>
</table>

第三节　木工刀具抗磨技术

一、表面热处理

通过恰当的表面热处理方法，可以使金属的组织结构转变，提高刀具表面硬度，增加其耐磨性。就耐磨性而言：铁素体 < 马氏体 < 下贝氏体。经淬火、回火后获得回火马氏体组织的钢，比经正火后具有珠光体 + 铁素体组织的钢耐磨性显著提高。

可见，不同的金相组织有不同的耐磨性，通过恰当的表面热处理方法，可以使金属组织转变，使刀具表面硬度提高，增加耐磨性。常用的表面热处理方法包括：①激光淬火。②高频淬火。③电接触淬火。经以上方法刀具表面热处理之后，淬火层的硬度可提高 2 ~ 4HRC，耐用度可提高一倍左右。

二、渗层技术

渗层技术是改变刀具表面的化学成分，提高刀具耐磨性和耐腐蚀性的一种化学热处理方法。金属渗层技术有固体法、液体法和气体法，每种方法又有许多不同的热处理工艺。渗入的金属元素主要有碳、氮、硫、硼等，工艺方法包括渗碳、渗氮、碳氮共渗、渗硫、硫氮共渗、硫碳氮共渗、渗硼和碳氮硼共渗。由于木工刀具采用优质高碳钢(碳素工具钢)、合金工具钢和高速钢制造，所以常在刀具表面渗入硼、钒等元素。

渗硼是元素渗入到刀具的表层，形成硬度高、化学稳定性好的保护层。渗硼层的硬度为 1200 ~ 1800HV，渗硼的深度为 0.1 ~ 0.3mm。常用固体渗硼法可获得脆性较小的单相 Fe_2B 渗硼层。

在熔融的硼砂浴中，加入钒粉或钒的氧化物及还原剂。刀具加热到850～1000 ℃，保温3～5 小时，可获得厚12～14μm、硬度为1560～3380HV 极硬的碳化钒层。据研究介绍，碳化钒层要比渗硼层和渗铬层的硬度高。

三、镀层技术

电镀是一种传统的材料保护方法。电镀的适应性很强，不受工件大小和批量的限制，在铁基、非铁基、粉末冶金件、塑料和石墨等基体上都可电镀。

四、涂层技术

涂层技术是20 世纪70 年代初发展起来的材料表面改性技术。它是通过一定的方法，在刀具基体上涂覆一薄层(5～12μm)耐磨性高的难熔金属(或非金属)化合物，以提高刀具耐用度、耐蚀性和抗高温氧化性。

涂层技术通常可分为化学气相沉积(chemical vapor deposition，缩写为CVD)、物理气相沉积(physical vapor deposition，缩写为PVD)和等离子体增强化学气相沉积(PCVD)。化学气相沉积法出现在20 世纪70 年代，这种工艺是在1000℃高温的真空炉中通过真空镀膜或电弧蒸镀将涂层材料沉积在刀具基体表面，沉积一层15μm 厚的涂层大概需4 个小时。物理气相沉积法与化学气相沉积法类似，只不过物理气相沉积是在500℃左右完成的。物理气相沉积法起先应用在高速钢上，后来在硬质合金刀具上应用。物理气相沉积法与化学气相沉积法相结合可开发出新的涂层刀具，内层应用化学气相沉积法涂层可以提高与基体的粘结能力，外层应用物理气相沉积法平滑涂层可降低切削力，使刀具应用在高速切削中。将上百层每层几个纳米厚的材料涂在刀具基体材料上称为纳米涂层，纳米涂层材料的每一个颗粒尺寸都非常小，因此，晶粒边界非常长，从而具有很高的高温硬度、强度和断裂韧性。纳米涂层的维氏硬度可达2800～3000HV，耐磨性能比亚微米材料提高5%～50%。据报道，目前已开发出碳化钛和碳氮化钛交替涂层达到62 层的涂层刀具，400～2000 层的 TiAlN-TiAlN/Al_2O_3纳米涂层刀具。

涂层刀具是在韧性较好的硬质合金基体上，或在高速钢刀具基体上，涂覆一层耐磨性较高的难溶金属化合物而获得的。涂层硬质合金一般采用化学气相沉积(CVD)，沉积温度在1000℃左右；涂层高速钢刀具一般采用物理气相沉积(PVD)，沉积温度在500℃左右。

常用的沉积材料有TiC，TiN，Al_2O_3等，TiC 的硬度比TiN 高，抗磨性较好。对于要产生剧烈磨损的刀具，TiC 较好。TiN 与金属的亲和力小，润湿性能好。在空气中抗氧化的性能要比TiC 好，在容易产生粘结的条件下TiN 好，在高速切削产生大量热的场合，以采用Al_2O_3涂层为好，因为Al_2O_3在高温下有良好的热稳定性。

涂层有单涂层，也可采用双涂层或多涂层，如TiC-TiN，TiC-Al_2O_3，TiC-Al_2O_3-TiN 等。

涂层刀具具有比基体更高的硬度，在硬质合金基体上TiC 涂层厚度为4～5μm，其表层硬度可达2500～4200HV。涂层刀具具有高的抗氧化性能和抗粘结性能，因此，有高的耐磨性。涂层具有较低的摩擦系数，可降低切削时切削力和切削温度，可大大提高刀具的耐用度。此外，涂层硬质合金的通用性广，一层涂层刀片可替代多层未涂层刀片使用，因此，可大大简化刀具管理。近年来，随着机夹转位刀具的广泛使用，涂层硬质合金也得到越来越多的应用。高速钢刀具一般都要重磨，重磨后的涂层刀具切削效果虽然降低，但仍比未涂层刀具好。

涂层刀具虽然有上述优点，但由于其锋利性、韧性、抗剥落和抗崩刃性能均不及未涂层刀片，故在小进给量切削、高硬度材料和重载切削时，还不太适用。

第三章

铣削与铣刀

铣削是应用很广的一种木材切削方式。铣削加工时铣刀以刀刃为母线绕定轴回转，由刀刃对被切削工件进行切削加工，形成切削加工表面。

在木材加工中，铣削用在各种以铣削方式工作的单机、组合机床或生产线上，如平刨、压刨、四面刨、铣床、封边机、双端铣、开榫机、鼓式削片机和削片制材联合机等，用来加工平面、成形表面、榫头、榫眼及仿形雕刻等。铣削加工在人造板及制浆造纸工业中还被用来削制各种工艺木片。

在各种铣削类型中，直齿圆柱铣削是最基本、最简单，也是应用最广的一种铣削类型。本章以直齿圆柱铣削为主，分析铣削运动学，切削力和切削功率以及影响铣削质量的主要因素，并系统介绍了各类常用铣刀的结构与特点。

第一节　铣削分类

一、铣削的加工范围和特点

铣削是木材加工中应用广泛的一种切削方式，其加工形式见表3-1。

表3-1　铣削加工形式

名　称	平　面	侧　面	榫　槽	线　形	仿　形
实　例	平刨、压刨	镂铣机、封边机	开榫机、四面刨	线形机、铣床	仿形铣

二、铣削的分类

根据切削刃相对于铣刀的旋转轴线来分，可将铣削分为以下三种基本类型，见表3-2。

(1)圆柱铣削：切削刃平行于铣刀旋转轴线或与其成一定角度，切削刃工作时形成圆柱表面。

(2)圆锥铣削：切削刃与铣刀旋转轴线成一定角度，切削刃工作时形成圆锥表面。

(3)端面铣削：切削刃与铣刀旋转轴垂直，切削刃工作时形成平面。

由以上三种基本铣削类型，还可以组合成各种复杂的铣削类型。而每一种铣削类型又可分为不完全铣削和完全铣削两类。不完全铣削时，刀具与工件的接触角小于180°；完全铣削时其接触角等于180°。

另外，根据进给方向，还可以将铣削分为顺铣和逆铣两类。顺铣时，进给方向与切削方向一致，逆铣时两者方向相反。

表 3-2　铣削的分类

名　称	圆柱铣削	锥形铣削	端面铣削
按刀齿相对于铣刀的旋转轴线来分	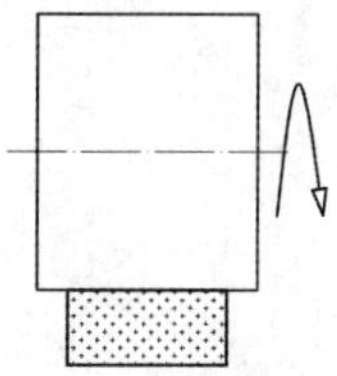	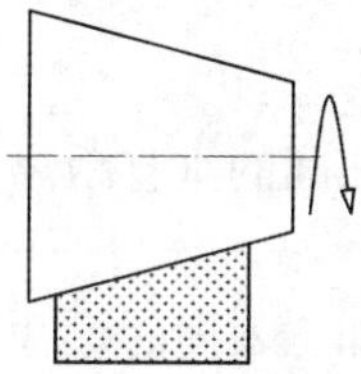	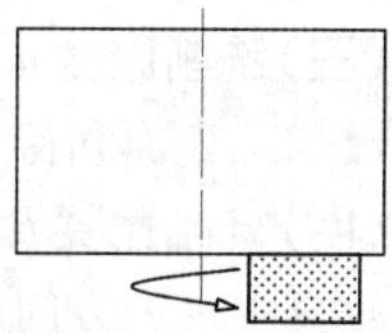
名　称	顺　铣	逆　铣	
按刀齿接触木材时的主运动方向和进给运动方向来分	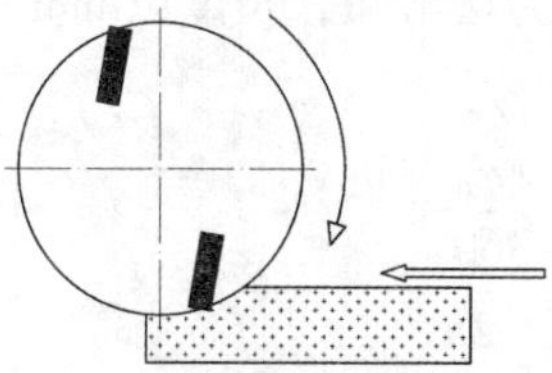	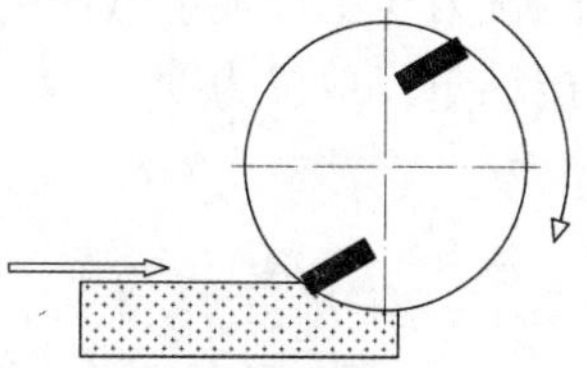	
名　称	完全铣削	不完全铣削	
按刀齿和工件的接触角来分	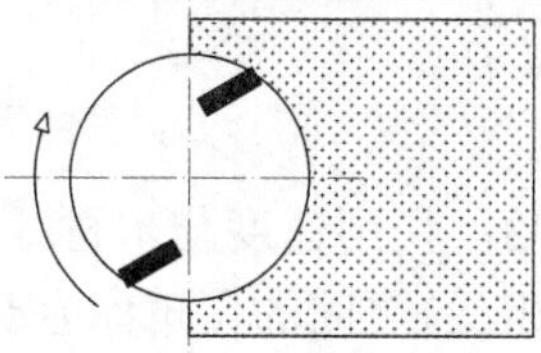	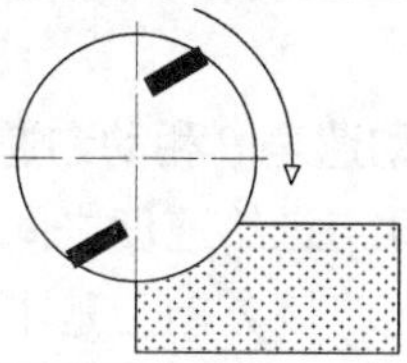	

第二节　铣削运动学

一、直齿圆柱铣削

(一)切削速度 V (m/s)

因为 V 较 U 大得多，通常 V/U 值在 30～100 之间，为简化起见，在计算时以用主运动速度 $\vec{V}$ 来代替切削运动速度 $\vec{V_c}$；用圆弧来代替摆线作为切削运动的轨迹。

$$V = V_c = \frac{\pi \cdot D \cdot n}{6 \times 10^4} \text{ (m/s)} \tag{3-1}$$

式中：n ——铣刀转速(r/min)；

D ——铣刀切削圆直径(mm)。

(二)进给速度 U (m/min)

铣削时的进给速度 U 是指每分钟的进给量，单位是 m/min。此外还用每转进给量 U_n 和每齿进给量 U_z 来表示进给速度，它们之间的关系为：

$$U_n = \frac{1000U}{n}(\mathrm{mm/r})$$
$$U_z = \frac{1000U}{n \cdot z}(\mathrm{mm/z}) \tag{3-2}$$

式中：U——进给速度(m/min)；

n——铣刀转速（r/min)；

z——参加切削的齿数。

(三)铣削深度 h（mm)

已加工表面和待加工表面之间的垂直距离称为铣削深度。

(四)铣削宽度 B（mm)

垂直于走刀方向度量的已加工表面的尺寸为铣削宽度。

(五)接触弧长 l（mm)与接触角 φ_0（°)

铣削时铣刀与工件在主截面内接触的圆弧称为接触弧，长度以 mm 计。接触弧所对的中心角称为接触角，单位为度。

$$l = \pi \cdot D \cdot \frac{\varphi_0}{360°} \tag{3-3}$$

$$\cos\varphi_0 = 1 - \frac{2h}{D} \tag{3-4}$$

$$\sin\frac{\varphi_0}{2} = \sqrt{\frac{h}{D}} \tag{3-5}$$

(六)运动遇角 θ 和动力遇角 ψ

切削速度与进给速度之间的夹角称为运动遇角。切削速度与木材纤维方向(指切削平面以下纤维方向，该方向与基本切削时的纤维方向相反)之间的夹角称为动力遇角(图 3-1)。

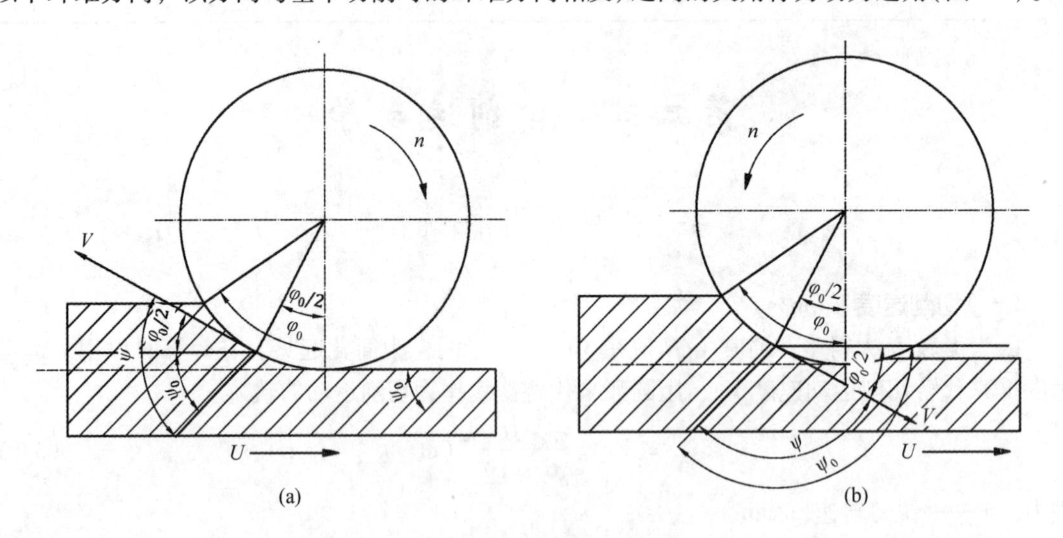

图 3-1 动力遇角的计算简图

(a)逆铣 (b)顺铣

因为铣削时切削速度的方向时刻在变化，故计算时以接触弧中点的切削速度方向作为计算依据。在这种情况下运动遇角 θ 等于该点的瞬时转角 φ 。动力遇角可用下式计算：

$$\psi = \psi_0 + \frac{\varphi_0}{2}(°) \tag{3-6}$$

式中：ψ_0 ——木纤维与已加工表面的夹角，称初始遇角(°)；

φ_0 ——接触角(°)，逆铣为正，顺铣为负。

（七）切屑（削）厚度 a（mm）

切屑厚度为两相邻刀齿切削轨迹间的垂直距离，单位为 mm，如图 3-2。铣削时随着刀齿切入工件的位置不同，切屑厚度是变化的。逆铣时，刀齿刚接触木材时，$a=0$，而刀齿离开木材的瞬间，切屑厚度为 a_{max}。顺铣时正好相反。瞬时切屑厚度可按下式计算：

$$a = U_z \cdot \sin\theta = U_z \cdot \sin\varphi \tag{3-7}$$

以接触弧中点作为平均计算点，则切屑的平均厚度为：

$$a_{av} = U_z \cdot \sin\theta_{av} = U_z \cdot \sin\frac{\varphi_0}{2} = U_z \cdot \sqrt{\frac{h}{D}} \tag{3-8}$$

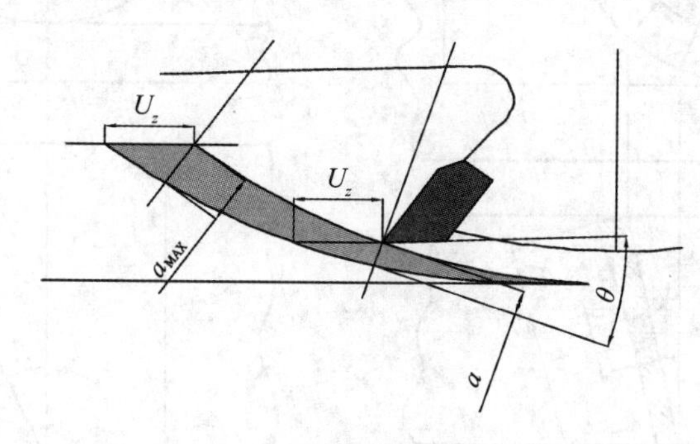

图 3-2 切削厚度

切屑的最大厚度为：

$$a_{max} = U_z \cdot \sin\varphi_0 = 2a_{av} = 2U_z \cdot \sqrt{\frac{h}{D}} \tag{3-9}$$

切屑的平均度厚也可以由下式求出：

$$a_{av} \cdot l = U_z \cdot h \tag{3-10}$$

式中：a_{av} ——平均切屑厚度（mm）；

l——接触弧长（mm）；

U_z ——每齿进给量(mm/z)；

h ——铣削深度（mm）。

（八）切屑横断面积 A（mm^2）

因为切屑厚度是变化的，所以切屑横断面积也是变化的，如图 3-3。

$$A = a \cdot b = U_z \cdot b \cdot \sin\varphi(mm^2) \tag{3-11}$$

式中：A——切屑横断面积(mm^2)；

a ——切屑厚度（mm）；

b ——切削宽度（mm）。

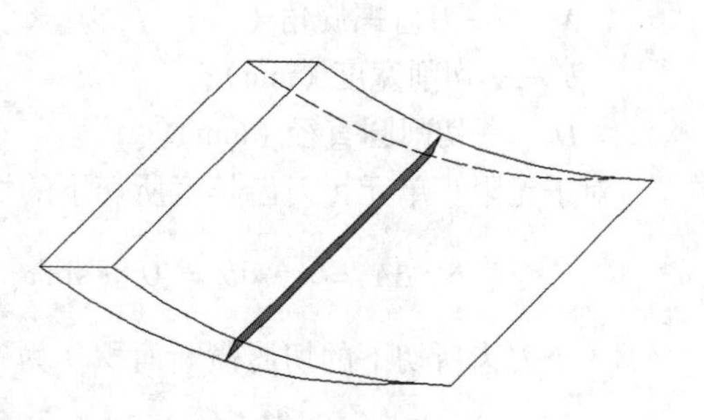

图 3-3 切屑的几何形状

二、螺旋齿圆柱铣削

螺旋齿圆柱铣削时，除了切削厚度按直齿圆柱铣削同样的规律变化外，切削宽度 b 也是变化的：刀齿刚切入工件时，b 很小，以后逐渐增大，切出时 b 又逐渐减小，如图 3-4。

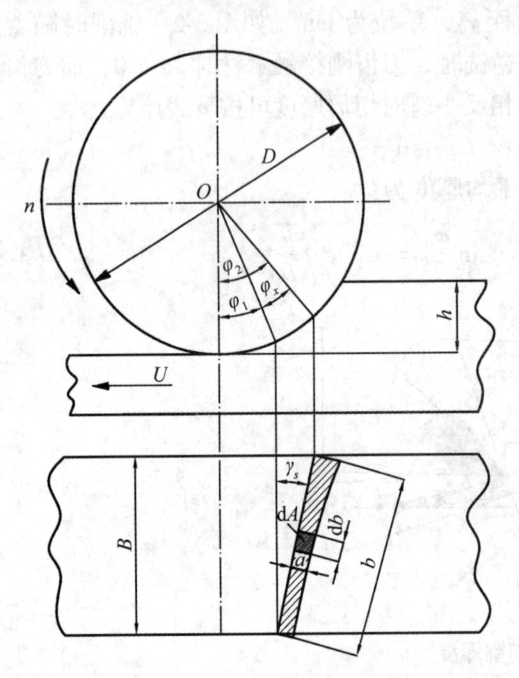

图 3-4 确定切屑横截面的简图

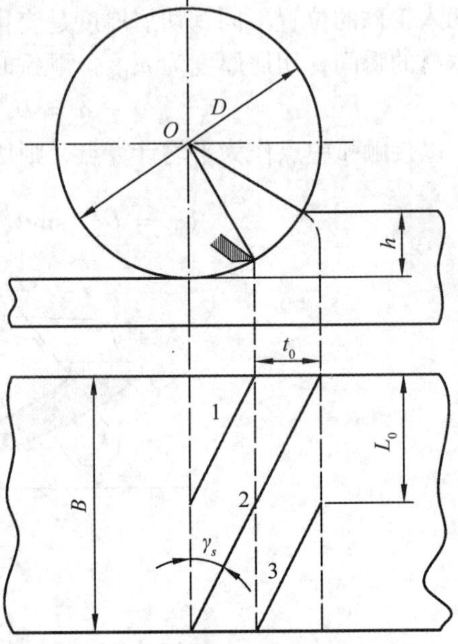

图 3-5 均衡切削时的刀齿配置

对于一个刀齿，切屑宽度为：

$$\mathrm{d}b=\frac{\frac{D}{2}\mathrm{d}\varphi}{\sin\lambda_s}=\frac{D}{2\sin\lambda_s}\mathrm{d}\varphi \tag{3-12}$$

$$b=\int_{\varphi_1}^{\varphi_2}\frac{D}{2\sin\lambda_s}\mathrm{d}\varphi=\frac{D(\varphi_2-\varphi_1)}{2\sin\lambda_s}=\frac{D\cdot\varphi_x}{2\sin\lambda_s}$$

式中：φ_1、φ_2 ——分别为刀齿切入和离开工件时的转角（°）；

λ_s ——刀齿螺旋角（°）；

b ——切削宽度（mm）；

D ——切削圆直径（mm）。

对于无限小单元，刀齿长度所切下的切屑的横断面积 $\mathrm{d}A$，可表示为：

$$\mathrm{d}A=a\cdot\mathrm{d}b=U_z\cdot\sin\varphi_x\cdot\frac{D\cdot\mathrm{d}\varphi_x}{2\sin\lambda_s}=\frac{D\cdot U_z}{2\sin\lambda_s}\cdot\sin\varphi_x\cdot\mathrm{d}\varphi_x \tag{3-13}$$

一个刀齿所切下的切屑横断面积 A 为：

$$A=\int_{\varphi_1}^{\varphi_2}\frac{D\cdot U_z}{2\sin\lambda_s}\cdot\sin\varphi_x\mathrm{d}\varphi_x=\frac{D\cdot U_z}{2\sin\lambda_s}(\cos\varphi_1-\cos\varphi_2)(\mathrm{mm}^2) \tag{3-14}$$

如果在接触弧上同时有 m 个刀齿参加切削，则 m 个刀齿切下屑片的横断面积 A_w 为：

$$A_w = \frac{D \cdot U_z}{2\sin\lambda_s} \cdot \sum_1^m (\cos\varphi_1 - \cos\varphi_2)(\text{mm}^2) \tag{3-15}$$

参加切削的齿数越多，切削越平稳。当任一切削时间内切下的切屑横断面积不变时，就达到了“均衡”切削，这时切削最平稳，切削力的变化幅度最小。要想达到“均衡”切削，只有当铣削宽度 B 等于铣刀的轴向齿距 L_0 或它的整数倍时才有可能(图 3-5)。

$$b = K \cdot L_0 \tag{3-16}$$

$$L_0 = \frac{\pi D}{Z} \cdot \text{ctan}\lambda_s = \frac{S}{Z} \tag{3-17}$$

式中：K——正整数；

λ_s——刀齿的螺旋角；

S——螺旋齿的导程。

因此，“均衡”切削的条件可以表示为：

$$\frac{b \cdot Z}{S} = K \tag{3-18}$$

用螺旋齿铣刀铣削，不但平稳，振动小，而且可以提高加工质量，减小噪声。

三、铣削运动方程

铣削时，刀具绕定轴 O' 以等速作回转运动；工件作直线进给运动，主运动与进给运动合成为切削运动。当进给运动为匀速直线运动，则切削运动的轨迹为摆线。在加工表面留下运动波纹(图 3-6)。

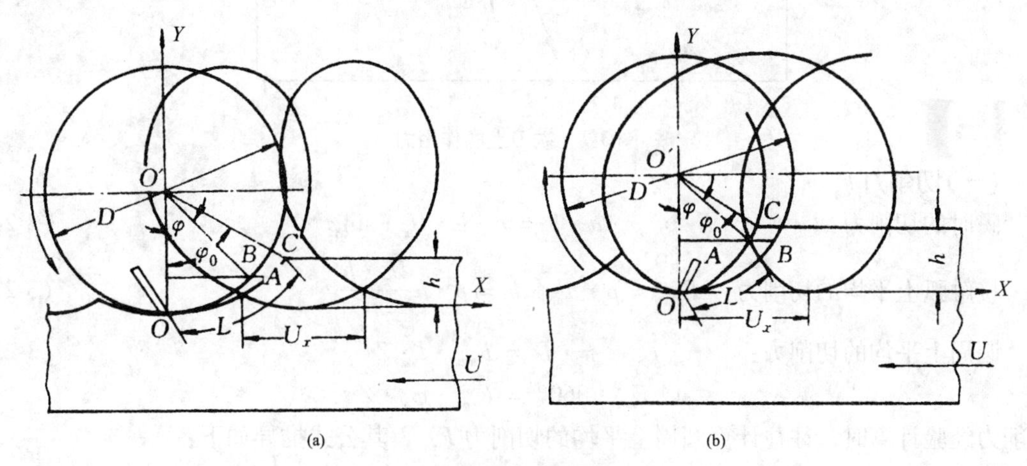

图 3-6　圆柱铣削时的切削轨迹

(a)逆铣　(b)顺铣

逆铣时，切削轨迹上任意点 A 的方程为：

$$\begin{aligned} X_A &= \frac{D}{2}\sin\varphi + \frac{U_z}{\varepsilon}\varphi \\ Y_A &= \frac{D}{2}(1 - \cos\varphi) \end{aligned} \tag{3-19}$$

其中：$\varepsilon = 2\pi/Z$（一个刀齿中心角）。

顺铣时，切削轨迹上任意点 A 的方程为：

$$
\begin{aligned}
X_A &= \frac{D}{2}\sin\varphi - \frac{U_z}{\varepsilon}\varphi \\
Y_A &= \frac{D}{2}(1-\cos\varphi)
\end{aligned}
\tag{3-20}
$$

第三节 直齿圆柱铣削的切削力和功率

一、力和功率的分析

铣削力分为切削力(切向力)和法向力。由于直齿圆柱铣削时切削过程不是连续的。因此，为了便于分析和计算，将切削力和法向力都分为瞬时的、接触弧上平均的和圆周上平均的三种形式，分别以下标 t 、av 、o 表示，图 3-7 所示为铣刀上的作用力。

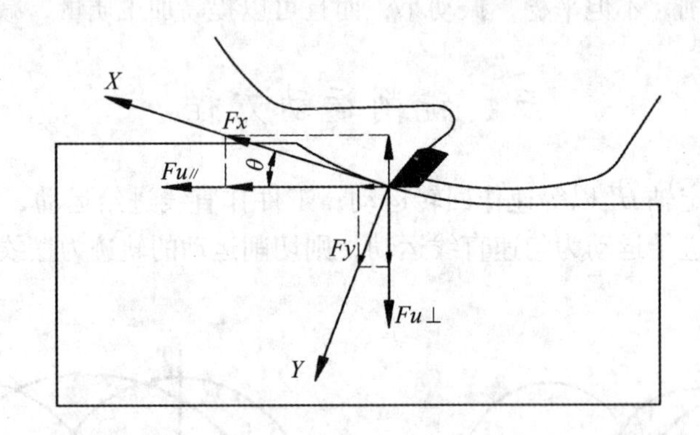

图 3-7 铣刀上的作用力

(一)切削力 F_x

瞬时的切削力： $$F_{xt} = p \cdot a \cdot b = p \cdot b \cdot U_z \cdot \sin\varphi \tag{3-21}$$

接触弧上平均的切削力： $$F_{xav} = p \cdot a_{av} \cdot b = p \cdot b \frac{U_z \cdot h}{l} \tag{3-22}$$

圆周上平均的切削力： $$F_{xo} \cdot \pi \cdot D = F_{xav} \cdot l \cdot Z \tag{3-23}$$

或 $F_{xo} \cdot 360° = F_{xav} \cdot \varphi_o \cdot Z$

切削力经验计算时，往往计算圆周上平均的切削力 F_{xo} ，其公式推导如下：

$$F_{xo} = F_{xav} \cdot \frac{Z \cdot l}{\pi D} = p \cdot b \frac{U_z \cdot h}{l} \cdot \frac{Z \cdot l}{\pi D} = \frac{p \cdot b \cdot U_z \cdot h \cdot Z}{\pi D} \tag{3-24}$$

因为 $\pi D = \dfrac{6 \times 10^4 V}{n}, U_z = \dfrac{1000U}{n \cdot Z}$

将 πD 和 U_z 带入上式得：

$$F_{xo} = \frac{p \cdot b \cdot h \cdot U}{60V}(N) \tag{3-25}$$

切削功率 P_c 为：

$$P_c = F_{xo} \cdot V = \frac{p \cdot b \cdot h \cdot U}{60} (W) \tag{3-26}$$

(二)法向力 F_y

和切削力一样，法向力也可分为：接触弧上瞬时的法向力 F_{yt}，接触弧上平均的法向力 F_{yav} 以及圆周上的平均的法向力 F_{yo}。

(三)进给速度方向的作用力

平行于进给速度的力 $F_{U//}$：

$$F_{U//} = F_x\cos\theta + F_y\sin\theta \tag{3-27}$$

垂直于进给速度的力 $F_{U\perp}$：

$$F_{U\perp} = -F_x\sin\theta + F_y\cos\theta \tag{3-28}$$

二、力和功率的经验计算

(一)已知：切削条件和切削功率，求每齿进给量 U_z、切削力 F_x、法向力 F_y、$F_{U//}$ 和 $F_{U\perp}$。

计算步骤：

$$\sin\theta_{av} = \sin\frac{\varphi_o}{2} = \sqrt{\frac{h}{D}}, \theta_{av} = \arcsin\sqrt{\frac{h}{D}}$$

当 $a_{av} \geqslant 0.1$mm 时，
$$U_z = \frac{\dfrac{6\times 10^4 P_c}{h\cdot Z\cdot n} - \dfrac{C_\rho\cdot k\cdot b}{\sin\theta_{av}}}{\lambda\cdot b} \quad (\text{mm/Z})$$

当 $a_{av} \leqslant 0.1$mm 时，
$$U_z = \frac{\dfrac{6\times 10^4 P_c}{h\cdot Z\cdot n} - \dfrac{(C_\rho - 0.8)\cdot k\cdot b}{\sin\theta_{av}}}{(8k+\lambda)\cdot b} \quad (\text{mm/Z})$$

$$a_{av} = U_z\sin\theta_{av}$$

$$U = \frac{U_z\cdot Z\cdot n}{1000} (\text{mm/min})$$

$$F_{xo} = \frac{P_c}{V} \quad (\text{N})$$

当 $a_{av} \geqslant 0.1$mm 时，
$$p = \frac{C_\rho\cdot k}{a_{av}} + \lambda \quad (\text{N/mm}^2)$$

当 $a_{av} \leqslant 0.1$mm 时，
$$p = \frac{(C_\rho - 0.8)\cdot k}{a_{av}} + 8k + \lambda \quad (\text{N/mm}^2)$$

$$F_{\alpha xo} = \frac{(C_\rho - 0.8)k\cdot b\cdot Z\cdot\varphi_o}{360°}$$

$$F_{\gamma xo} = F_{xo} - F_{\alpha xo}$$

$$F_{yo} = \frac{F_{\alpha xo}}{\mu_\alpha} - F_{\gamma xo}\tan(90° - \delta - \beta_o)$$

$$F_{U//} = F_{xo}\cos\theta_{av} + F_{yo}\sin\theta_{av}$$

$$F_{U\perp} = -F_{xo}\sin\theta_{av} + F_{yo}\cos\theta_{av}$$

(二)已知：切削条件和每齿进给量 U_z，求切削力 F_x、法向力 F_y、切削功率 P_c、$F_{U//}$ 和 $F_{U\perp}$。

计算步骤：

$$\sin\theta_{av} = \sin\frac{\varphi_0}{2} = \sqrt{\frac{h}{D}}, \theta_{av} = \arcsin\sqrt{\frac{h}{D}}$$

$$U_Z = \frac{1000U}{Z \cdot n}, a_{av} = U_z\sin\theta_{av}$$

判断 a 的大小，计算 k、λ。

当 $a_{av} \leqslant 0.1\text{mm}$ 时，$p = \frac{C_\rho \cdot k}{a} + \lambda \quad (\text{N/mm}^2)$

当 $a_{av} \leqslant 0.1\text{mm}$ 时，$p = \frac{(C_\rho - 0.8) \cdot k}{a} + 8k + \lambda \quad (\text{N/mm}^2)$

$$P_c = \frac{p \cdot b \cdot h \cdot U}{60}(\text{W})$$

$$F_{xo} = \frac{P_c}{V}(\text{N})$$

$$F_{\alpha xo} = \frac{(C_\rho - 0.8)k \cdot b \cdot Z \cdot \varphi_o}{360^\circ}$$

$$F_{\gamma xo} = F_{xo} - F_{\alpha xo}$$

$$F_{yo} = \frac{F_{\alpha xo}}{\mu_\alpha} - F_{\gamma xo}\tan(90^\circ - \delta - \beta_o)$$

$$F_{U//} = F_{xo}\cos\theta_{av} + F_{yo}\sin\theta_{av}$$

$$F_{U\perp} = -F_{xo}\sin\theta_{av} + F_{yo}\cos\theta_{av}$$

第四节 铣削的特点

一、与其他木材切削方式相比，铣削具有更多特点

(1)木工铣刀的旋转速度高，柄铣刀可达10000r/min，套装铣刀也可达2000～6000r/mim。

(2)铣削时，切削厚度随着刀齿在工件中的位置不同而变化。逆铣时，切削厚度由零增加到最大值；顺铣时，切削厚度由最大值减小到零。

(3)铣削是个断续切削过程，在工件表面留下有规律的波纹(运动不平度)，在一个切削层内，切削力起伏大，刀齿受到的机械冲击也大。

(4)在不完全铣削情况下，某一瞬间通常是一个刀齿在切削木材。刀齿切削时间短，在空气中冷却时间长，故散热较好。

二、铣削加工工件表面的粗糙度

工件经铣削后的表面，仍不可避免地具有一定的粗糙度。粗糙度包括下列各种不平度：

(1)刀刃和刃磨表面的不平整在加工表面上留下的刀痕。

(2)运动轨迹所产生的运动不平度(波纹)。

(3)加工表面木纤维被撕裂、崩掉、劈裂、搓起等所引起的破坏性不平度。

(4)刀具—工件—机床系统的振动所引起的振动性不平度。

(5)木材年轮等各处质地不同所引起的弹性恢复不平度。

(6)木材本身的多孔性构造等所引的构造性不平度等。

上述各种类型的不平度往往重叠交错出现。除构造性不平度外，其他各类不平度都可以通过改进机床、刀具的设计和使用，改变或合理选用加工条件等降低或消除。

(一)铣刀转速 n 、直径 D 、刀齿数 Z 和进给速度 U 对运动不平度的影响

圆柱铣削时，由于切削轨迹为摆线，所以，即使所有刀刃都在同一切削圆上，也会在加工表面留下有规律的运动波纹。

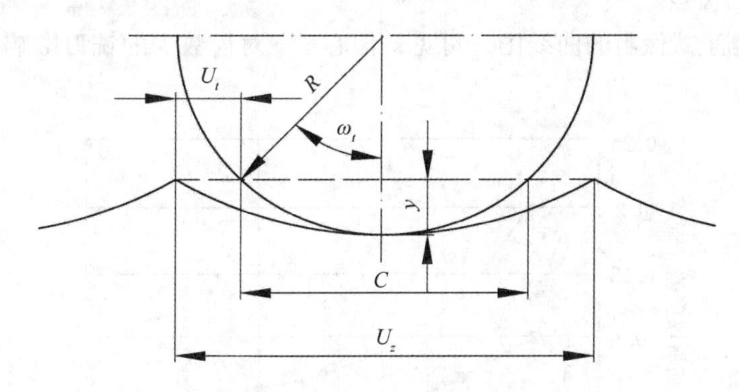

图 3-8　波纹高度计算简图

在图 3-8 中，ω 为铣刀切削的角速度；t 为刀齿转过 ω_t 角所需的时间；U_z 为每齿进给量(此处等于波纹长度)；C 为波长所对应的弦长。考虑到 $U_z \approx C$ ，ω_t 很小，图 3-8 中波纹高度(运动不平度的高度值)可用下式表示：

$$y \approx \frac{U_z^2}{8R} = \frac{U_z^2}{4D} \text{ (mm)} \tag{3-29}$$

或

$$y = 250\frac{U_z^2}{D} \quad (\mu\text{m}) \tag{3-30}$$

由上式可知：增大 D 或降低 U_z 都可以降低运动不平度。

如果所有刀齿在同一切削圆上，则波纹长度 C 等于每齿进给量 U_z ，即：

$$C = U_z = \frac{1000U}{Z \cdot n} \quad (\text{mm}) \tag{3-31}$$

若只有一个齿在参加切削，即铣刀的径向跳动量大于 U_n 时，只有最突出的一个刀齿形成波纹，则波纹长度为：

$$C = U_n = \frac{1000U}{n} \quad (\text{mm}) \tag{3-32}$$

波纹深度 γ 为：

$$\gamma = 250\frac{U_n^2}{D} \quad (\mu\text{m}) \tag{3-33}$$

而由式 3-9 可知，要降低 U_z，当铣刀转速 n 和刀齿数 Z 一定时，需要降低进给速度 U。而 U 一定时，则可增加 n 和 Z。

（二）刀刃的位置精度和运动精度对表面不平度的影响

无论是整体铣刀还是装配式铣刀，刀刃都不可能绝对精确地位于同一切削圆上。即使刀刃都能位于同一圆周上，因刀轴的制造精度及安装精度所限，铣刀在回转时总会有径向跳动。由于刀齿的径向跳动，而使每一刀齿在工作时切下的切屑厚度不等。理论计算证明，切屑厚度差的最大值 $\Delta a_{\max}$ 可用如下公式表示：

$$\Delta a_{\max} = 2e \cdot \sin\frac{180°}{Z} (\text{mm}) \tag{3-34}$$

式中：e ——铣刀的偏心量（mm）；

Z ——铣刀齿数。

图 3-9 为根据上式做出的曲线图，可见，偏心量 e 对齿数少的铣刀影响更大。当 $Z=2$ 时，$\Delta a_{\max}=2e$。

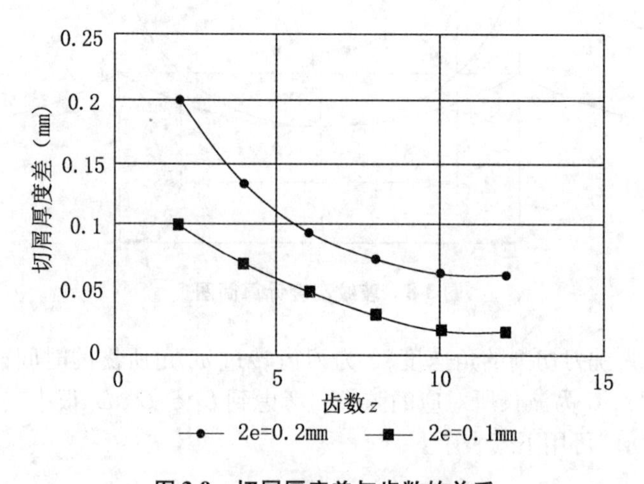

图 3-9 切屑厚度差与齿数的关系

切屑厚度的变化量越大，加工表面的破坏性不平度也越大。可见，从刀具制造、安装等方面，应尽量提高刀刃的位置精度，降低径向跳动量，这对提高加工质量意义很大。因此，采用液压夹紧轴套来消除配合间隙。

（三）每齿进给量 U_z 和刃倾角 λ_s 对破坏性不平度的影响

在纵向逆铣时（$\psi_0 < 90°$），U_z 的大小直接影响到表面的破坏性不平度，图 3-10 为在各种初始遇角下，破坏性不平度 $\gamma_{\max}$ 与 U_z 的关系。由图 3-10 可见，在各种遇角下，$\gamma_{\max}$ 都随 U_z 的增大而增大。

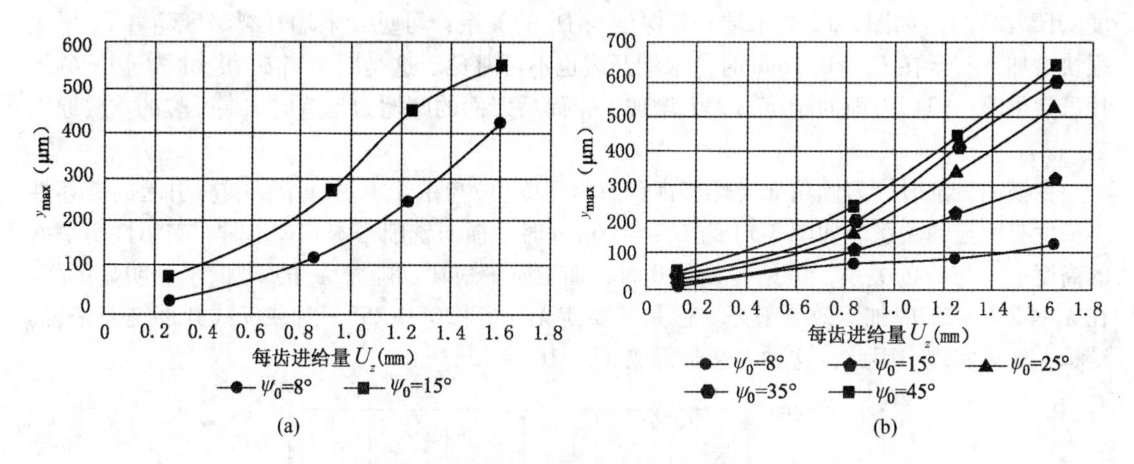

图 3-10　纵向铣削时破坏性不平度与每齿进给量的关系

(a)桦木　(b) 松木

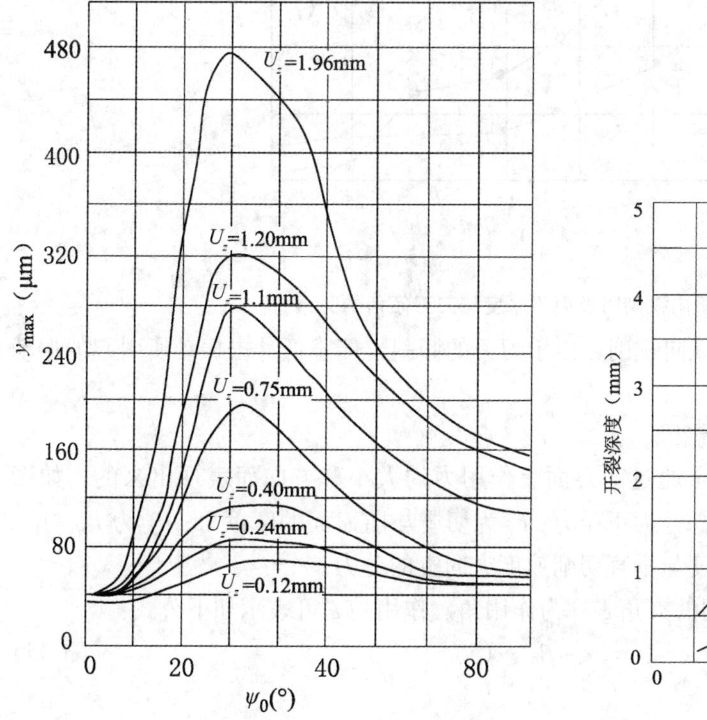

图 3-11　在 U_Z 不同时 y_{max} 与 ψ_0 的关系

图 3-12　端向铣削时末端开裂深度与 U_Z 的关系

如图 3-11 所示的曲线，为在不同 U_z 下，当 $0° < \psi_0 < 90°$时，y_{max} 与 ψ_0 的关系。由图可见，对于所有的 U_z 值，在 $\psi_0 = 30°$左右时，y_{max} 都为最大值。随着 U_z 的降低，y_{max} 也降低，当 U_z 减小到 0.12mm 时，破坏性不平度几乎消失。这是因为当 U_z 很小时，切下的切屑为厚度很薄的连续带状切屑，切屑的形成是在没有超越裂缝的情况下发生的，切削质量几乎不受纤维方向的影响。

在没有压紧支持器的情况下，端向铣削木材时，工件末端的开裂是最主要的破坏性不平度(开裂深度)。如图3-12为末端开裂深度与 U_z 的关系，可见，末端开裂深度随着 U_z 增大很快增加，甚至在 $U_z=0.1$mm时，末端开裂也不可避免。这是因为当 U_z 很小时，切下的屑片虽然很薄，但后刀面的摩擦力大大增加了，而后刀面的摩擦力是造成末端开裂的重要原因之一。

在横向铣削时，刀倾角 λ_s(螺旋齿铣刀为螺旋角)与由于木材纤维撕裂所引起的破坏性不平度有明显的关系。如图3-13为 $U_z=1.6$mm时，横向铣削松木和桦木时，破坏性不平度的高度 y_{max} 与 ω 的关系，可见在 $\lambda_s=0$ 时，加工质量最坏。随着 λ_s 的增加，y_{max} 明显下降。在 $\lambda_s=20°\sim25°$时加工效果最好。但是，要使 λ_s 达到 $20°\sim25°$，对装配式开榫铣刀来说，结构上较难实现。因此，这种刀通常都取 $\lambda_s=10°\sim12°$。

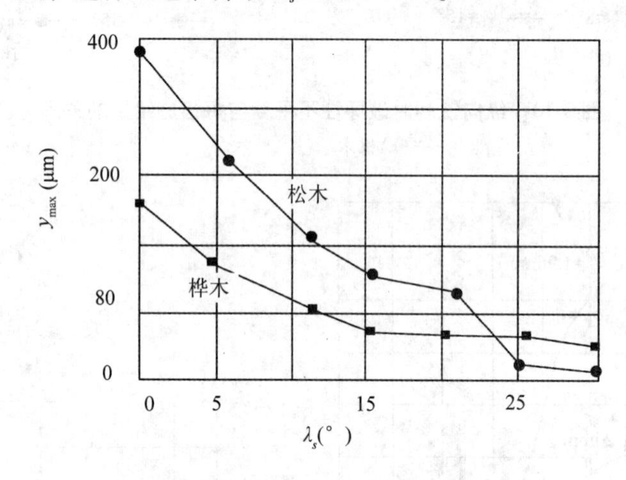

图3-13 横向铣削时表面不平度与刀刃倾角的关系

不仅是对于横向铣削，对于纵向铣削，由于刀刃的倾斜也能降低冲击振动所引起的振动性不平度。

(四)前角 γ 对表面不平度的影响

前角对表面不平度的影响，是通过前刀面上作用力的大小和方向而表现出来的。如图3-14为前刀面的各作用力，其中，F_n 为正压力；F_f 为切屑与前刀面的摩擦力；F_R 为 F_n 与 F_f 的合力；F_x 与 F_y 为 F_R 沿切削速度与垂直切削速度方向上的分力。

合力 F_R 与切削速度方向之间的夹角 ξ 称为作用角。作用角 ξ 可表示如下公式：

$$\xi=\gamma-\beta_0 \quad (°) \tag{3-35}$$

式中：γ——前角；

β_0——摩擦角，$\tan\beta_0=\mu$；

μ——前刀面与切屑间的摩擦系数。

在纵向铣削时，F_y 是造成木材超越裂缝主要的力。为了避免超越裂缝，希望作用角 ξ 接近于零或为负值。为此，可以降低前角 γ。如图3-15例举了初始遇角 ψ_0 不同时，破坏性不平度与前角的关系。可见，在 $\gamma=50°$时，切削获得的表面结果最坏，随着 γ 降低到10°，破坏性不平度也逐渐下降，当 γ 角再下降时，破坏性不平度又重新增加。这是因为 γ 减小到负值时，刃口钝半径太大的缘故。

在端向铣削时，情况则不同。因为此时平行于进给速度的水平分力 F_x 是造成末端开裂的主要原因(图3-16)。基本切削的研究结果表明，随着γ的增加，F_x减小，末端开裂程度也随之降低。如图3-17为末端开裂深度与γ的关系。在实际切削加工中，γ只用到30°~50°，这是因为γ太大会削弱刀齿的强度。

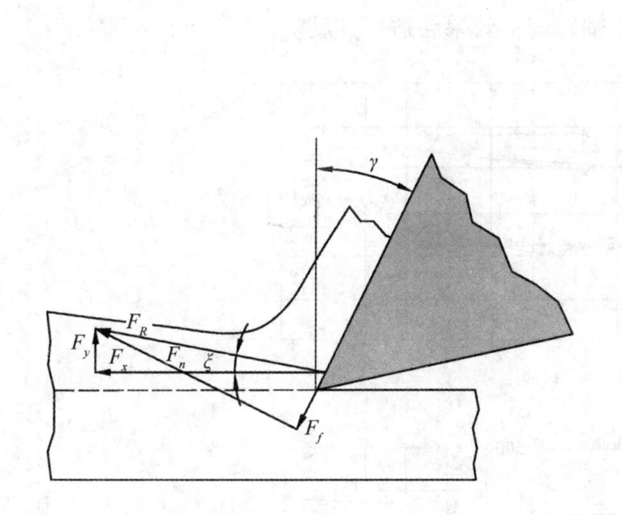

图3-14　刀齿前刀面的各作用力

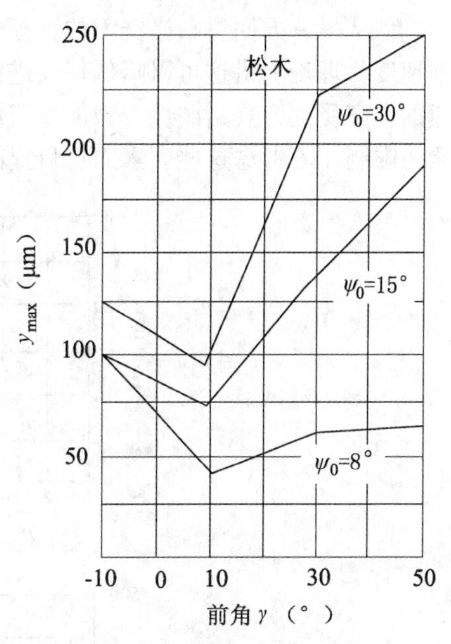

图3-15　破坏性不平度与前角的关系

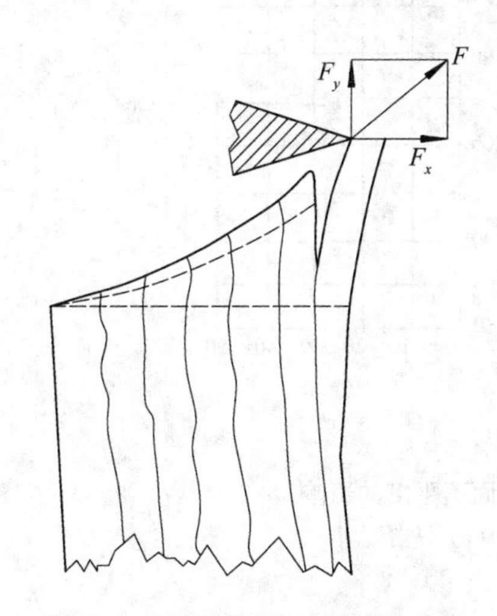

图3-16　端向铣削末端开裂示意图

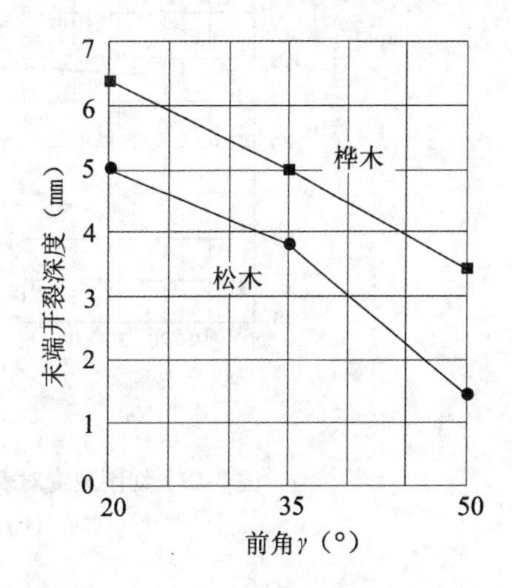

图3-17　末端开裂深度与前角的关系

(五)切削速度V对表面不平度的影响

现有试验研究表明，木材铣削时，切削速度对表面不平度没有明显的影响。图3-18(a)是铣削速度为14m/s，19 m/s，28 m/s，38 m/s，铣削深度为2mm，γ =35°，β =35°，木材含水率为10%，刀齿锐利(ρ =5 μm)时，顺纤维铣削松木和桦木所得表面不平度的结果。结果表明：切削速度在14~38m/s范围内时，切削速度对表面不平度的影响很小。

在图3-18(b)和图3-18(c)的纵向铣削中(U_z =1.25mm，γ =35°，α =20°，D =120mm，

$t=2\text{mm}$, $V=25\text{m/s}$ 和 50m/s)，表面不平度的数值只随切削方向改变而变化，切削速度的影响也很不明显。另据报道，即使切削速度达到 100m/s 或更大，理论计算也没有证明会对表面不平度的影响更为有利。

但从另一方面讲，当铣刀的直径 D、齿数 Z 一定时，增大转速，也就意味着是提高切削速度，理论上讲这可以降低每齿进给量 U_z，而 U_z 的降低会使表面不平度值下降。但是转速的提高受到刀具耐磨性、刀齿及刀体材料强度、刀具的平衡性、机床的耐磨性、噪声等因素的限制。不考虑这些因素而盲目提高主轴转速，效果会适得其反。

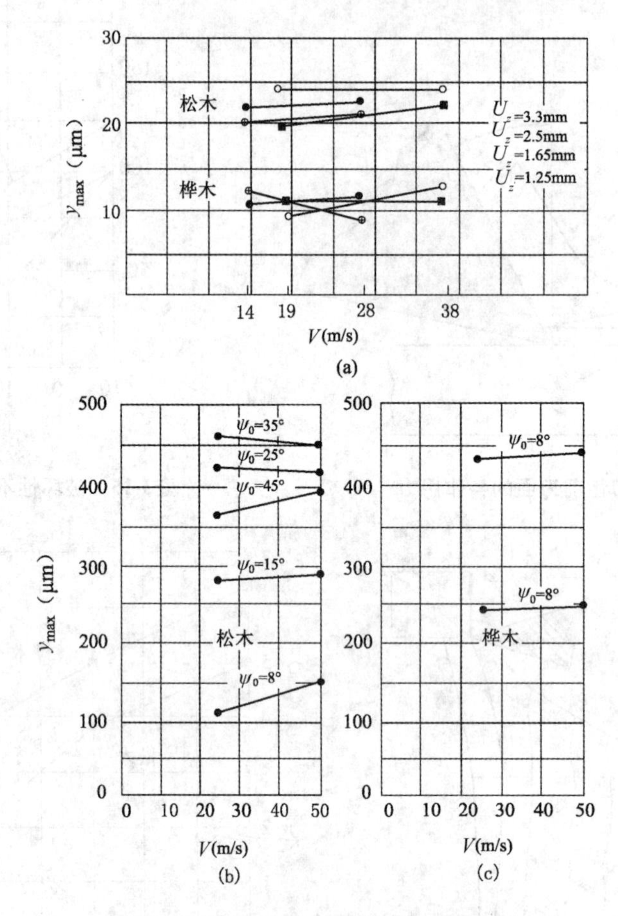

图 3-18　切削速度对表面不平度的影响

(a)顺纤维铣削　(b)、(c) 纵向铣削

(六)刀具的变钝程度对表面不平度的影响

在任何情况下，变钝了的刀具都会对加工质量带来不利的影响，当刀具变钝时，刃口钝半径 ρ 变大，刃口在加工表面造成的变形区面积和压力都要增加，这不但会引起弹性恢复不平度的增加，而且由于摩擦力大大增加，还会搓起加工表面的木纤维，但又不切断它，故导致表面起毛或毛刺等方面破坏性不平度的增加。

在 $U_Z=1\text{mm}$ 时，顺纤维铣削松木的试验表明，表面不平度的平均值 y，随着刃口钝半径的增大而很快地增加，当 $\rho=5\sim7\mu\text{m}$ 时，$y=30\sim60\mu\text{m}$；当 $\rho=30\sim40\mu\text{m}$ 时，$y=300\sim600\mu\text{m}$。

在横向铣削时，钝刀切削比锐刀切削时表面不平度的高度值增加 1.5～2 倍；在端向切削时，二者比较，不平度的高度值要增加 2～3 倍。

（七）顺铣和逆铣对表面不平度的影响

从图 3-6 的切削轨迹来看，在其他条件相同时，顺铣比逆铣的波纹高度要高。从切削方向与木材纤维的遇角来看，当纵向铣削时，逆铣 $\psi<90°$，顺铣 $\psi>90°$，因此，顺铣能有效地减小由于木材纤维的劈裂等所引起的破坏性不平度。但是由于顺铣时，切削的厚度变化是由厚变薄，切削时冲击大，刀具易于磨损，而且冲击大会引起工件的振动，因而在工件压紧力不够大时，会造成刀具不能完全切去应该切去的一层木材，使切削质量下降。因此，只有在纤维的劈裂、崩掉等破坏性不平度成为主要矛盾时，才用顺铣加工方式，而且最好用在有足够压紧力的机械进给的铣床上。

第五节　铣刀分类

铣刀是木材切削加工中种类最多，应用最广的一类刀具，它被广泛用于以铣削方式切削加工的各类机床上。

按装夹方式，铣刀分为套装铣刀和柄铣刀。套装铣刀的中央有安装用的中心孔，直接或通过装刀卡头套装在机床主轴上。柄铣刀一端具有多把刀齿，另一端为安装用的尾部。尾部形状根据机床主轴上的装夹方式不同而不同，常有圆柱形、圆锥形或带螺纹。

按结构形式，铣刀分为整体铣刀、装配铣刀和组合铣刀。整体铣刀的切削部分和刀体的材料可以相同，也可以不同(切削部分焊在刀体上)，但两者为一体，不可拆卸。装配铣刀是指切削部分(刀片)通过机械夹固方法安装在刀体上，刀片是可以拆装的。组合铣刀是由两把或两把以上的刀具(整体铣刀或装配铣刀)用机械方法装夹在一起的复合刀具。

按刀齿的后刀面，铣刀分为铲齿铣刀、尖齿铣刀和非铲齿铣刀。铲齿铣刀刃口上选定点的后刀面为阿基米德螺旋线或轴线与铣刀轴线偏移的圆弧曲线；尖齿铣刀刃口上选定点的后刀面为直线；非铲齿铣刀刃口上选定点的后刀面为圆弧曲线，靠适当的装刀来调整后角。非铲齿铣刀一般为装配铣刀。

按加工的工件形状，铣刀分为平面铣刀、成形铣刀、槽铣刀、开榫铣刀等。

第六节　铣刀设计

一、铣刀主要几何参数

（一）铣刀直径 D 和孔径 d

铣刀直径越大，运动波纹越小，但切削力矩增大，易造成切削振动，而且刀齿和工件的接触弧长增加，使铣削效率降低。因此，尽可能选用小直径规格的铣刀。一般根据机床动力、刀轴转速、工件、刀具材料、铣削深度、铣削宽度和工件表面质量确定铣刀直径。

通常情况下，是在现有的机床上设计或选用铣刀，所以机床动力 P、刀轴转速 n 已定。

根据工件和刀具材料选择切削速度(表 3-3)，然后可用下式计算铣刀直径：

表 3-3 切削速度 (m/s)

工 件	高速钢铣刀	硬质合金铣刀
针叶材	50 ~ 80	60 ~ 90
阔叶材	40 ~ 60	50 ~ 80
刨花板	—	60 ~ 80
硬质显微板	—	60 ~ 80
塑料贴面板	—	60 ~ 120

$$D = \frac{6 \times 10^4 V}{\pi n} \tag{3-36}$$

式中：D——铣刀直径(mm)；

V——切削速度(m/s)；

n——铣刀转速(r/m)。

铣刀直径也可参照下列经验值选取：

(1)轻型铣床：60，80，100，120（mm）。

(2)中型铣床：120，140，160（mm）。

(3)重型铣床：180，200，220，250（mm）。

铣刀孔径 d 根据铣刀直径来确定，铣刀直径越大，孔径也越大，常选用 30mm、40mm、50mm。

(二)铣刀齿数 Z

铣刀齿数可按下式计算：

$$Z = \frac{1000U}{n \cdot U_z} \tag{3-37}$$

每齿进给量 U_z 大小决定了工件表面的运动不平度：

(1)当 $0.3\text{mm} < U_z < 0.8\text{mm}$ 时，工件表面光滑。

(2)当 $0.8\text{mm} < U_z < 2.5\text{mm}$ 时，工件表面质量中等。

(3)当 $U_z > 2.5\text{mm}$ 时，工件表面粗糙。

因此，当进给速度和刀具转速一定时，铣刀齿数可以根据上式算出。一般情况下，手工进料时，铣刀齿数宜少；机械进料时，齿数宜多。常用铣刀齿数为：2，3，4，6，8，12，18，20，36，42。

(三)铣刀角度

铣刀后角 α 的主要功用是减小后刀面和切削平面木材的摩擦，通常在 8° ~ 15°范围内选取。铣刀前角 γ 根据工件材性、工件截形高度和刀具材料决定(表 3-4)。当切削硬阔叶材时，要求刀具刃口强度高，在后角 α 一定的条件下，应适当降低前角 γ 以增大楔角 β。当工件截形较大时，应该验算刀齿廓形最低点的楔角 β。对于碳钢(碳素工具钢、合金工具钢和高速钢)铣刀，$\beta_{\min} > 30°$；对于硬质合金铣刀，$\beta_{\min} > 45°$。在最低点楔角不满足要求时，可降低选定的前角和后角，以增大最低点的楔角。

表 3-4　铣刀常用前角

铣刀材料	工件材料	前　角　γ					
		纵向铣削		横向铣削		端向铣削	
		软材	硬材	软材	硬材	软材	硬材
碳 钢	木　材	20°～30°	10°～25°	35°～40°	30°～35°	30°～35°	25°～30°
硬质合金	木　材	20°～30°	10°～25°	30°	25°	30°	25°
	刨花板	密度 >0.7g/cm^3			20°～25°		
		密度 <0.7g/cm^3			15°～20°		
	硬质纤维板	15°～20°					

二、刀齿廓形设计原理

成形刀齿廓形确定原则：刀齿多次重磨后，刀具原设计的角度参数不变或改变很小；加工的工件截面的轮廓尺寸和形状不变。

(一)工件截形

成形工件横断面的剖面图形称为工件截形，它是设计成形铣刀廓形的依据。工件截形分为单面截形和双面截形。

单面截形——是指工件截形各点高度向一侧依次降低或增高，如图 3-19 中(a)和(b)。

双面截形——是指工件截形较高点或较低点位于截形的中部或两侧，如图 3-19 中(c)和(d)。

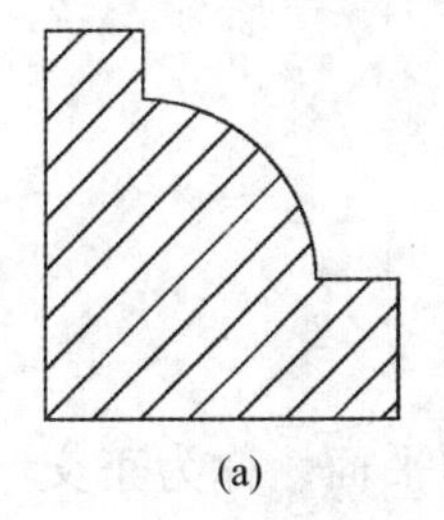
(a)

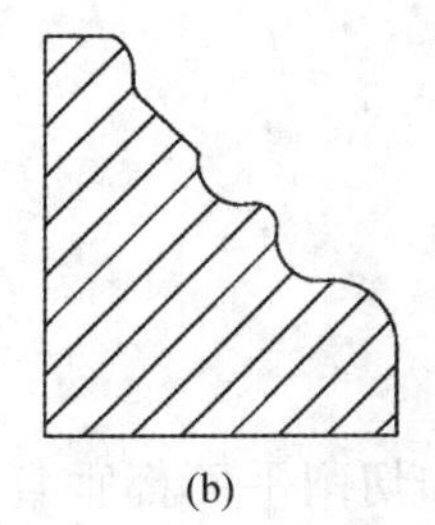
(b)

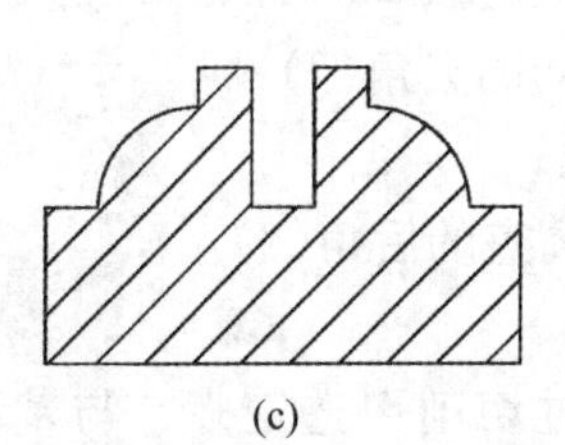
(c)

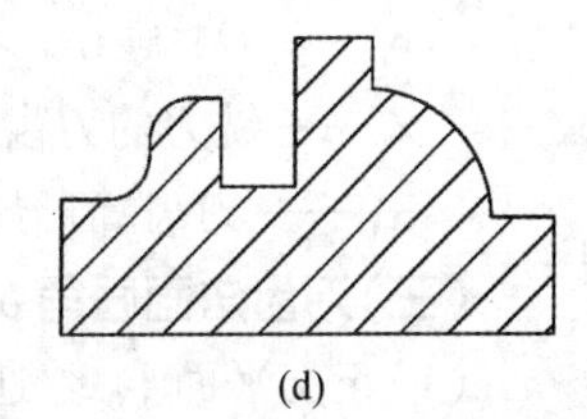
(d)

图 3-19　工件截形

(二)刀齿廓形

刀齿刃口曲线在前刀面的形状称为刀齿前刀面廓形 h_f，在制造和修磨铣刀时，它通常用来检验铣刀的准确性。铣刀轴向平面(通过铣刀的轴线)剖切整个刀齿实体所得的图形称为刀齿轴向剖面截形 h_r，如图 3-20。

木工铣刀都有较大的前角，因此成形铣刀前刀面的廓形高度 h_f、工件的截形高度 h_w 和刀齿轴向剖面的截形高度 h_r 存在一定的差异。

$$h_w = R_A - R_C \tag{3-38}$$

$$h_f = R_A\cos\gamma_A - R_C\cos\gamma_C \tag{3-39}$$

$$h_r = h_w - \Delta k \tag{3-40}$$

式中：R_A ——刀齿廓形最高点 A 的回转半径(mm)；

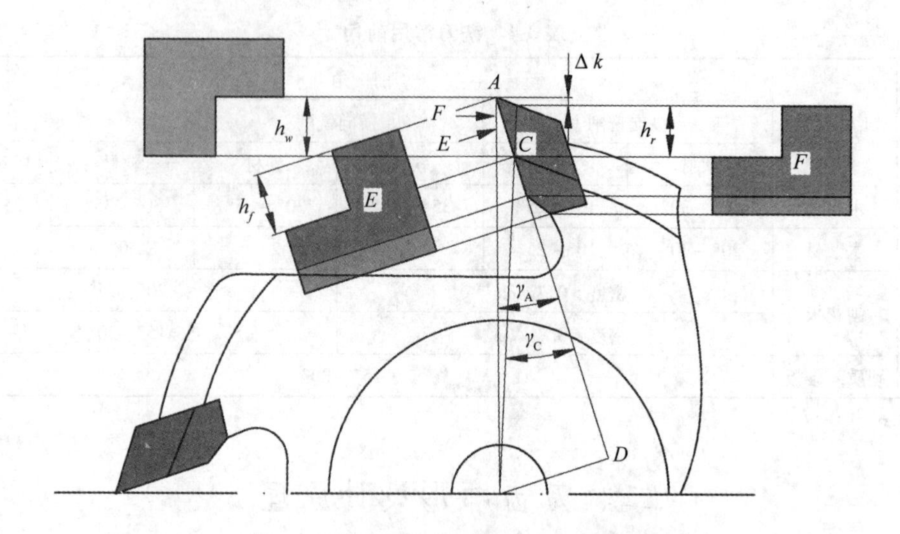

图 3-20 刀齿廓形、工件截形及角度关系

R_C ——刀齿廓形最低点 C 的回转半径(mm);

γ_A ——刀齿廓形最高点的前角(°);

γ_C ——刀齿廓形最低点的前角(°);

Δk ——在 OA、OC 中心角内，后刀面的下降量(mm)。

铲齿铣刀:

$$\Delta k = \frac{K\varepsilon_c Z}{360°} \tag{3-41}$$

尖齿铣刀:

$$\Delta k = \frac{R_A \mathrm{tg}(\gamma_C - \gamma_A)\sin\alpha_A}{\cos(\gamma_C - \gamma_A + \alpha_A)} \tag{3-42}$$

式中: K ——铲齿铣刀的铲齿量(mm);

ε_c ——OA 与 OC 之间的夹角(°);

Z ——铣刀的刀齿数;

α_A ——刀齿廓形最高点的后角(°)。

(三)刀齿法面后角 α_n

(1)正交平面 P_0。通过切削刃选定点，与基面和切削平面都垂直的平面，称为正交平面。

当切削刃选定点取在主切削刃上时，习惯上将正交平面称为主截面。在主截面内测量的角度为刀具的主截面角度 。

(2)法平面 P_n 。通过切削刃选定点并垂直于切削刃的平面。在法平面内测量的角度为刀具的法面角度 。

当主切削刃与铣刀轴线平行时，主截面与法平面重合，刀具的法面角度与刀具的主截面角度相同。当切削刃与铣刀轴线不平行时，如铣刀侧刃，正交平面与法平面有一定的夹角 (90 ~ λ)，刀具的法面角度就不同于刀具的主截面角度(图 3-21)。

$$\tan\alpha_n = \tan\alpha \cdot \sin\lambda \tag{3-43}$$

当 λ =90°时, $\alpha_n = \alpha$;

当 λ =0°时，法面后角 α_n =0°，摩擦很大，表面烧焦。

因此，当 $\lambda=0°$ 时，侧刃后刀面要斜磨(铲)，斜磨角为 $\tau=4°\sim6°$，以增加侧刃法面后角，如图 3-22。

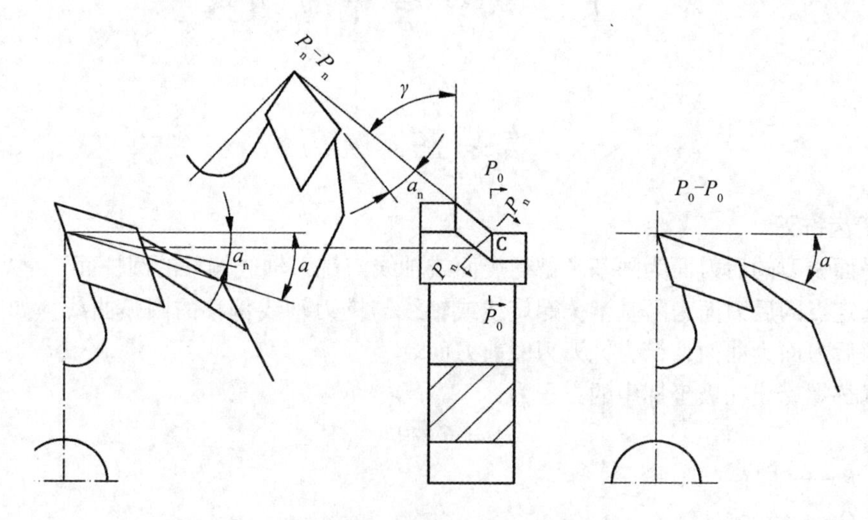

图 3-21　刀齿侧刃的法面后角

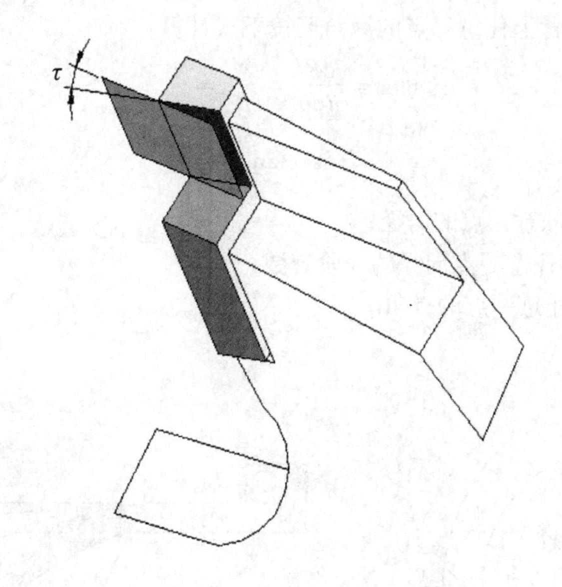

图 3-22　侧刃后刀面斜铲

第七节 铣刀结构与用途

一、套装整体铣刀

(一)铲齿铣刀

铲齿平面铣刀的后刀面为阿基米德螺旋面或轴线与铣刀轴线偏移的圆柱面，铲齿成形铣刀刃口上选定点的后刀面为阿基米德螺旋线或轴线与铣刀轴线偏移的圆弧曲线，如图 3-23。因铲齿铣刀后刀面为曲面，铲齿铣刀刃磨前刀面。

阿基米德螺旋线在极坐标中的方程为：

$$R = C \cdot \theta \tag{3-44}$$

式中：R——向径；

C——常数；

θ——极角。

阿基米德螺旋线齿背上任意一点的后角可按下式计算：

$$\tan\alpha = \frac{\mathrm{d}R}{R\mathrm{d}\theta} = \frac{R'}{R} = \frac{1}{\theta} \tag{3-45}$$

$$\alpha = \arctan\frac{1}{\theta} \tag{3-46}$$

式中：R——齿背任意一点的向径；

R'——齿背任意一点向径的一阶导数；

θ——齿背任意一点的极角。

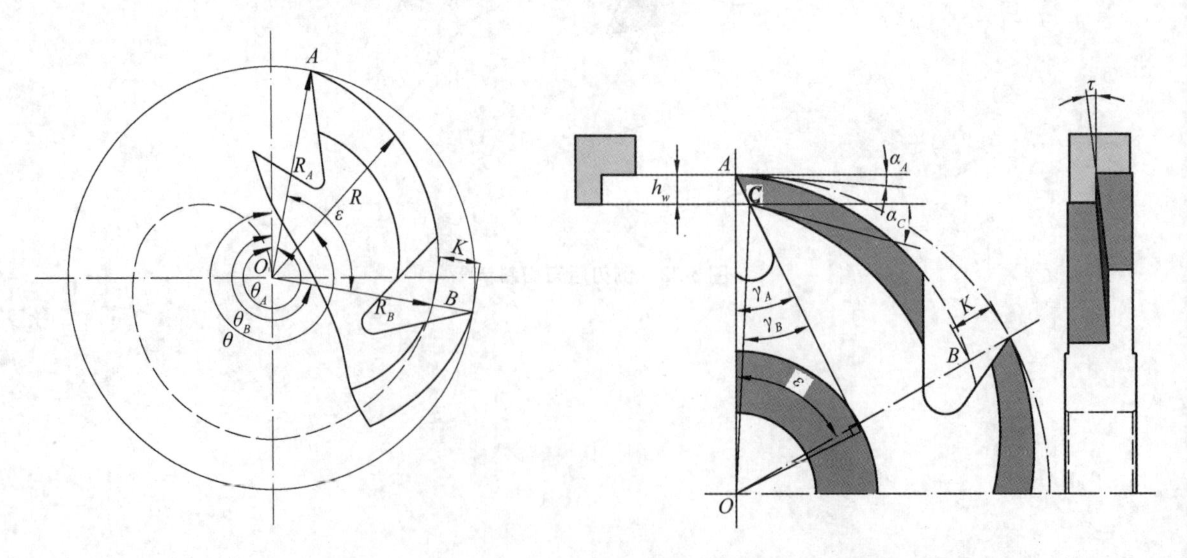

图 3-23 铲齿平面铣刀

图 3-24 铲齿成形铣刀

由(3-46)式可见，α 随 θ 而改变。由于 θ 本身的数值较大(接近 2π)，而其变化范围较小

(小于 $\varepsilon=2\pi/Z$)，所以 α 的改变量很小。当铣刀多次刃磨前刀面后，后角会稍微增大，但增大量很小。到铣刀正常报废时，后角增大量不大于1.5°，这是其他类型铣刀无法达到的。铲齿铣刀是在铲齿车床上铲削后刀面而形成的。故铲齿铣刀通常采用碳素工具钢、合金工具钢和高速工具钢制造。当加工特别硬的木材时，切削部分也使用高速钢或硬质合金。但刀体部分仍为碳钢或低质量的合金材料。

铣刀后角 α 在工作图上通常都是用铲齿量 K 来进行标注的。铲齿量又叫齿背曲线下降量，它是指齿背曲线在一个刀齿中心角($\varepsilon=2\pi/Z$)的范围内，距离外圆圆周的下降量。其计算公式为：

$$K=R_A-R_B=C(\theta_A-\theta_B)=\varepsilon\frac{R_A}{\theta_A}=\frac{2\pi}{Z}\cdot\frac{D/2}{1/\tan\alpha}=\frac{\pi D}{Z}\tan\alpha \tag{3-47}$$

式中：K——齿背曲线下降量 (mm)；

R_A，R_B——分别是齿背上A，B两点的向径 (mm)；

θ_A，θ_B——分别是齿背上A，B两点的极角 (°)；

C——该阿基米德螺旋线的常数；

D——铣刀直径 (mm)；

Z——铣刀齿数；

α——铣刀刀齿顶点的后角 (°)。

对于铲齿成形铣刀，还必须明确刀齿廓形上不同点的外形角随其半径(向径)的不同而不同。刀齿廓形最高点和最低点的后角与前角的变化规律可由以下公式得出。

根据阿基米德螺旋线的性质：

$$\tan\alpha_A=\frac{R'_A}{R_A}\qquad\tan\alpha_C=\frac{R'_C}{R_C}$$

因为

$$R'_A=R'_C=C$$

所以

$$\tan\alpha_A\cdot R_A=\tan\alpha_C\cdot R_C$$

即

$$\tan\alpha_C=\frac{R_A}{R_C}\tan\alpha_A \tag{3-48}$$

(3-48)式说明刀齿廓形上各点的后角与其向径成反比。

刀齿廓形上最高点和最低点的前角可按下式计算：

$$\sin\gamma_C=\frac{R_A}{R_C}\sin\gamma_A \tag{3-49}$$

式中：R_A、R_C——分别是A，C两点的半径；

γ_A、γ_C——分别是A，C两点的前角。

显然刀齿廓形上各点的前角也与其向径成反比。

在设计成形铣刀尤其是廓形较深的铣刀时($h_w>20\text{mm}$)，需计算刀齿廓形最低点的楔角，使之不至于太小，以保证刃口的强度。

通常任何复杂的单面截形工件都可以用铲齿铣刀来加工。但当工件截形存在与铣刀轴线垂直的边或圆弧时，为了增大这些刃口的法面后角 α_n，铲齿方向要与径向偏斜一个斜铲角 τ。否则，法面后角 α_n 为零，摩擦很大，使铣刀无法正常切削。斜铲角 τ 一般为2°~4°，也可取得再大一些，以提高 α_n，然而刃磨前刀面后刀刃宽度变化较大。当加工双面截形工件时，单把铲齿铣刀无法加工，必须选用两把或两把以上的铲齿铣刀装夹成组合铣刀，如加工榫槽和榫头的地板企口铣刀。

(二)尖齿铣刀

尖齿铣刀刃口上选定点的齿背线为直线，是在磨床上磨出的。整体尖齿铣刀切削部分材料可以和刀体相同，也可以选用高速钢、硬质合金或金刚石，镶焊在刀体上。和铲齿成形铣刀相比，尖齿成形铣刀刃磨前刀面后，后角改变(减小)幅度较大，但尖齿铣刀制造方便，并且硬质合金和金刚石整体铣刀重磨次数少，因此，硬质合金和金刚石铣刀多为尖齿铣刀。根据工件截形，尖齿铣刀分为平面铣刀、榫槽铣刀和成形铣刀。

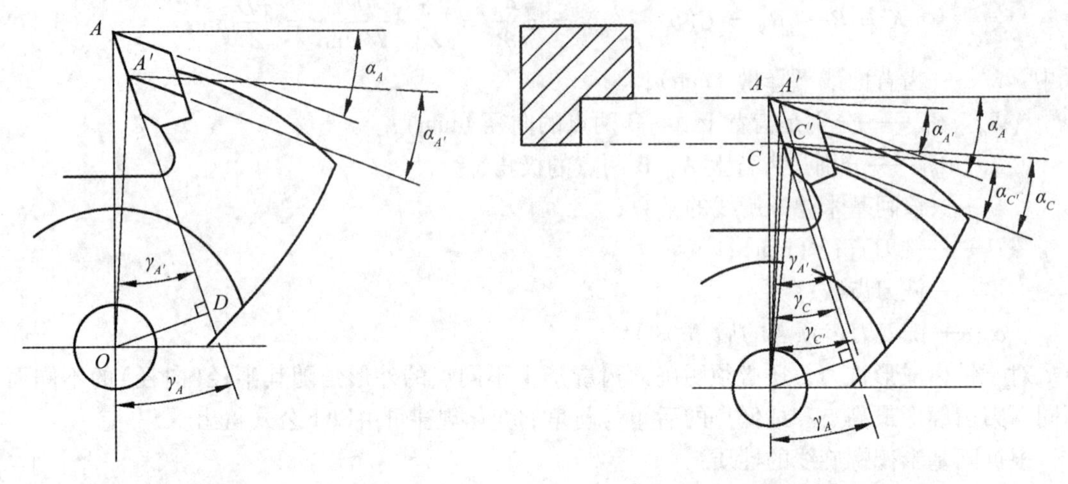

图 3-25 尖齿平面铣刀刀齿　　　　图 3-26 尖齿成形铣刀刀齿

尖齿平面铣刀，如图 3-25，刃磨后刀面并保证后角不变，那么前角因切削圆变小而变大。设刃磨前的前角为 γ_A，刃磨后的前角为 $\gamma_{A'}$，则 γ_A 和 $\gamma_{A'}$ 之间的关系为：

$$\sin\gamma_A' = \frac{R_A}{R_A'}\sin\gamma_A \tag{3-50}$$

式中：R_A ——刃磨前铣刀半径(mm)；

$R_{A'}$ ——刃磨后铣刀半径(mm)。

图 3-26 为尖齿成形铣刀。尖齿成形铣刀刃口磨损钝化后，为了保证刀具重磨后加工的工件截形不变，需要刃磨前刀面并保持刀齿廓形最高点 A 的前角 γ_A 不变，但后角会变小。刃磨前、后刃口最高点后角之间的关系为：

$$\cos\alpha_A' = \frac{R_A}{R_A'}\cos\alpha_A \tag{3-51}$$

式中：α_A ——刃磨前刃口最高点 A 的后角（°）；

$\alpha_{A'}$ ——刃磨后刃口最高点 A' 的后角（°）；

R_A ——刃磨前铣刀半径（mm）；

R_A' ——刃磨后铣刀半径（mm）。

由(3-51)式可知，α_A' 取决于铣刀直径、刃磨量和初始后角 α_A。为了使 α_A' 不低于最小值 8°，对于选定铣刀，当铣刀经过多次刃磨之后，应该验算后角，小于 8°时，铣刀应报废。

二、装配铣刀

装配铣刀的刀体和切削部分(刀片)分开，刀片用机械方法夹固在刀体上。在平刨床、压刨床、削片机、刨片机等重型木工机床上均采用装配式铣刀。平刨床、压刨床上装配铣刀的轴向尺寸较大，有的兼做机床的主轴。因此，常称为刀轴(图3-27)。刀体采用碳钢或低质量的合金钢制造，刀片则采用高速钢或硬质合金。刀体结构常有方刀头和圆刀头。因方刀头噪声大、装刀调刀麻烦、又不安全，因此很少使用。圆刀头噪声小、调刀方便、安全性好，并可带限料齿限制每齿进给量，切削平稳，现广泛使用。圆刀头刀片装夹结构形式较多，根据刀片结构分为普通刀片装夹和转位刀片装夹。

表3-5　平、压刨床上的平刃刀片

示图			B　H　S　　B　H　S
刀片材料	刀片厚度 S(mm)	刀片宽度 H(mm)	刀片长度 B(mm)
合金工具钢	3	30	60，100，130，150，160，180，210，230，260，310，320
		35	60，100，160，230，320
高速钢	3	30	60，80，100，110，120，130，150，170，180，190，210，230，240，250，260，270，310，360，400，410，460，500，510，600，610，630，640，710，810，840
		35	60，100，160，230，320
司太立合金	3	30	60，80，100，110，120，130，150，170，180，210，230，240，260
硬质合金	3	30	60，80，100，110，120，130，150，170，180，210，230，260，310，320，330，360，410，450，460，510，610，630，640，710，740，810，1010
		35	310，320，330，360，400，410，450，460，500，510，600，610，630，635，640，700，710，740，810，1010

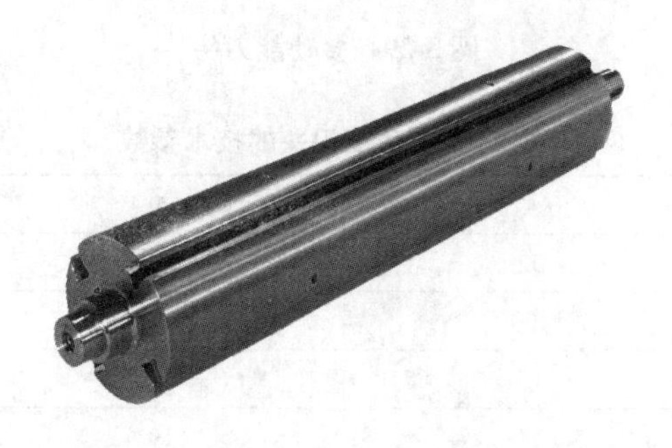

图3-27　刀轴

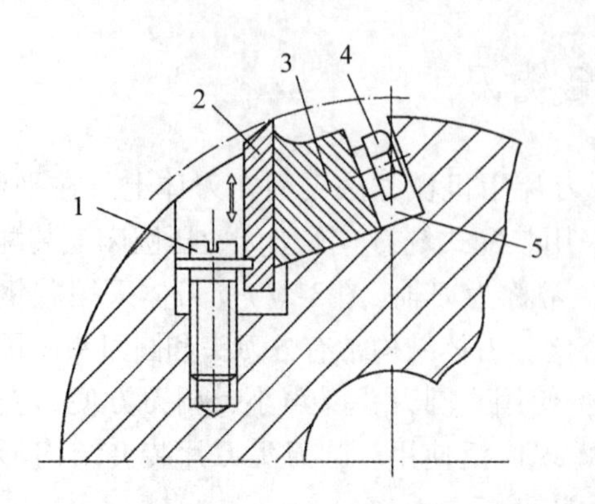

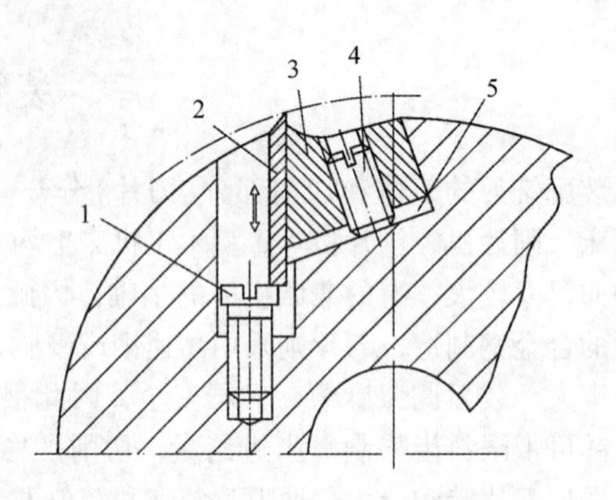

图 3-28 普通刀片装配铣刀

普通刀片常见的装夹方式如图 3-28。图 3-28 中 1 为调刀螺钉、2 为普通刀片、3 为夹紧楔块、4 为锁紧螺钉和 5 为装刀槽。普通刀片磨损钝化后，可以刃磨后刀面。在装刀时，使用调刀螺钉、弹簧或其他调刀方法，保持刀片水平并使每把刀片在同一切削圆上，维持原有的切削圆直径。通常情况下普通刀片廓形最低点高出刀体不得超过 2mm。普通刀片采用高速钢或硬质合金制造，因硬质合金材料较贵，故在刀片切削部分镶焊硬质合金。普通刀片分为平刨、压刨床上使用的直刃刀片和铣床上使用的成形刀片。前者结构简单，刀片较长；后者刃口形状复杂，刀片较短，用来加工工件上各种形状的线形。直刃刀片的规格和参数见表 3-5。成形刀片具有各种形状，可以配备在同一个铣刀头上，因此，该铣刀头称为多功能铣刀头。多功能铣刀头有几种不同的结构形式，图 3-29 为其中一种，有两个刀槽，安装两把完全一样的刀片。根据要求，一个刀头可以配备 12 对、24 对、36 对形状各异的刀片，刀片材料为合金工具钢或高速钢。常用多功能刀头的技术参数见表 3-6。

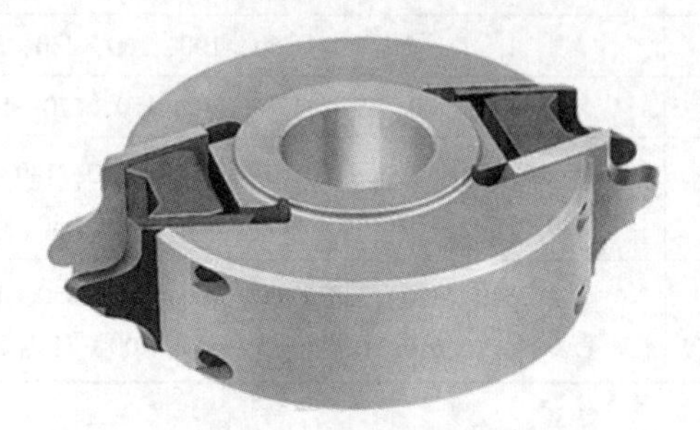

图 3-29 多功能刀头

表 3-6 多功能刀头的技术参数

刀片厚度 S(mm)	4	5	8
刀头直径 D(mm)	92	100	120
	100	120	140
刀片最大伸出量 t(mm)	15	20	25
最大工件截形 h_w(mm)	14	19	24
刀片最小宽度 H(mm)	33	40	50
最小夹紧长度 L(mm)	20	20	20

表 3-7　转位刀片规格及参数

示图

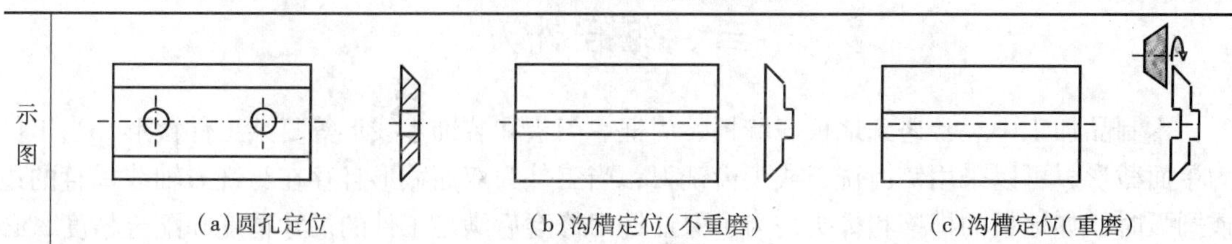

刀片类型			刀片厚度 S (mm)	定位孔直径 D (mm)	刀片宽度 H (mm)	刀片长度 B (m)
沟槽定位转位刀片	不重磨		1.5		8	7.7, 9.7, 11.7, 14.7, 19.7, 25, 30, 35, 40, 45, 50, 60, 70, 80, 100, 120
	重磨		2.7		12	50, 60, 80, 100, 120, 130, 136, 150, 180, 190, 210, 230, 240, 400, 410, 420, 500
圆孔定位刀片	单孔刀片	双刃刀片	1.5	4	12	7.5, 9.6, 10.5, 11, 13, 15, 15.7, 17, 18, 19, 20
		四刃刀片	1.5	4	12	9, 10, 12
	双孔刀片	双刃刀片	1.5	4	12	30, 40, 50, 60
					13	80, 100, 120
		四刃刀片	1.5	4	12	29, 39.5

转位刀片，见表 3-7 中示图，分为圆孔定位(a)和沟槽定位(b)、(c)两种结构，圆孔定位转位刀片磨损钝化之后，不需要重磨，而是将刀片旋转 90°(四边带刃口)或 180°(两边带刃口)。这就要求转位刀片拥有很高的耐磨性。因而，圆孔定位转位刀片采用硬质合金制造。沟槽定位转位刀片分为不重磨(b)和重磨刀片(c)。不重磨刀片材料为硬质合金，厚为 1.5mm；重磨刀片材料为高速钢或硬质合金，厚为 3mm 左右，刃磨前刀面，当刀片达到 2mm 时，刀片不可再磨。当沟槽定位重磨转位刀片一个刃口磨损钝化之后，首先转位 180°，使用另一个刃口。只有两个刃口钝化之后，方可重磨。圆孔定位转位刀片和沟槽定位转位刀片常见装夹方式如图 3-30。和圆孔定位刀片相比，沟槽定位刀片装卸方面。转位刀片的规格和参数见表 3-7。

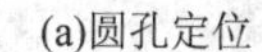

(a)圆孔定位

(b)沟槽定位(轴向装卸)

(c)沟槽定位(径向装卸)

图 3-30　转位刀片装配铣刀

三、组合铣刀

木制品加工中经常遇到地板、墙板、门框、门板和装饰木线形等复杂工件截形。当工件为单面截形，可以采用铲齿铣刀或尖齿铣刀；当工件为双面截形且存在与铣刀轴线垂直的边或圆弧时，如地板的榫槽和榫头，为了保证铣刀修磨后满足工件的尺寸精度和配合精度，必须用组合铣刀用来加工。根据工件截形，组合铣刀分为地板榫槽组合铣刀、墙板榫槽组合铣刀、门框榫槽组合铣刀和木线形组合铣刀等。

组合铣刀由两把或两把以上的铣刀组成，单片铣刀可以是铲齿铣刀，也可以是尖齿铣刀；可以是整体铣刀，也可以装配铣刀。为了保证组合铣刀重磨后所加工工件截形不变，组合铣刀一般设计成可以调节铣削宽度，以补偿刀齿重磨后廓形的变化。常用的调节方法为：自身并拢调节；螺纹套筒调节；垫圈调节。

(一)自身并拢调节

图3-31(a)为自身并拢调节的榫槽组合铣刀，两片铲齿铣刀由三个销钉连接在一起。左右两片铲齿铣刀交错配制高低齿，高齿切削槽底，低齿切削槽的两肩。榫槽存在垂直于铣刀轴线的两面，两片铣刀需要斜向铲齿，左铣刀为左向斜铲；右铣刀为右向斜铲，并且斜铲角相等。两片铣刀仅在前刀面接触，在后刀面上观察，存在间隙。间隙形似楔形，顶角为斜铲角的2倍。铣刀重磨前刀面后，刀齿沿前刀面的接触部分将存在间隙。并拢左右铣刀后，因两铣刀斜向铲齿的角度相等，因此铣刀总铣削宽度尽管变小，榫槽宽度却保持不变，如图3-32。

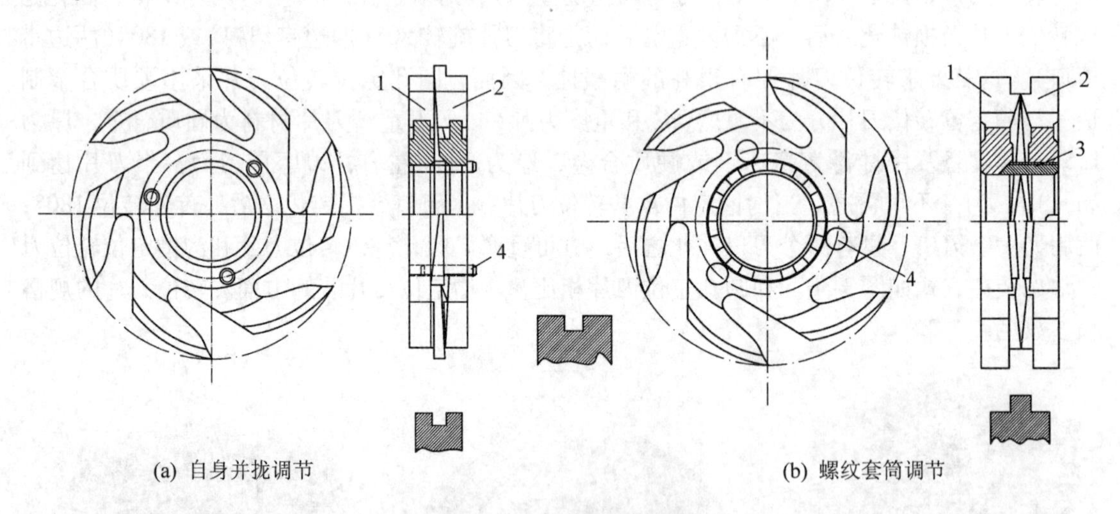

(a) 自身并拢调节 (b) 螺纹套筒调节

图3-31 组合铣刀铣削宽度调节

1. 左铣刀 2. 右铣刀 3. 螺纹套筒 4. 连接销钉

(二)螺纹套筒调节

螺纹套筒调节的榫槽组合铣刀，如图3-31(b)，由左铣刀、右铣刀、套筒、分度盘和定位销钉组成。左右两片铣刀交错配制高低齿。两片铣刀的高齿均要斜铲，斜铲方向相反。和自身并拢组合企口铣刀不同的是高齿斜铲部位不在两片铣刀贴合处，因此贴合处没有楔形间隙。左铣刀中心孔有内螺纹，套筒一端有外螺纹，另一端有轴肩。右铣刀从套筒轴肩端装在套筒上，再套上分度盘，用紧定螺钉将分度盘和套筒固定为一体，转动分度盘带动套筒旋入左铣刀，直到两片铣刀贴合在一起。铣刀重磨前刀面后，高齿刃口宽度变小。为了满足榫槽宽度的尺寸要求，旋转分度盘使左、右铣刀的高齿沿宽度方向的总尺寸不变。

(三)垫圈调节

垫圈调节榫槽组合铣刀高低齿的配制和斜铲方法与螺纹套筒调节的榫槽组合铣刀相同，不同的是用垫圈取代螺纹套筒来调整铣刀重磨前刀面后，左、右铣刀的高齿沿宽度方向的总尺寸。垫圈孔径同铣刀孔径，常用垫圈直径为45mm、60mm、70mm、90mm、100mm等，厚度为0.1mm、0.3mm、0.5mm、1.0mm、3.0mm、4.0mm、5.0mm等。常见地板和墙板的榫槽组合铣刀的规格和参数见表3-8。

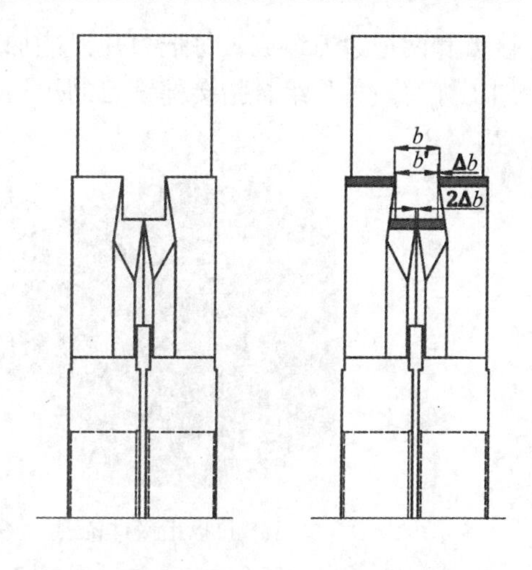

图3-32　组合铣刀刃磨后廓形尺寸变化

表3-8　常用榫槽铣刀的规格和参数

铣刀直径 D（mm）	铣刀孔径 d（mm）	最大转速 n（rpm）	齿数 Z	切削部分材料	榫槽深（mm）	榫头长（mm）
160	40	9000	6	高速钢、硬质合金	8.5，7	8，6
180	40，60	9000	6	高速钢、硬质合金	8.5，7	8，6
200	60	8000	6，8	高速钢、硬质合金	8.5，10.5	8，10
220	60	7000	8，10	高速钢、硬质合金	8.5，10.5	8，10
240	60	6000	10，12	高速钢、硬质合金	8.5，10.5	8，10
250	60	6000	12	高速钢、硬质合金	8.5，10.5	8，10

四、典型套装铣刀

(一)指接榫铣刀

指接榫接合是目前采用最多的拼板和短材接长方式，指接榫分为横向拼板的小型指接榫和纵向接长的大指接榫，对应的铣刀为拼板指接榫铣刀和接长指接榫铣刀，如图3-33。指接榫铣刀有整体的也有装配的，接长指接榫铣刀还有组合的。拼板指接榫铣刀一般配置两把刀齿，直径为120mm，140mm，材料为高速钢或硬质合金，刀齿齿距一般为8mm，刀齿长为5mm。拼板指接榫铣刀刀齿“短”而“胖”；接长指接榫铣刀刀齿“长”而“瘦”。铣刀宽度取决于指接榫数量，指接榫越多，铣刀宽度也越大，一般为18～84mm。

接长指接榫尺寸较大，榫长为10～22mm，齿距为3.8～6.2mm。根据榫肩形式，接长指接榫分为无榫肩榫、单面榫肩榫和双面榫肩榫，对应的指接榫铣刀刀齿也有三种形式。指接榫铣刀的规格和参数见表3-9，切削部分的材料为高速钢或硬质合金。当板材厚度大于铣刀宽度时，可以将两把或两把以上的铣刀叠加在一起。指接榫装配铣刀分为安装单刃刀片的和安装双刃转位刀片的，其规格和参数可参照表3-9选用。组合指接榫铣刀是由数把单片指接刀和两把边刀组成，每把刀片只能加工一个指接榫，边刀刃口宽度大于单片指接刀，用来加工榫肩。单片组合指接榫铣刀的规格和参数见表3-10。

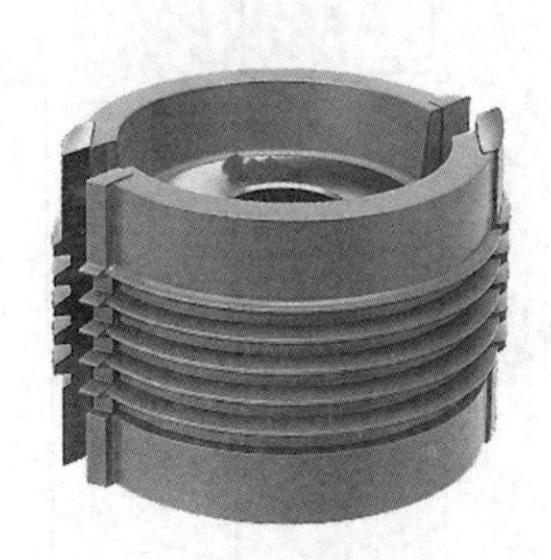

(a) 拼板指接榫铣刀

(b) 接长指接榫铣刀

图3-33 指接榫铣刀

表3-9 常用接长指接榫铣刀的规格和参数

示图						
铣刀直径 D (mm)	铣刀孔径 d (mm)	铣刀宽度 B (mm)	铣刀齿数 Z	齿距 P (mm)	指接齿数量	榫头长 l_h/榫槽长 l_c (mm)
160	50	28.6	4	3.8	7	10/10，10/11
170	50	28.6	4	3.8	7	15/15，15/16.5
180	50	33	4	6.2	7	20/20，20/22
250	50	28.6	6	3.8	7	10/10，10/11
260	50	28.6	6	3.8	7	15/15，15/16.5
260	50	33	6	6.2	7	20/20，20/22

(二)硬质合金整体成形铣刀

硬质合金整体成形铣刀是指在切削部分镶焊了硬质合金成形刀片的铣刀，其刀体选用了与硬质合金热膨胀系数相近的钢材。因硬质合金耐磨性好，耐用度高，因此，刀具通常做成尖齿铣刀，刀体的齿背也无需铲齿而是做成圆弧线或直线。硬质合金整体铣刀具有两种结构，如图3-34。图3-34(a)铣刀具有限料齿，是刀体的一部分，其轴向剖面的形状和刀齿廓形相似，但低0.8～1.1mm，用来限制工件的进给量。若工件进给速度大，限料齿就会碰到工件，故进给速度均匀、切削力变化小和操作安全，适用于手工进给的铣床。图3-34(b)铣刀无限料齿，适合于机械进料的铣床。

表 3-10　常用单片组合接长指接榫铣刀的规格和参数

示　图		指接刀（B、d、D）			边刀（B、d、D）		
铣刀直径 D（mm）		铣刀孔径 d（mm）	铣刀宽度 B（mm）	铣刀齿数 Z	齿距 P（mm）	指接齿数量	榫簧长/榫槽长（mm）
指接刀	160	70	3.7 或 3.8	2，4	3.7 或 3.8	1	9/10 或 10/11.5 或 13/14.5
边刀	159.8	70	14.8	2，4			
指接刀	210	70	3.7	4	3.7 或 4.0	1	9/10，10/11.5
边刀	209.8	70	14.8	4			
指接刀	250	70	3.8	6	3.8	1	10/11
边刀	249.7	70	15.2	6			

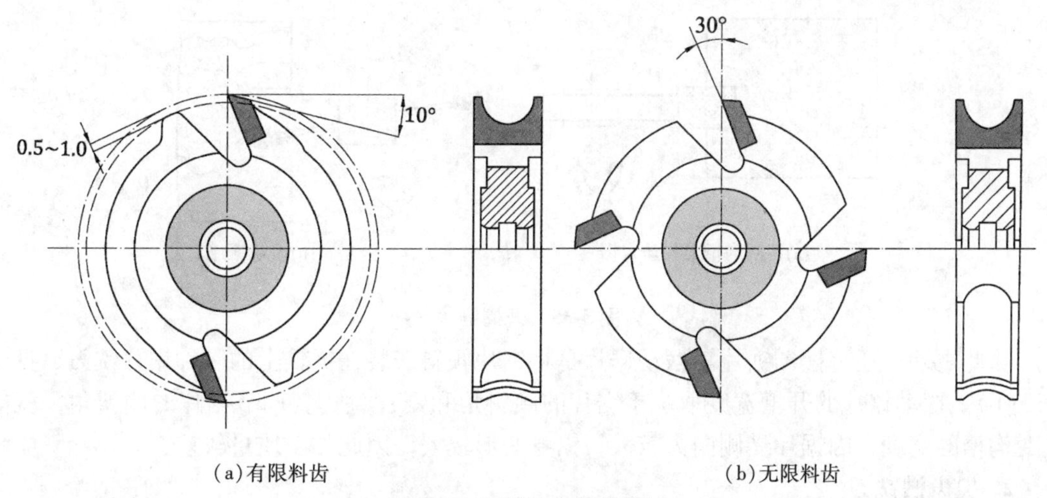

（a）有限料齿　　（b）无限料齿

图 3-34　硬质合金整体铣刀

刀片厚度和工件截形高度有关，通常在 2.5～7mm 范围内选取。刀片后刀面最低点在半径方向高出刀体相应点 1～2mm，前刀面突出刀体尺寸取决于刀片厚度，一般为 2～4mm。为了保证刀具重磨后加工的工件截形不变，硬质合金整体铣刀规定按原有的前角刃磨前刀面，铣刀报废时刀片厚度不得小于 1mm。

这类铣刀多数用来加工各种直线木线形和曲线木线形，刀齿廓形复杂。因目前国内尚无木线形标准，因此，刀齿廓形也无相应的标准。刀具制造单位除了生产常用木线形刀具之外，特殊木线形刀具需要根据工件截形定做。铣刀直径一般为 120mm、140mm、160mm、180mm 等，孔径为 30mm、35mm、40mm，铣刀宽度为 40mm、60mm、80mm 等。若铣刀在立铣床上使用，并且刀轴上还安装导向用的滚轮，那么工件进给时，工件基准面应紧靠滚轮。这种情况下，铣刀直径应由导向滚轮和工件截形来确定。例如若导向滚轮直径为 112mm，工件截形高度为 3mm，则铣刀直径为 118mm。该类铣刀常用的直径有 118mm、

122mm、128mm、132mm、142mm、152mm、162mm、172mm。

(三)开槽铣刀

根据木材纤维方向，开槽铣刀分为顺纤维开槽铣刀(进给方向和纤维方向平行)和横纤维开槽铣刀(进给方向和纤维方向垂直)。为了改善槽壁加工质量，横纤维开槽铣刀两侧面要配置数把沉割刀，沉割刀高出主刃0.5～0.8mm，先将木材纤维割断，然后主刃切削槽底木材。

1. 开槽锯片

开槽锯片，见图3-35(a)，是一种专门用于在工件上切割沟槽的硬质合金圆锯片。锯齿形状不同于圆锯片的锯齿，前齿面没有内凹而是矩形。为减少锯齿侧面和槽壁的摩擦，锯齿侧面需要斜磨，斜磨角τ为2°。可将数把开槽锯片装在同一根锯轴，锯片之间用垫圈隔开，从而满足多条沟槽加工的需要。为了保证槽宽不变，开槽锯片刃磨锯齿的后齿面。

开槽锯片锯齿的前角γ为15°，后角α为15°。常用的直径为150mm、180mm、200mm，齿数Z为12和18，孔径为30mm，加工的沟槽宽度为4.0mm，4.5mm，5.0mm，6.0mm，7.0mm，8.0mm，9.0mm，10.0mm等系列。

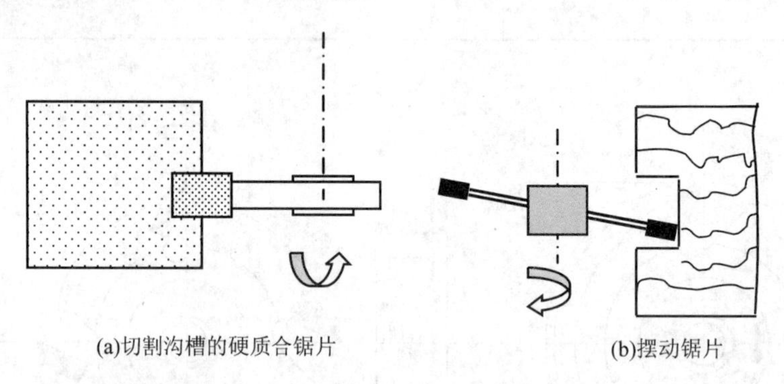

(a)切割沟槽的硬质合锯片　　(b)摆动锯片

图3-35　开槽锯片

除此之外，还有摆动锯片。摆动锯片是将锯片倾斜安装在锯轴上的一种锯片铣刀，见图3-35(b)。摆动锯片的开槽宽度取决于锯片的倾斜角和锯片直径。调节锯片的倾斜角，就能改变沟槽的宽度，因锯片受侧向力较大，锯身变形较大，因此加工质量较差。

2. 尖齿槽铣刀

尖齿槽铣刀常在切削部分镶焊硬质合金片，后刀面做成平面(图3-36)，刀齿侧面斜磨1°～2°以减小侧面和槽壁的摩擦。横纤维槽铣刀刀齿侧面交错镶焊了一把沉割刀，沉割刀除了先于主刃把木纤维割断外，还能起到修整槽壁的作用。常用尖齿槽铣刀的直径为120mm、140mm、150mm、200mm、220mm，齿数Z为4、6，孔径为30mm、35mm、50mm，加工的槽宽为4mm、5mm、6mm、8mm、10mm。

3. 组合开槽铣刀

组合开槽铣刀由两片刀片组成，通过两个定位销钉连接在一起。借助垫圈或螺纹套筒，可以调节切削宽度，但加工的最大宽度不得大于主刃宽度的两倍。每片刀片配有两片主刀和两片沉割刀，同一片刀片上沉割刀配制在同一面。常用组合开槽铣刀的规格和参数见表3-11。组合开槽铣刀的刀片还可以机械方式安装在刀体上，即装配式开槽铣刀。主刀片一般是双刃转位的，沉割刀为四刃转位。

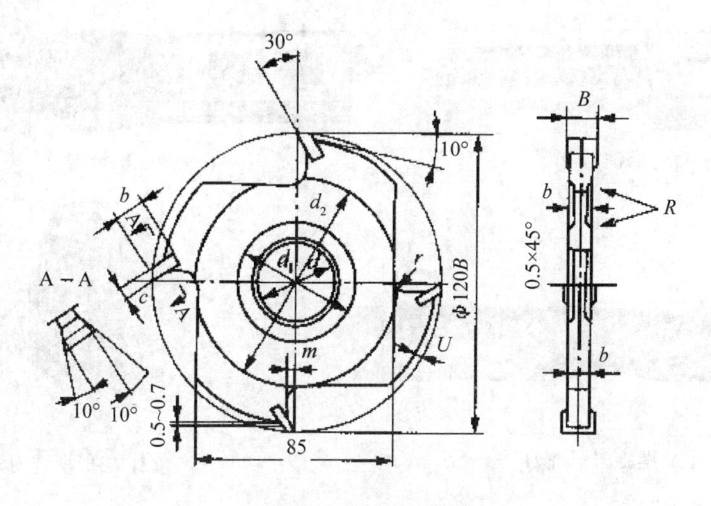

图 3-36　尖齿槽铣刀

表 3-11　常用组合开槽铣刀的规格和参数

铣刀直径 D(mm)	槽宽 B(mm)	铣刀孔径 d(mm)	槽深 H(mm)
140	1. 8/3. 4	30，40	20
	2. 2/4. 0	30，40	20
150	4. 0/7. 5	30	37. 5
	7. 5/14. 5	30	37. 5
	12. 0/23. 5	30	40

五、柄铣刀

柄铣刀主要用来开槽和加工榫眼(含盲榫眼)，仿形铣削、雕刻和加工工件的周边。用柄铣刀加工线槽或榫眼时，工作过程包括铣刀沿铣刀轴线方向的钻进和垂直于铣刀轴线的进给，因此这类柄铣刀的端面和侧面都有刃口；而加工工件侧面或周边的柄铣刀无钻进过程，故该类柄铣刀端面无刃口。CNC 加工中心一般都采用柄铣刀。

柄铣刀常由柄部、颈部和切削部分组成。柄部是铣刀的装夹部分，直接装在镂铣机刀轴上或通过装刀卡头和刀轴相连。切削部分包括端面刃口和侧面刃口。颈部是柄部和工作部分之间的部分。

柄铣刀主要类型如图 3-37。根据后刀面形状，柄铣刀分为铲齿的、尖齿的和非铲齿的三大类；按切削部分形状，柄铣刀分为圆柱柄铣刀、燕尾柄铣刀和成形柄铣刀；按刃口配置，柄铣刀分为直刃和螺旋刃；根据刃口数量，柄铣刀分为单刃、双刃和三刃柄铣刀；根据结构形式，柄铣刀分为整体柄铣刀和装配柄铣刀。

和套装铣刀相比，柄铣刀直径小。为了满足切削速度的要求，柄铣刀转速较高。一般在 10000r/min 以上，高的可达 20000r/min。即使如此，柄铣刀的切削速度也比套装铣刀小得多。例如，柄铣刀直径为 18mm，转速 n 为 18000r/min；另一套装铣刀直径为 180mm，转速

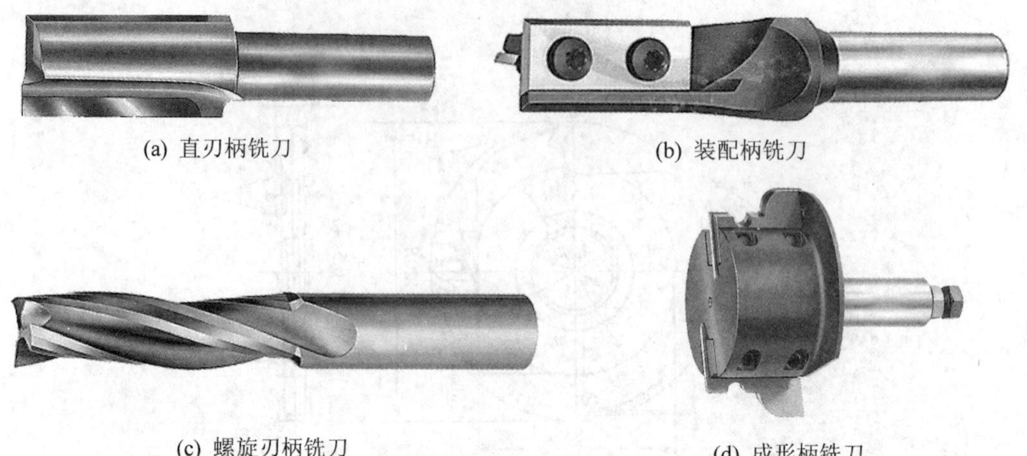

图 3-37 各类柄铣刀

为6000r/min。则套装铣刀的切削速度是柄铣刀的3.33倍。因此，柄铣刀的运动后角(2°~8°)要比套装铣刀的大得多，从减小后刀面和切削平面木材的摩擦考虑，柄铣刀主刃后角 α 应选大一些，为15°~20°。柄铣刀主刃的其他角度参数为：前角 $\gamma=15°\sim25°$，楔角 $\beta=45°\sim60°$。柄铣刀端刃从外缘向中心内凹1°~2°，后角 α 为20°~25°，端刃前角 γ 根据刀齿配置的不同而不同。柄铣刀主刃有四种结构形式：①直刀刃(含带缺口的直刀刃)，刀刃平行于柄铣刀的轴线，端刃前角 γ 为零。②螺旋刃，刀刃和柄铣刀轴线倾斜，端刃前角取决于刀刃螺旋角。③斜刀刃，刀刃和柄铣刀轴线倾斜；端刃前角取决于刀刃倾斜角。④主刃和端刃单独配置(装配柄铣刀)，端刃前角为10°~15°，和主刃无关。

(一)偏心装夹柄铣刀

这类柄铣刀的后刀面，如图3-38，为圆弧曲线，铣刀以一定的装刀角偏心距固定在装刀卡头上，以获得适当的后角。该柄铣刀只有单个刀齿，制造方便。主要用于镂铣机上铣槽或加工工件的周边。因铣刀回转轴线和铣刀轴线偏移，切削圆直径 D_C 大于柄铣刀直径 D。因此，不仅增大了容屑空间还调节刀具后角。在铣刀刃磨之后，可以通过调节偏心距来保持切削圆直径不变。

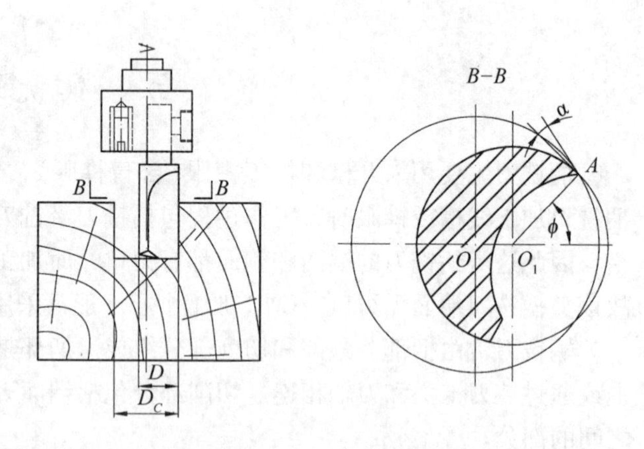

图 3-38 偏心装夹柄铣刀

切削圆直径 D_C 和铣刀后角 α 由偏心距 e 和安装角 φ（铣刀切削圆中心 O 和铣刀中心 O_1 的连线 OO_1 和过铣刀刃尖 A 的半径线 O_1A 之间的夹角 φ 定义为铣刀安装角)决定。它们之间的关系如下：

$$\sin\alpha = \frac{2e}{D_C}\sin\varphi \tag{3-52}$$

$$\sin(\varphi - \alpha) = \frac{D}{2e}\sin\alpha \tag{3-53}$$

$$D_C = \sqrt{D^2 + 4e^2 + 4De\cos\varphi} \tag{3-54}$$

可见在 $\varphi = 0 \sim 180°$ 范围内，D_C 随着 φ 的增加而变小。当 $D_C = D$ 时，$\varphi = 180° - \arccos(e/4D)$；当 $\varphi = 90°$ 时，α 达到最大。因此，安装角 φ 至少应在 $0 \sim 180° - \arccos(e/4D)$ 范围之内，但 D_C 必须大于 D，故安装角一般 φ 为 30°~50°。在实际使用过程中，对于一定铣刀直径 D 和偏心距 e，在保证后角 α 的前提下，安装角 φ 和切削圆直径 D_C 之间的关系见表 3-12。

表 3-12 偏心装夹柄铣刀各参数间的关系

柄铣刀直径 D(mm)		3	3.5	4	4.5	5	5	5.5	6	6.5	7	7	8	8	8.5	9
偏心距 e(mm)		1.5	1.5	1.5	1.5	1.5	2	2	2	2	2	2.5	2.5	3	3	3
切削圆直径 D_C(mm)	$\alpha = 15°$	5.6	6.0	6.4	6.8	7.2	8.3	8.7	9.1	9.4	9.8	11.0	11.7	12.9	13.2	13.6
	$\alpha = 20°$	5.8	6.2	6.7	7.1	7.5	8.6	9.1	9.5	9.9	10.3	11.4	12.3	13.4	13.8	14.2
安装角 φ(°)	$\alpha = 15°$	30	33	35	38	41	34	36	38	40	42	36	39	35	37	38
	$\alpha = 20°$	40	44	47	51	55	45	48	51	54	57	49	53	47	49	51
柄铣刀直径 D(mm)			9.5	10	10.5	11	11	12	13	13	14	15	15	16	17	17
偏心距 e(mm)			3	3	3	3	4	4	4	5	5	5	6	6	6	7
切削圆直径 D_C(mm)	$\alpha = 15°$		14.0	14.3	14.7	15.0	17.4	18.1	18.9	21.2	21.9	22.7	24.9	25.7	26.5	28.7
	$\alpha = 20°$		14.7	15.1	15.5	15.9	18.1	19.0	19.8	22.0	22.8	23.7	25.8	26.7	27.6	29.7
安装角 φ(°)	$\alpha = 15°$		39	41	42	43	36	38	40	35	36	38	34	35	37	33
	$\alpha = 20°$		53	55	57	59	48	51	54	46	49	51	45	47	49	45

(二)整体柄铣刀

常见的整体柄铣刀有双直刃、斜刃和螺旋刃柄铣刀。刀体和切削部分的材料可以相同如碳素工具钢、合金工具钢和高速钢，也可以在刀体上镶焊硬质合金和金刚石刀片。

1. 直刃柄铣刀

一般配制两个刀齿，有主刃和端刃，主刃平行于柄铣刀的轴线；端刃有两部分，一是主刃端部形成的前角为零的端刃，另一是位于直径线上的两主刃之间的部分，如图 3-39。

主刃的前角 γ 为：

$$\sin\gamma = \frac{2k}{D} \tag{3-55}$$

式中：γ——主刃的前角；

$2k$——两刀片之间的垂直距离(mm)；

D——柄铣刀直径(mm)。

在铣刀直径一定情况下，要提高铣刀前角，必须增大 $2k$。但 $2k$ 值受到刀体尺寸和强度的限制，$2k$ 值不宜过大。通常 $2k/D$ 为 0.25~0.3，对应的前角前角 γ 为 14.5°~17.5°。此外，镶焊柄铣刀刀片厚度 S 与铣刀直径 D 之比约为 0.13。

这类铣刀的切削力比螺旋刃大，铣削宽度受到了限制，不宜超过铣刀的直径 D。当铣削宽度较大时，应降低进给速度，否则会引起铣刀变形甚至折断。常用直径为 3~30mm，切削部分长度 LC 为 5~42mm，柄铣刀全长 L 为 34~94mm。柄部尺寸(直径×装夹长度)为

8mm×30mm，9.5mm×20mm，12mm×40mm。

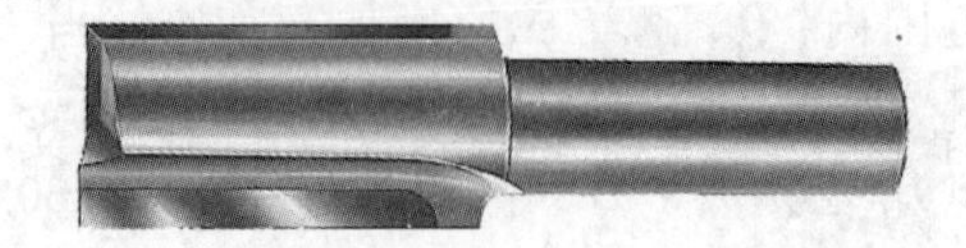

图 3-39 双刃直刃柄铣刀

2. 成形柄铣刀

成形柄铣刀（图 3-40）装在镂铣机或数控机床上，加工木线形、曲线木线形和零件周边的圆弧曲面。成形柄铣刀配制两把刀齿，一般都没有端刃。为了减小刃口最高点的前角 γ_A 和最低点前角 γ_C 的差异，刀刃和铣刀轴线倾斜。倾斜角的大小由工件截形高度和截形宽度确定。若 $\gamma_A = \gamma_C$，则：

$$\frac{k_1}{k_2} = \frac{D - 2h_w}{D} \tag{3-56}$$

式中：$2k_1$ ——两刀片刃口最低点之间的垂直距离（mm）；

$2k_2$ ——两刀片刃口最高点之间的垂直距离（mm）；

D ——柄铣刀直径（刃口最高点切削圆直径）（mm）；

h_w ——工件截形高度（mm）。

因受刀体尺寸限制，成形柄铣刀的前角都比较小，一般为 10°～15°。有些装在镂铣机上使用的柄铣刀，端部还安装了导向用的滚轮。加工时，工件紧靠在滚轮上用手工进给。因而，可加工曲线木线形或曲线边框。导向滚轮直径 d_1 和刀齿廓形最低点的直径相同，故铣刀直径 D 就由导向滚轮直径 d_1 和工件截形高度 h_w 来确定，常用导向滚轮的直径为 12mm、14mm、16mm 等系列。柄部直径一般为 6mm，6.35mm，8mm 等系列。

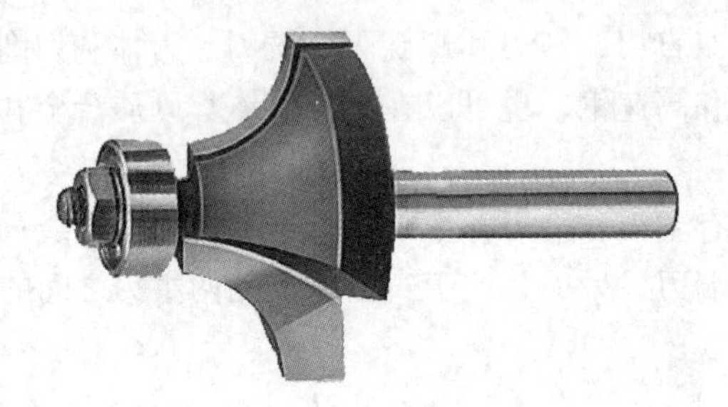

图 3-40 成形柄铣刀

3. 螺旋刃柄铣刀

铣刀通常有三把刀齿，刀刃为螺旋形，工作时相当于螺旋圆柱铣削，切削力均匀，切削平稳，并且端刃有一定的前角，改善了加工条件。因此，铣刀弯曲变形小，加工精度高，进给速度高，铣削宽度比直刃柄铣刀大。但制造和刃磨都比较麻烦。

螺旋刃柄铣刀有两种结构形式，光滑刃口和锯齿刃口，如图 3-41。前者切削质量好，用来精加工；后者切削效率高，用来粗加工。

4. 装配柄铣刀

套装铣刀有装配式，柄铣刀也可以做成装配式的。刀片可为单刃重磨刀片，也可为多刃

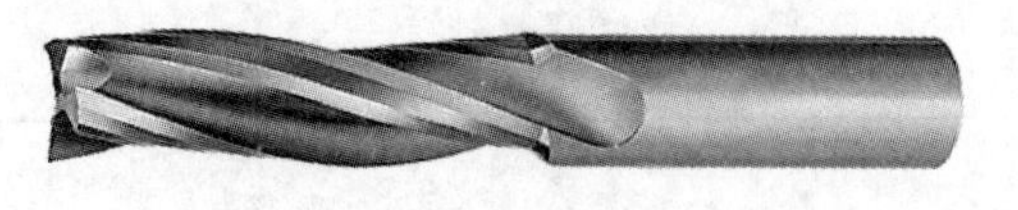
(a)光滑刃口

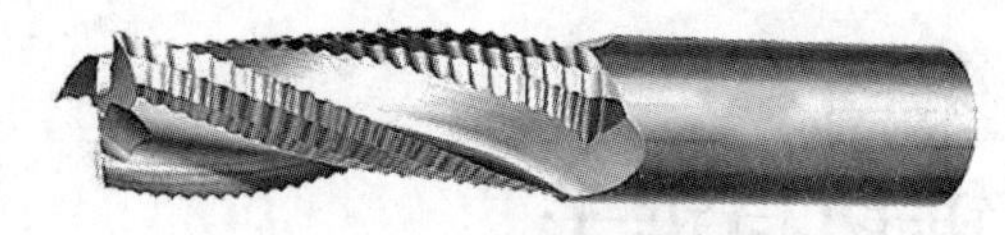
(b)锯齿刃口

图 3-41 螺旋刃柄铣刀

转位刀片。和套装铣刀一样，柄铣刀刀片装夹方式也较多。常见的为螺钉夹紧和螺钉楔块夹紧。螺钉夹紧的刀片多为转位不重磨刀片，根据使用要求，有两种结构：①两把转位刀片均为主切削刃，只能用来加工工件的周边。②一把主切削转位刀片，另一把钻削用的端刃，主要用来加工孔眼和榫槽。

螺钉楔块夹紧柄铣刀装夹部分的结构和套装铣刀类似。因刀体上需要加工安装槽，因此柄铣刀尺寸较大，铣刀直径一般都大于 40mm，大的可达 100mm。能够满足铣刀前角的要求，主要用于加工工件的成形边。

第四章
锯切与锯子

锯切是木材切削加工中历史最悠久、应用最广泛的加工方式。利用锯子，把工件分解成两部分，并将这两部分之间的木材转变为木屑或木丝的过程，称为锯切。锯子通过锯身固定在锯机上，通过锯齿完成木材切削。它是一种多刃刀具，锯切时若干把刀齿同时参加切削。

第一节　锯齿切削

一、锯齿要素

(一)锯齿结构要素(如图 4-1)

齿刃：即齿尖(图 4-1 中的 1)，是锯齿的主切削刃。

齿顶线：连接各齿尖所得的直线(带锯条)或圆(圆锯片)。

齿底线：连接各齿底(锯齿的最低部分)所得的直线(带锯条)或圆(圆锯片)。

前齿面：是指图中的 1-2 组成的面。

后齿面：是指图中的 3-4-1 组成的面。

齿槽：是指齿与齿之间的空间，即图中的 1-2-3-4-1 组成的空间。

齿槽底：是指图中的 2-3-4 连起来的部分。

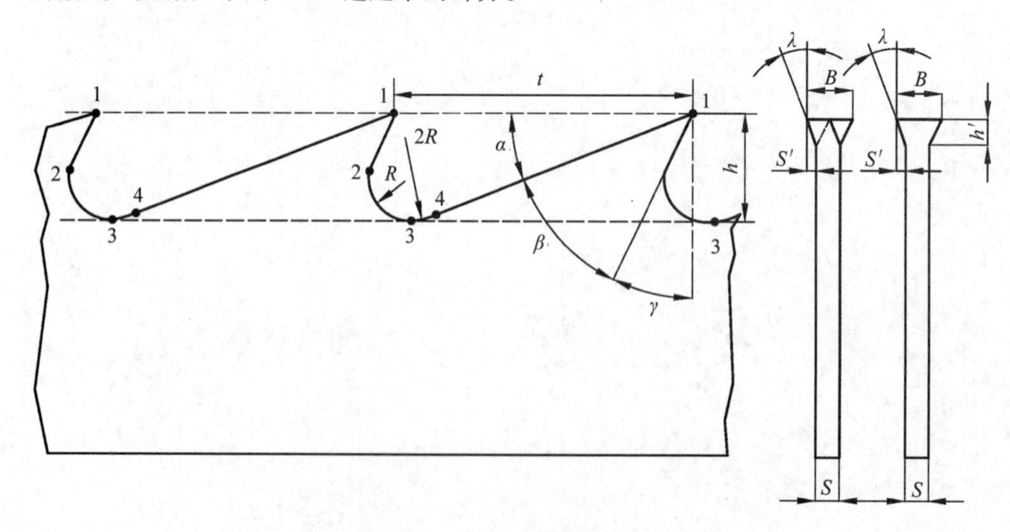

图 4-1　锯齿结构的基本要素

侧齿面：是指图中 3-4-1-2-3 围成的面。

侧刃：是指前齿面与侧齿面的交线，即图中的 1-2 线。

（二）锯齿的主要尺寸

齿距 t：是指相邻两齿沿齿顶线的距离。

齿高 h：是指齿顶线和齿底线之间的距离。

齿槽底圆半径 R。

（三）锯齿的主要角度（标注角度）

前角 γ：是指通过齿刃的齿顶线垂线（即基面）与前齿面之间的夹角。以齿顶线的垂线为基准，前齿面向后齿面倾斜时为正值，反之为负值。

后角 α：是指齿顶线的切线（即切削平面）与后齿面之间的夹角。

楔角 β：是指前齿面与后齿面的夹角。

切削角 δ：是指齿顶线与前齿面之间的夹角。

（四）锯切特征（表 4-1）

表 4-1　锯切特征

	带锯条	圆锯片
特　征	呈无端带状，其边缘开有锯齿；锯条张紧于上、下锯轮；下锯轮驱动带锯条而切削木材	呈圆盘状，其周边开有锯齿。圆锯片依靠左、右法兰盘夹紧在锯轴上，作匀速回转运动而切削木材
锯　料	为了消除锯切木材时的夹锯现象，通常把锯齿的切削部分压宽（称为压料齿）或交错拨向两侧（称为拨料齿），从而使锯子有效地完成切削过程，该工艺过程称为锯料	
锯料量 S'	锯齿刃尖到锯身平面的距离，单位为 mm	
锯料宽度 b	压料锯齿的锯料宽度为单一锯齿两刃尖之间的距离；拨料锯齿的锯料宽度为相邻两锯齿的外刃尖沿锯身厚度方向之间的距离，单位为 mm。因锯路壁木材有一定的弹性恢复，所以锯料宽度略大于锯路宽度。$b = S + 2S'$，S 为锯身厚度	
切削厚度 a	若进给速度不变，切削厚度为常数。每转参加锯切的齿数为：$Z_n = \pi D/t$，D 为锯轮的直径，t 为齿距。在计算 U_z 时，应代入 Z_n	即使进给速度不变，切削厚度也随着锯齿在切削层木材中的位置而改变

二、夹锯现象

锯切时，如果锯路的名义宽度与锯身的厚度相等，则由于锯路壁上木材的弹性恢复，锯路壁对锯身将产生较大的压力，使锯身摩擦发热，甚至于不能工作，这种现象称为夹锯。如图 4-2（a）。

为了避免锯子在锯切时锯身平面和锯路壁木材的摩擦，产生夹锯，锯路宽度必须大于锯身厚度。满足这一点，就要求锯子的锯齿都具有锯料。通常两种方法：

（1）采用压料机构将锯齿齿尖压扁成“青蛙嘴”状，然后磨成等腰梯形，使锯刃的宽度大于锯身的厚度，此法称为压料，如图 4-2（b）。

（2）采用拨料机构将锯齿交错向两侧拨弯，以增大锯路宽度，此法称为拨料，如图 4-2（c）。

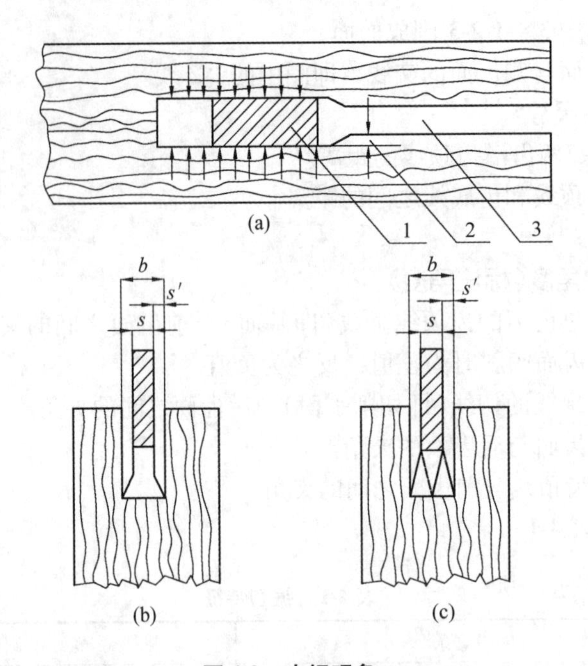

图 4-2 夹锯现象

(a)夹锯现象 (b)压料齿 (c)拨料齿

1. 锯子 2. 弹性恢复量 3. 锯路

三、齿 形

(一)纵锯齿切削

锯切不同于直角自由切削。锯切时，锯齿以三条刃口切削木材，锯齿一次行程后完成三个切削面——锯路底和两侧锯路壁(图 4-3)。

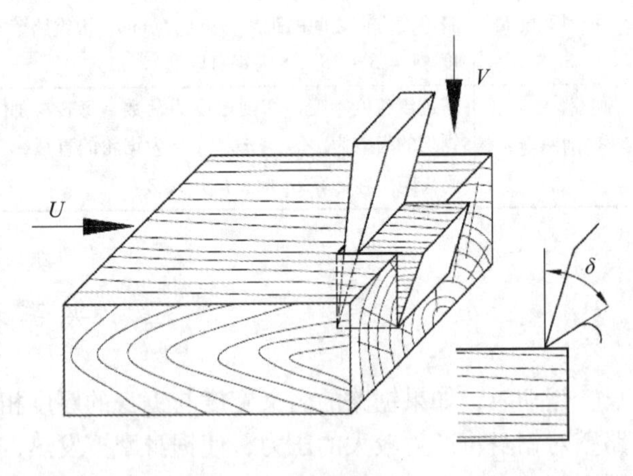

图 4-3 纵锯齿切削

根据进料方向相对于木材纤维方向，锯齿分为纵锯齿和横锯齿；根据锯齿刃磨方式，锯齿分为直磨齿和斜磨齿。木材纵锯是指进给方向平行于木材纤维方向的锯切，如带锯和圆锯剖料。主刃接近端向切削木材，侧刃接近横向切削木材。纵锯时，锯齿主刃端向切断锯路底的木材纤维，与此同时，前齿面压缩与其接触的木材。随着锯齿深入木材，前齿面对木材的压力逐渐增大，当压力增加到足够大时，受到前齿面推压的木材层，沿锯路两侧的纤维平面剪裂。剪裂后的木材层，像悬臂梁一样，在前齿面的压力下，弯断成为锯屑。锯屑一般沿主刃的切削轨迹破坏，有时主刃压到阻力大的晚材部分，木材层在断裂前被拉断，裂口向锯路底内延伸，形成长短不一的锯屑。主刃必须先于侧刃将木材纤维切断，才能使锯切顺利进行。所以纵锯齿的前角大于零。

(二)横锯齿切削

横锯齿切削时(图4-4)，进给方向垂直于纤维平面方向，如圆锯横截。横锯时，主刃接近横向切削，侧刃接近端向切削。侧刃应先于主刃将木材纤维切断，木材纤维才不至于被拉断。因而横锯齿的前角小于零。纵锯齿多数为直磨齿，横锯齿都是斜磨齿。直磨齿以压料为主，斜磨齿只能拨料。

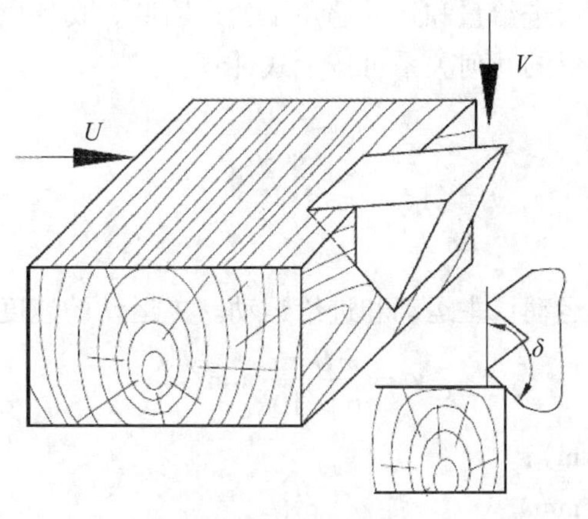

图4-4　横锯齿切削

第二节　锯切运动

一、带锯锯切运动学

带锯锯切时，绕在上、下锯轮上由下锯轮驱动的锯条，利用其作直线运动的锯齿切削木材，如图4-5。此时，锯条切削木材的主运动和垂直锯条方向的木材进给运动同时进行，两者均为等速直线运动。因为主运动和进给运动同时进行，所以齿尖在锯路壁上留下的运动轨迹决定于锯齿的相对运动速度方向，即决定于主运动速度和进给运动速度的向量和，如图4-5。因为主运动和进给运动速度不变，相对运动方向在锯切过程中亦不变，所以在带锯加工出来的表面上，可以观察到一条条倾斜直线状的锯痕，即锯切轨迹。

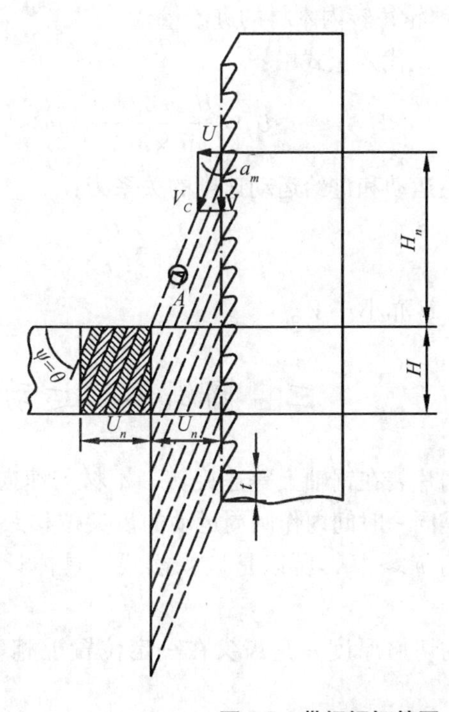

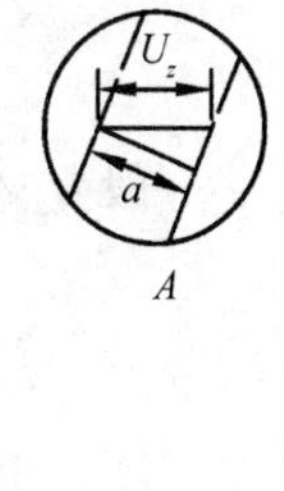

图4-5　带锯锯切简图

根据相邻两锯齿在木材中的相对运动轨迹，可以计算出切屑的厚度 a 和切屑的长度，从而确定切屑的几何形状。从图中可知，切屑厚度 a 为：

$$a = U_Z \sin\theta \tag{4-1}$$

式中：U_Z ——每齿进给量；

θ ——运动遇角。

由于带锯锯切时，每齿进给量和运动遇角不变，因此，切屑厚度也是常数。

切屑长度根据切屑图形的几何关系可按下式计算：

$$l = \frac{H}{\cos\alpha_m} \tag{4-2}$$

式中：H ——锯路高度；

α_m ——运动后角。

带锯锯切有两个基本运动：主运动和进给运动。主运动的速度 V 为：

$$V = \frac{\pi D \cdot n}{6 \times 10^4} \text{(m/s)} \tag{4-3}$$

式中：D ——锯轮直径(mm)；

n ——锯轮转速(r/mm)。

因为锯轮每转内参加切削的齿数 $Z_n = \pi D/t$ ，所以 $Z_n \cdot t = \pi D$ ，将该式带入主运动速度公式，得：

$$V = \frac{Z_n \cdot t \cdot n}{6 \times 10^4} \text{(m/s)} \tag{4-4}$$

进给速度 U 的计算公式为：

$$U = U_n \times n \times 10^{-3} \text{ (m/min)}$$

式中：U_n ——锯轮每转内木材的进给量

将 $U_n = U_z \cdot Z_n$ ，代入上式中：

$$U = \frac{U_z \cdot Z_n \cdot n}{6 \times 10^4} \text{(m/s)} \tag{4-5}$$

带锯锯切时，主运动和进给运动速度的关系为：

$$\frac{U}{V} = \frac{U_z}{t} \tag{4-6}$$

一般 U_z 小于 t , U 亦小于 V 。

二、圆锯锯切运动学

圆锯锯切时，锯片装在锯轴上等速旋转，木材匀速向锯片进料，如图 4-6(a)。齿尖的相对运动轨迹应该是同一时间内作圆周运动的齿尖位移跟作直线运动的木材位移的向量和。该轨迹为一摆线，且 $v \gg U$ ，所以是短幅摆线。具体计算切屑形状时以圆弧线近似代替摆线。

圆锯锯齿切下的切屑厚度 a 是齿尖在一定位置上相邻两轨迹间的法向距离，如图 4-6 (b)。

圆锯切削时，因 U 、t 均为常数，U_Z 不变，但 θ 根据锯齿在木材中的位置不同而不同；从图中可见，当锯齿进入木材时 θ 最小，随着锯齿深入木材，θ 值逐渐增加，直到锯齿离开锯路前 θ 值达到最大。相应的切屑厚度也是在锯齿切入木材的最小值增大到锯齿离开木材的最大值。在进行动力计算时，可以用平均切屑厚度代表变化的切屑厚度。平均切屑厚度可以通过以下公式计算：

$$a_{av} = U_Z\sin\theta = U_Z\sin\left(\arccos\frac{C+\frac{H}{2}}{R}\right) \tag{4-8}$$

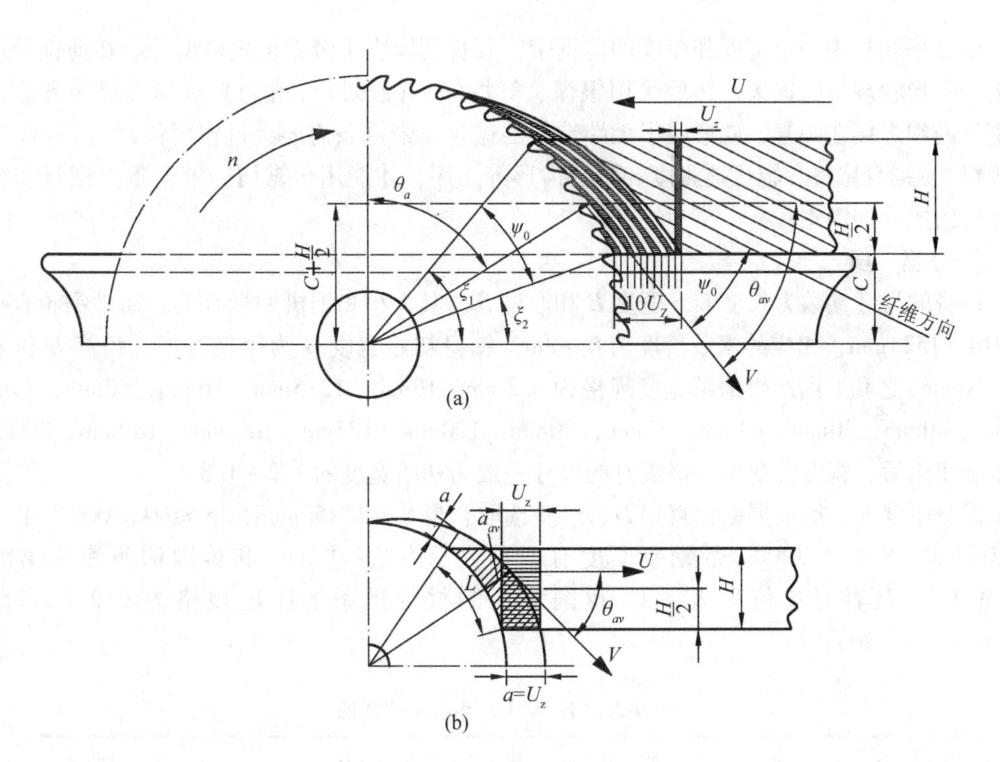

图 4-6　圆锯锯切简图

(a)切削轨迹　(b) 切削尺寸参数

第三节　锯子结构及参数

锯子广泛用于木材及木质人造板加工行业。无论木材纵剖、截断和开槽还是人造板裁边、截断和起线都离不开锯子。根据锯子形状，锯子分为带锯条、圆锯片和排锯(框锯)。带锯条根据宽度，分为宽带锯条和窄带锯条。宽带锯条用于原木锯解和板方材再剖，窄带锯条用于板材再剖和细木工带锯。此外，带锯条还有单边和双边开齿，普通张紧和高张紧之分。

圆锯片的种类较多。按锯身截面形状，圆锯片分为平面锯身、内凹锯身和锥形锯身；按锯切方向相对于木材纤维方向，分为纵锯圆锯片、横锯圆锯片和纵横圆锯片；按锯子结构，分为整体圆锯片和装配圆锯片；按切削部分材料，分为普通圆锯片和硬质合金圆锯片。因碳钢锯齿的耐磨性较差，在加工纤维板、塑料贴面板等人造板时，耐磨性显得明显不足，甚至无法正常加工。硬质合金是一种耐磨性高、热硬性好的刀具材料，用它制造的圆锯片在锯切人造板时，耐磨性可以近百倍地提高。因此，硬质合金圆锯片广泛用于木质人造板加工中。硬质合金圆锯片均为平面锯身。

一、带锯条

带锯条坯料为一定宽度和厚度的薄钢带，其长度取决于带锯机规格型号。在薄钢带边缘开出一定形状规格的锯齿，然后采用银焊、气焊(氧气乙炔焊)或闪光对焊等焊接方法，把薄钢带两端焊接在一起，就形成了无端带状的锯条。带锯条需要经过粗磨齿形、整料(压料或拨料)、锯身修整、辊压适张度和精磨齿形等工序，才能用于锯切。带锯条由锯身和锯齿两部分组成，如图4-1。

(一)锯　身

锯身的尺寸参数为长度 L 、宽度 B 和厚度 S ，其大小和锯机型号有关。通常锯轮直径 D 为914～1524mm，相应的锯条长度为6～9m。锯身初始宽度 B 为锯轮宽度、齿高 h 和余量(5～10mm)之和。国产带锯条宽度规格为6.3mm，10mm，12.5mm，16mm，20mm，25mm，32mm，40mm，50mm，63mm，75mm，90mm，100mm，125mm，150mm，180mm，200mm。带锯条使用后，宽度会变小。报废时的尺寸一般为初始宽度的1/2～1/3。

锯身厚度 S 一般根据锯轮直径 D，经验选取。当 $S \leqslant 1.45$mm 时，$S \leqslant D/1000$；当 $S \leqslant 1.45$mm 时，$S \leqslant D/1200$。带锯条厚度有两种表示方法："mm"和英国伯明翰铁丝规格"B. W. G"。两者对比值见表4-2。我国常用制材带锯条的厚度规格为0.9～1.25mm(B. W. G. 18～20)。

表4-2 "B. W. G."和"mm"对照

B. W. G.	mm	B. W. G	mm
13	2.40	20	0.90
14	2.10	21	0.80
15	1.85	22	0.70
16	1.65	23	0.65
17	1.45	24	0.55
18	1.25	25	0.50
19	1.05	26	0.45

(二)锯　齿

带锯条锯切时木材进给方向和木材纤维方向平行，锯齿的前角必须大于零度，并且都采用直磨齿(前齿面和后齿面均与锯身平面垂直)，锯齿结构简单。其参数分为尺寸参数和角度参数。尺寸参数，如图4-1，主要是齿距 t 和齿高 h 。角度参数主要是前角 γ 、后角 α 和楔角 β 。此外，还有有关锯料的一些参数，如锯料宽度(b 或锯料量 S')、锯料高度 h' (或

锯料角 λ ）。

齿距是相邻两齿尖之间的直线距离，是锯齿最基本的尺寸参数。根据锯条厚度 S 、锯料形式和加工的材种，按表 4-3 中数据选取。具体选择时，还应考虑锯路高度、锯切速度和进给速度的作用。通常锯路高度小、锯切速度大、进给速度低，宜采用小齿距。

表 4-3　带锯条齿距 t 和齿高 h

锯厚 S (mm)	齿距 t (mm)		齿高 h / 齿距 t	
	压料齿	拨料齿	硬材	软材
1.25	38	32	0.35 ~ 0.32	0.4 ~ 0.37
1.05	35	28		
0.89	32	25		
0.81	28	23	0.30 ~ 0.27	0.35 ~ 0.32
0.71	25	22		
0.64	22	20		

齿形主要是指后齿面、前齿面和齿底所包纳范围的形状。常用的齿形有直背齿、双刃齿、凹背齿、截背齿、长底齿、浅底齿和曲背齿等齿形，如图 4-7。直背齿的齿背为直线，其他齿形是这种齿形演变而来的。这种齿形较为合理，适合锯切一般的软硬材。双刃齿在前齿面上增添的齿刃起到断屑作用，适合锯切冻材。曲背齿的后齿面为弧形突起，增加了锯齿的抗弯强度，可用于锯切大直径的原木和硬材。凹背齿和曲背齿相反，后齿面弧形凹洼，排屑流畅，但锯齿强度低，适宜锯切杨木、泡桐、杉木等软材。截背齿齿高比标准齿高低，锯齿后角小，锯齿强度高。适合锯切山毛榉等硬材。长底齿为加长齿底，以增加齿室的容量，可用于薄锯条。浅底齿的齿高比标准齿的齿高低，适合锯切冻材。

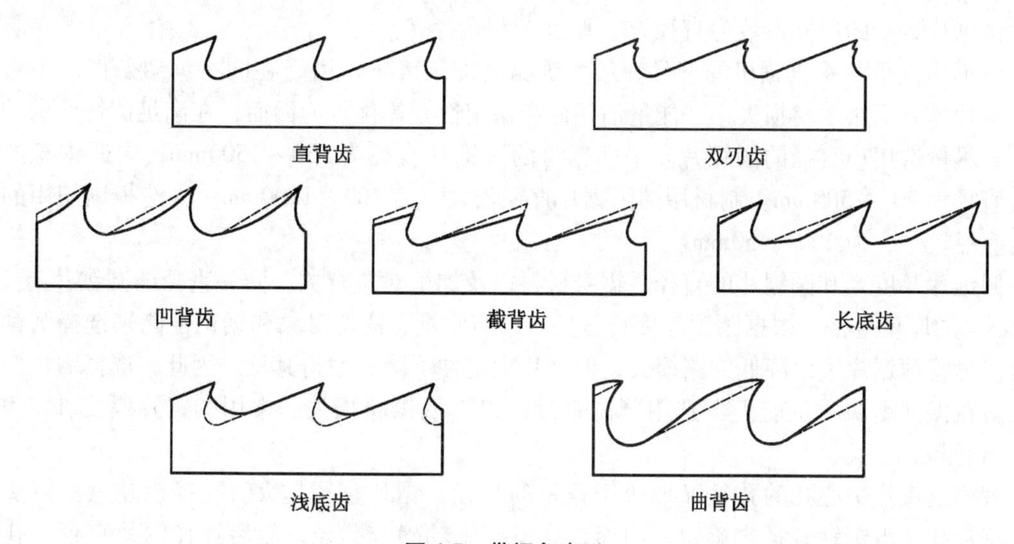

图 4-7　带锯条齿形

在齿形一定的情况下，齿高和齿距决定了齿室的面积 A ($A = h_t / 1.75$)，而齿室面积和齿室容屑能力有关。通常锯屑在齿室占有率不超过 60% ~75%，否则会造成齿底开裂。因此，齿高和齿距密切相关。带锯条锯齿采用压料或拨料获取锯料。制材用的锯条多选用压料，细木工用的多为拨料。在选择锯料量或锯料宽度(若不考虑锯路壁木材的弹性恢复，锯料宽度等于锯路宽度)时，锯路宽度不宜超过 $2S$，锯料量在($0.25 \sim 0.45\ S$)范围内变化，参考表4-4中数据选取。锯料高度 h' 通常为齿高 h 的 1/3 ~ 1/4。为了减小锯齿侧面与锯路壁的摩擦，前齿面的锯料角 λ_f 应该小于后齿面的 λ_b。一般 $\lambda_f = 10° \sim 15°$，$\lambda_b = 15° \sim 25°$。

表4-4 带锯条锯料量 S'

锯厚 S (mm)	压料齿		拨料齿	
	软 材	硬 材	软 材	硬 材
1.25	/	/	0.31	0.28
1.05	0.33	0.30	0.30	0.27
0.89	0.32	0.29	0.29	0.26
0.81	0.32	0.28	0.28	0.26
0.71	0.31	0.27	0.27	0.25
0.64	0.30	0.26	0.26	0.24

二、圆锯片

圆锯片为一定直径和厚度的圆钢盘，中心开有安装孔，外缘开有锯齿或镶焊硬质合金锯齿。锯身需修整和辊压适张度，锯齿要整料或镶焊合金块和修磨。

圆锯片也由锯身和锯齿组成。

(一)锯 身

圆锯片锯身的尺寸参数为直径 D、厚度 S 和孔径 d。

圆锯片直径 D 根据锯机的型号和最大锯路高度来确定。由于在同一锯切条件，小直径的圆锯片具有锯路木材损失小、能量消耗低和稳定性好等优点，因而，在满足锯切要求的前提下，尽量选用小直径的圆锯片。平面锯身的圆锯片直径为 150 ~ 1500mm；内凹锯身的圆锯片直径为 200 ~ 500mm。制材用的圆锯片直径较大，为 700 ~ 1200mm；人造板锯切用的圆锯片直径较小，为 200 ~ 450mm。

圆锯片厚度 S 和圆锯片的直径、锯身材料以及加工对象有关。同一直径的圆锯片有 3 ~ 5 种不同的厚度规格。根据圆锯片旋转速度、锯切质量、锯切对象和锯钢性能来选择圆锯片厚度。尽管薄锯片可以降低锯路损失，但锯片稳定性下降，适得其反。因此，选择锯片厚度时，应在保证锯切质量前提下选用薄圆锯片，以降低锯路损失。常用的锯片厚度在 0.9 ~ 4.2mm 范围内变化。

理论上锯片中心孔的孔径 d 取决于锯片的直径，锯片直径越大，孔径也越大。但实际上，锯片孔径由锯轴直径来确定。因而，先根据锯轴确定孔径，然后选择锯片直径。孔径 $d = 25$mm，则 $D = 100 \sim 300$mm；$d = 30$mm，则 $D = 350 \sim 550$mm；$d = 40$mm，则 $D = 600 \sim 750$mm；$d = 50$mm，则 $D = 800 \sim 1100$mm；$d = 60$mm，则 $D = 1150 \sim 1500$mm。有些圆锯片的中心孔单面或双面开有键槽，如多锯片圆锯机上的圆锯片，那么孔径较大。

(一)锯　齿

圆锯片既可以纵锯，又可以横锯或纵横锯，对应的锯齿为纵锯齿、横锯齿和组合齿，如图4-8。圆锯片的纵锯齿和带锯条的锯齿结构类似，既可压料又可拨料。但圆锯片的纵锯齿常采用拨料，有时还斜磨后齿面；横锯齿一定要斜磨，并只能采用拨料。用斜磨角 ε（前齿面或后齿面和锯身平面之间所夹的锐角的余角）表示锯齿的斜磨程度。横锯齿的斜磨角 ε 为25°~35°；纵锯齿锯切软材时的斜磨角为15°~20°，锯切硬材时的斜磨角为10°~15°。

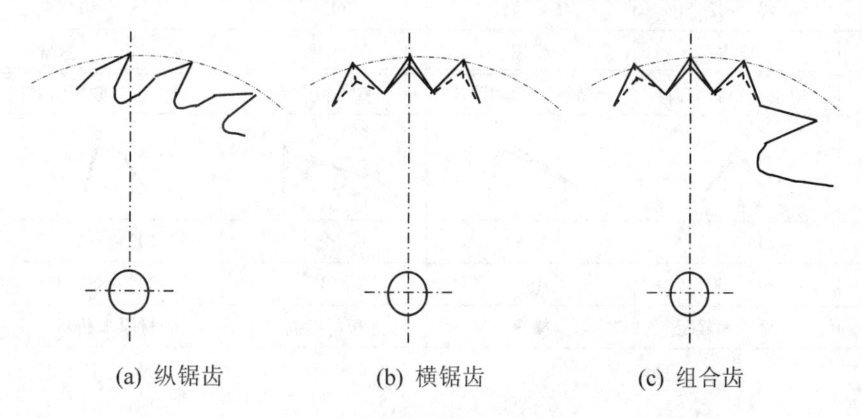

(a) 纵锯齿　(b) 横锯齿　(c) 组合齿

图4-8　普通圆锯片锯齿类型

(1)齿数 Z：圆锯片修磨后，直径变小，若按原来齿数刃磨锯齿，齿距也相应减小。可见齿距 t 不能作为圆锯片锯齿的基本尺寸参数，而用齿数 Z 表示锯齿的基本尺寸。在锯片直径一定的情况下，齿数增加，则每齿进给量降低，锯切表面光滑。然而，齿距减小，齿室容屑能力降低。在选择齿数时，应考虑：①横锯片齿数大于纵锯片齿数。②拨料齿齿数大于压料齿齿数。③锯路高度大，锯片齿数少。④锯切硬材的锯片齿数大于锯切软材的锯片齿数。

(2)齿高 h：在锯片直径和齿数一定的条件下，纵锯齿的齿高和后齿面的形状决定了齿室的容屑能力；横锯齿的前角 γ 和楔角 β 决定了齿高和齿室的容屑能力。纵锯齿的齿高 h 和齿距 t 之间的关系见表4-5。

表4-5　圆锯片纵锯齿齿高 h 与齿距 t 的比值

锯厚 S(mm)	软　材	硬　材
2. 10 ~ 1. 85	0. 50 ~ 0. 44	0. 45 ~ 0. 40
1. 65 ~ 1. 45	0. 40 ~ 0. 35	0. 35 ~ 0. 30
1. 25 ~ 1. 05	0. 32 ~ 0. 30	0. 27 ~ 0. 25

(3)角度参数：圆锯片角度参数比带锯条复杂，锯切木材时的锯齿角度可参照表4-6中值选取。

(4)锯料：木工圆锯片通常采用拨料加宽锯路，平面锯身的圆锯片，有时也使用压料增大锯路。在截断再剖硬材时，锯料量为0. 35 ~0. 50mm；在截断、再剖软材时，锯料量取大一些。

表 4-6　圆锯齿角度参数

	齿名	直背齿	截背齿	截背斜磨齿	曲背齿	
纵锯齿	示图	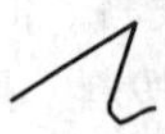	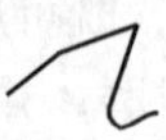	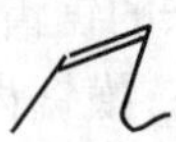	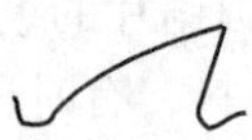	
	前齿角	20°~26°	20°~35°	25°	30°~35°	
	楔角	40°~42°	40°~45°	45°	40°~45°	
	用途	锯边	粗锯	再锯	粗锯	
	齿名	等腰三角斜磨齿	不等腰三角斜磨齿	直背斜磨齿	截背斜磨齿	
横锯齿	示图	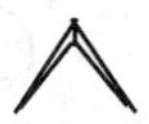	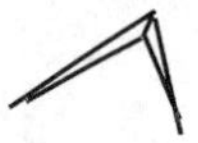	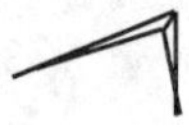	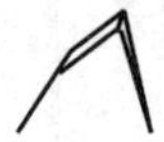	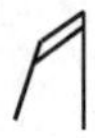
	前齿角	-25°~-35°	-15°	0°	-10°~-20°	0°
	楔角	50°~60°	45°	40°	80°~85°	70°
	用途	软材原木截断	横锯	板材横锯	硬材原木截断	板材横锯

三、锯子修整

(一)开　齿

带锯条用冲齿法开齿，在锯身带毛刺、锈斑、龟裂和不平的一边开齿。圆锯片用冲齿法或磨齿法开齿。开齿前，先除去圆盘边缘上的锈斑，并保证圆盘的圆度。齿距由开齿决定，其他锯齿参数可用磨锯机调整。因此，开齿时应该确保齿距均等。

(二)接　锯

带锯条需要接锯，接锯方法有银焊、气焊(氧气-乙炔火焰)、低压短路焊、惰性气体保护焊和闪光对焊。无论何种方法，都应确保焊缝的强度、硬度和韧性。

银焊是传统的接锯方法，但操作麻烦，不易掌握，并且需要贵重金属——银作为焊料，现使用不多。目前，气焊和 CO_2 气体保护电弧焊应用较为广泛。

1. 气　焊

气焊所采用的设备比较简单，操作方便，成本较低，焊缝强度(85~100kg/mm^2)和硬度(17-21HRC)都较高。

气焊使用的设备和工具主要有：①氧气瓶和减压器。②乙炔发生器或乙炔瓶。③微型焊枪(H0Z-1，3 号焊嘴)。④ 焊接平台和手锤等。

焊接时采用中性焰或轻微的碳化焰。焊丝(焊料)是从被焊锯条上剪下的，其宽度约等于锯条厚度的 1.5 倍。焊缝应选择在两齿尖间的中部。对接处应留微小间隙(锯齿留 0.5S，锯背留 1.5S)。焊接时，一般先在锯条背部和齿部点焊固定，然后从背部向齿部移动进行焊接。焊枪倾角 25°~45°，为了防止烧穿锯条，焊接开始和结束时，倾角宜小一些。焊接速度以溶池(溶池为半流状态)宽度来判断：20 号锯条，溶池宽度为 3.5~4mm；19 号锯条，为 4~4.5mm；18 号锯条，为 4.5~5mm。

因焊缝凹凸不平，金相结构也有破坏，所以对焊缝要进行加热锤打和整平，温度约

700～750℃。接头部位经过焊接和加热锤打，会产生淬火组织和内应力。因此，焊缝需要回火处理，消除内应力和提高韧性。回火温度为400～500℃，使用5～6倍的碳化焰。

2. CO_2气体保护电弧焊

利用CO_2气体作为保护介质，使熔化的锯条焊缝与空气隔开。焊接时，电弧在CO_2气流作用下，热量集中，锯条变形小，焊缝质量较高。但所用的设备较复杂。

焊接的设备和工具主要有：①CO_2气体保护电弧焊机。②焊枪和送焊丝机构。③CO_2贮气瓶和减压器。④焊接平台和手锤等。

焊接电流根据焊丝直径和锯条厚度确定，约为5～60d安培（d为焊丝的直径，单位为mm）。电弧电压应与焊接电流配合恰当，一般为20伏左右。焊丝接正极，锯条接负极。CO_2气流压力为1.5～2.2kg/cm^2。焊接时，焊枪倾角为45°～60°，焊枪移动速度为5～10mm/s。

（三）锯身修整

带锯条和圆锯片在制造和使用过程中，其表面产生不平，包括小块突出、凹洼和扭曲。此外，带锯条锯背还会内凹和突起，如图4-9。因此，在修整适张度之前，要对锯身进行锯背校直、锯身整曲和锯面修平。

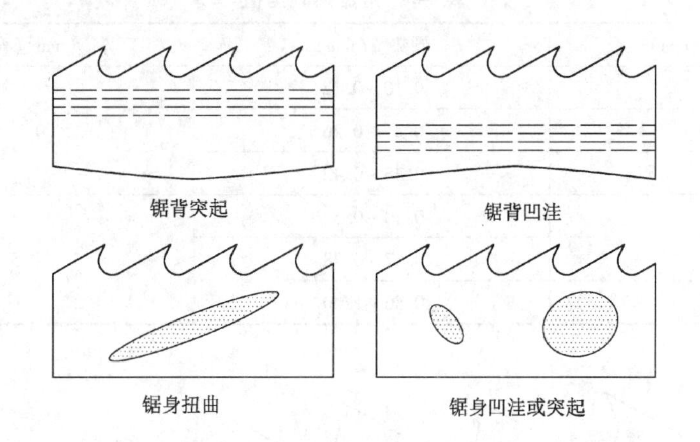

图4-9　锯子缺陷

（四）适张度修整

1. 带锯条

带锯条在工作时，受到以下应力的作用：

（1）张紧应力。带锯条通过上锯轮张紧在上下两锯轮上。尽管锯齿部位的张紧应力和锯腰的张紧应力相同，均为拉应力，但锯齿抵抗侧向力的能力比锯腰差。因此，锯齿稳定性较锯腰差。普通带锯条的张紧应力为78～118N/mm^2，高张紧带锯条的张紧应力为196N/mm^2。

（2）切削应力。在切削力和法向力作用下，锯齿部位受到压应力，锯背受到拉应力。一般工作条件下，锯齿的压应力为12N/mm^2，锯背的拉应力为14N/mm^2。

（3）温度应力。锯齿温度高于锯腰和锯背，因而锯齿温度应力大于锯腰和锯背，通常温度应力为21～65N/mm^2。

（4）上锯轮前倾应力。上锯轮前倾角一般为0.5°，造成锯齿受压，锯背受拉。应力大小约为5N/mm^2。

以上各应力的作用结果是锯齿所受的拉应力小于锯腰和锯背，使得锯齿稳定性进一步降低。为了提高锯齿的稳定性，可以通过提高带锯条的张紧力或其他措施，但受到锯身强度和尺寸限制。目前，行之有效的办法是辊压锯身即适张度修整，使得锯齿部位预先有一定的残余拉应力，以补偿工作时拉应力的不足。

辊压适张度时，先在锯齿和锯背附近留出带锯条的前张紧带和后张紧带，然后从两张紧带之间的中心向两边辊压，如图 4-10。压力中间较大，并朝两边逐渐降低。带锯条一面辊压完之后，辊压带锯条的另一面。辊压线在前两辊压线之间。修整好的带锯条应该是“口紧、腰软和背弓”，即锯齿部位张紧，锯腰伸长松弛，锯背拱起。锯腰伸长的程度用圆势表示；锯背拱起的程度用弯势表示。圆势的大小用一端抬起法检查。带锯条抬高 150mm 左右，用直圆势尺在 650mm 处紧贴锯身平面，则直圆势尺和锯身平面之间有月洼形间隙，最大间隙就是圆势。弯势的大小用三爪式弯势尺来检查。一定长度的弯势尺，如 900mm，有三爪：两端各一个，在一条直线上；中间一个，凹入。检查时，若三爪和锯背吻合，则弯势恰当。反之，弯势不足或弯势过大。适张度修整好的带锯条，张紧在锯轮上，锯腰能很好地和锯轮表面贴合，锯齿和锯背受到张紧，保证锯切时不跑锯。带锯条圆势和弯势推荐值见表 4-7。

表 4-7 带锯条圆势值

带锯条宽度(mm)	圆势值(mm)	弯势值(mm)(弯势尺：900mm)
50	0.10～0.12	0.7～0.75
75	0.21～0.26	
100	0.35～0.42	
125	0.50～0.59	0.5～0.6
150	0.67～0.78	
180	0.86～1.00	

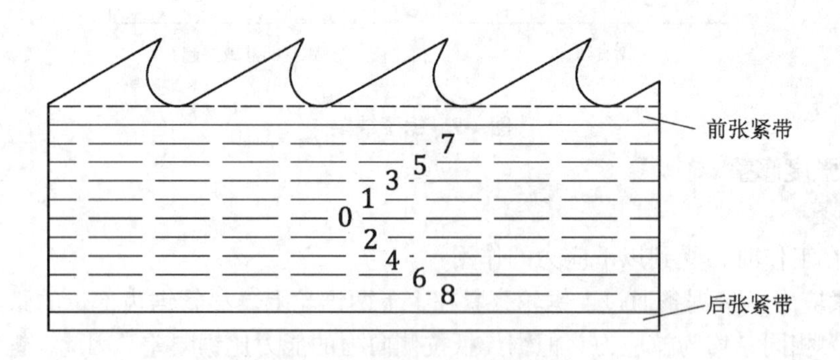

图 4-10 带锯条适张度辊压线

2. 圆锯片

圆锯片依靠法兰盘固定在锯轴上，锯齿部分没有外加的张紧力而是靠材料自身的结合力。因此，圆锯片刚性不如带锯条(这也是圆锯片比带锯条厚的原因)。当圆锯片高速旋转时，因离心力的作用，锯身半径上各点的应力和变形，都弦向大于径向。锯切时，锯齿的温度高于锯子其他部位的温度，并且温度造成的弦向变形比径向变形大。

这就进一步加大了弦、径向变形的不协调。也就是说锯齿部分的金属材料在产生较大的弦向变形时，却无法沿径向产生相应的变形。因此，锯切时锯齿部分松弛，向两侧游动，导致锯材表面波浪不平。解决的办法是锤打或辊压锯身腰部，即适张度处理。圆锯片的圆势大小用半径尺或直径尺在锯身平面上检查，其推荐值见表4-8。在锯身厚度小或锯片转速高或锯切硬材或进给速度高等情况下，圆锯片适张度宜大一些。

表4-8　圆锯片适张度值

圆锯片直径(mm)	半径尺检测(mm)			直径尺检测(mm)		
300	0.22	0.18	0.15	0.9	0.72	0.60
450	0.35	0.28	0.23	1.40	1.12	0.92
600	0.63	0.50	0.42	2.54	2.03	1.70
750	0.98	0.79	0.65	3.94	3.15	2.63
900	1.40	1.12	0.91	5.65	4.52	3.77
1050	1.95	1.55	1.29	7.82	6.25	5.21

第四节　硬质合金圆锯片

锯齿上的合金片为圆锯片的切削部分，是硬质合金圆锯片的心脏。锯齿的角度指的是这块硬质合金片的角度。这些角度除了普通锯齿的前角 γ 、后角 α 、楔角 β 和内凹角 λ 之外，还有前、后齿面斜磨角 ε_γ 、ε_α 。后齿面斜磨还分主斜和次斜磨。合金齿的类型、斜磨角和用途见表4-9。

表4-9　合金齿的类型和用途

类型		示图	斜磨角度	说明及主要用途
内凹齿	直磨齿		前、后齿面与锯身平面垂直	软硬木材的纵锯和横锯，锯切表面粗糙
内凹齿	后齿面斜磨齿	ε_α	ε_α = 10°～20°，相邻两齿交错斜磨	软硬木材的纵锯和横锯，软质纤维板和刨花板粗加工锯切表面质量中等
	前、后齿面斜磨齿	ε_γ	ε_γ =10°，ε_α =10°～20°，相邻两齿交错斜磨	实木、胶合板、细木工板、中密度纤维板和高压层积木，锯切质量高

（续）

类型		示图	斜磨角度	说明及主要用途
梯形齿	直磨齿		前、后齿面与锯身平面垂直	起线锯。先于主锯片在各种贴面板、层积材、纤维板（MDF，HF和WF），石膏板和矿渣板等材料表面加工1.50～2mm的线槽，防止加工表面撕裂和起毛刺
	后齿面斜磨齿		$\varepsilon_\alpha=10°$，相邻两齿交错斜磨	
梯形内凹齿			单齿的后齿面双向斜磨。斜磨角为44°	和内凹齿交错配置，并在径向突出0.3mm，先于内凹齿切削；用于薄木贴面板、塑料贴面板和中密度纤维板的加工；锯切质量好
三角齿	等腰		单齿的后齿面双向斜磨，ε_α为25°	再碎锯。人造板生产线上板坯的齐边，两头开榫机截断圆锯片和其他裁边用圆锯片。还可以精加工板材、刨花板、中密度纤维板和三聚氰胺树脂贴面板
	不等腰		斜磨角一边为15°，另一边为44°	
圆弧齿			前齿面和（或）后齿面磨成圆弧	与等腰三角齿交错配置，并在径向低凹0.3mm；可纵、横向锯切单板层积材、细木工板、胶合板和纤维板等板材；锯切质量好

硬质合金纵锯齿后角α一般为10°～15°，横锯齿后角α一般为20°，但前角γ随着锯切对象的不同而有不同的取值，楔角β也随之改变。可参见表4-10。

表4-10 硬质合金圆锯片锯齿的前角γ和后角α

序号	主要应用场合	锯切对象	α参考值	γ参考值	锯切质量
1	多锯片圆锯机	纵锯木材、软质纤维板和刨花板	12°～15°	12°～20°	粗糙
2	手提锯机、多功能锯机	纵、横锯切木材和软质纤维板和刨花板	15°	10°	粗糙
3	截断圆锯机	横向截断木材	20°	-6°	中等
4	手提锯机、纵锯圆锯机、多功能锯机	板材下料：包括单板贴面、塑料贴面、细木工板、纤维板、胶合板和层压板等	15°	10°或15°	依锯齿类型而定
5	裁边锯机	板材、单板层积材、塑料贴面板等	15°	8°	好
6	起线锯片	贴面板层积材、纤维板（MDF，HF和WF），石膏板和矿渣板	15°	0°	好

表 4-11　硬质合金圆锯片直径、齿数和孔径

圆锯片类型	直径 D（mm）	齿数 Z	孔径 d（mm）
起线锯	120，125，150，180，200，215	16，20，24，28，32，36，40，44，48	20，22，30，45，50，55，65
粉碎锯	200，220，250	24，28，30，32，36，40，44，48，54，60	80，100
多锯片圆锯机上锯片	180，190，200，210，220，225，250，300，315，320，350，380，400，420	16，20，24，28，34，36，48	30，40，60，70，75，80
横锯片	450，500，550	54，60，72，120	30
纵横锯片	180，190，200，210，240，250，280，300，315，350，400，450，500	12，14，16，18，20，24，28，32，36，40，44，48，54	30，60
人造板加工用锯片	220，250，300，350，400，450	36，40，48，54，60，64，72，80，84，96，108，120，132	30，35，50，60

硬质合金圆锯片的切削速度比普通圆锯片高，其推荐值见表 4-12。

表 4-12　硬质合金圆锯片锯切速度 V（m/s）

锯切对象	实木软质纤维板	单板	高压木石膏板	细木工板	单板贴面	胶合板碎料板硬质纤维板	刨花板 MDF 塑料层积板
速度（m/s）	60 ~ 100	70 ~ 100	40 ~ 65	50 ~ 90	60 ~ 90	50 ~ 80	60 ~ 80

硬质合金圆锯片锯身上还有热胀槽、降声槽和侧面刨齿等特殊结构，如图 4-11。

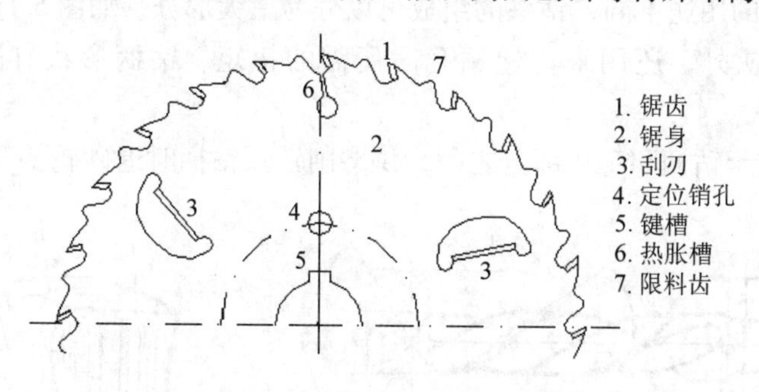

图 4-11　硬质合金圆锯片的特殊结构

第五章

钻削与钻头

木制品零部件因接合需要，有时要加工各种类型的孔，这些孔的加工是家具加工工艺中一个很重要的工序，孔加工的好坏直接影响木制品的胶合强度及质量。本章主要研究孔加工的切削原理，钻头切削刀具的类型以及影响钻削加工质量的因素。

第一节　钻削原理

钻削是用旋转的钻头切削和沿轴线方向进给木材的过程。钻削各种圆形的通孔和盲孔时，使用不同类型的钻头来完成。

本节在了解钻头切削部分形状的基础上，主要介绍钻削种类和钻削运动学，钻削时的切削力和切削用量。

一、钻头的组成和钻头切削部分的几何形状

根据钻头各部位的用途不同，钻头的组成可以分为三大部分，如图5-1。

钻柄：除了供装夹外，还用来传递钻孔时所需的扭矩。钻柄形状有圆柱形和圆锥形之分。

颈部(钻颈)：位于钻柄和工作部分之间，供磨削钻头钻柄时退砂轮。

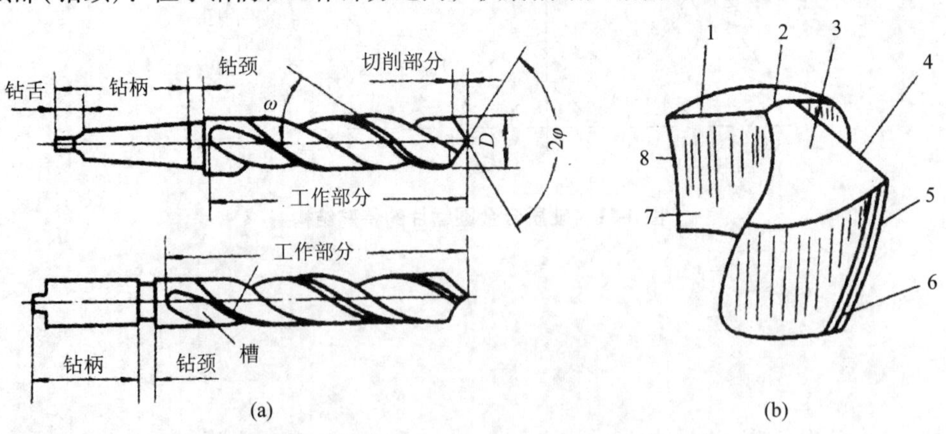

图5-1　钻头的组成和钻头切削部分的几何形状

(a)钻头的组成　(b)钻头切削部分的几何形状

1、4. 主刃　2. 横刃　3. 后刀面　5、8. 副刃　6. 副后刀面　7. 前刀面

工作部分：包括切削部分和导向部分。切削部分担负主要的切削工作；导向部分起引导钻头切削和补充切削部分的作用。

导向部分外缘的棱边称为螺旋刃带。这是保证钻头在孔内方向的两条窄螺旋。通常把钻头轴线方向和螺旋刃带展开线之间的夹角叫做螺旋角 ω 。

钻头按工作部分的形状可分为圆柱体钻头和螺旋体钻头。螺旋体钻头有螺旋槽，可以更好地容屑和排屑，这在钻深孔时尤其需要。我们着重研究钻头的切削部分，它包括：前刀面、后刀面、主刃、横刃、沉割刀和导向中心等。

前刀面：切屑沿其流出的表面。当工作部分为螺旋体时，前刀面即为螺旋槽表面。

后刀面：位于切削部分的端部，与工件加工表面(孔底)相对的表面，其形状由刃磨方法决定，可以是螺旋面、锥面或一般的曲面。

主刃：钻头前、后刀面的交线，担负主要的切削工作。横向钻头的主刃与螺旋轴线垂直，纵向钻头的主刃与螺旋轴向成一定角度。

锋角(2φ)：又叫钻头顶角，它是钻头两条主切削刃之间的夹角。在钻孔时峰角对切削性能的影响很大，峰角变化时，前角、切屑形状等也发生变化。

横刃：钻头两后刀面的交线，位于切削部分的前端，又叫钻心尖。横刃使钻头具有一定的强度，担负中心部分的钻削工作，也起导向和稳定中心的作用，但横刃太长时轴向阻力大。

沉割刀：钻头切削部分周边突出的刀刃。横向钻削时，用于在主刃切削木材前割断纤维，沉割刀分楔形和齿状两种。

导向中心：钻头切削部分中心的锥形凸起，用以保证横向钻削时的钻削方向。

二、钻削的种类和钻削运动学

根据钻削方向相对于木材纤维方向的的不同，可以把钻削分为横向钻削和纵向钻削两种。

钻孔方向垂直于木材纤维方向的钻削，称为横向钻削如图 5-2(a)。不通过髓心的钻削为弦向钻削(图 5-2 中的Ⅰ)，通过髓心的钻削为径向钻削(图 5-2 中的Ⅱ)。横向钻削时要采用峰角 180°，具有沉割刀的钻头，此时沉割刀作端向切削把孔壁的纤维先切断，然后主刃纵横向切削孔内木材，从而保证了一定的孔壁质量。

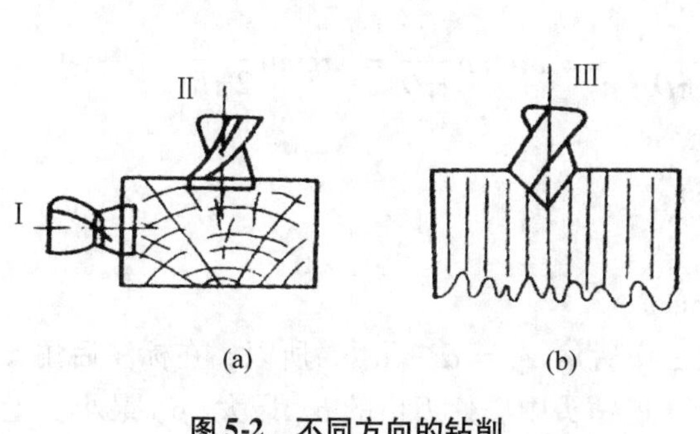

图 5-2　不同方向的钻削

(a)横向钻削　(b)纵向钻削

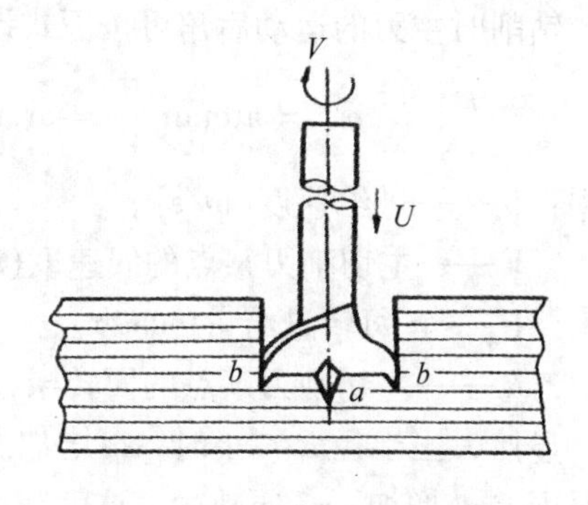

图 5-3　中心钻横纤维钻削

钻削方向和木材纤维方向一致的钻削称为纵向钻削如图 5-2(b)。用作纵向钻削的钻头，刃口对钻头的轴线倾斜，峰角 <180°，即锥形刃磨的钻头(图 5-2 中的Ⅲ)，这时刃口成端横向切削而不是纯端向切削。

中心钻头横纤维钻削时(图 5-3)，钻头绕自身轴线的旋转为主运动 $\vec{V}$，与此同时钻头或工件沿钻头的轴线移动为进给运动 $\vec{U}$。一般在单轴钻床上主运动 $\vec{V}$ 和进给运动 $\vec{U}$ 都是由钻头完成的，在多轴钻床上 $\vec{V}$ 和 $\vec{U}$ 则分别由钻头和工件完成。

在图 5-3 中，钻头的周边突出的刃口为沉割刀，钻头端部的刃口 a，b 为主刃，正中突出的部分为导向中心。在钻削时沉割刀先接触木材沿孔壁四周切开，然后主刃切削木材，其导向中心是为了保证正确的钻削方向。

钻削时 $\vec{V}$ 和 $\vec{U}$ 是同时进行的，故相对运动速度 V_c 为这两种运动速度的向量和($\vec{V_c} = \vec{V} + \vec{U}$)。刃口各点的相对运动轨迹为螺距相同但升角不同的螺旋线，钻削时切屑形成如图 5-4。

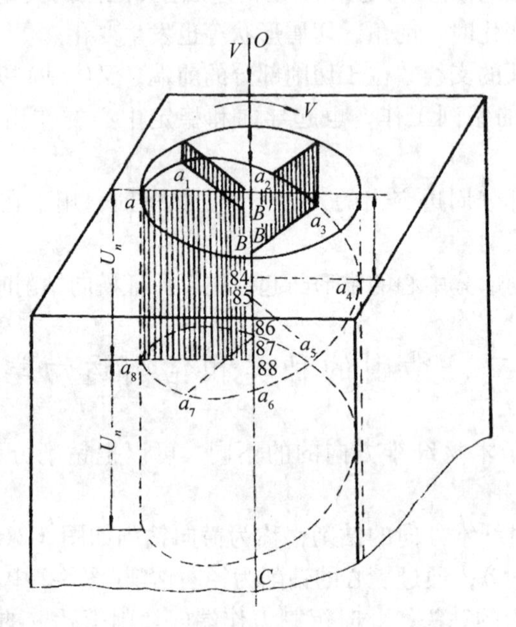

图 5-4 钻削时切屑形成

钻削时主刃的运动后角可按下式计算：

$$\alpha_m = \arctan\frac{U}{V} = \arctan\frac{U_n \cdot n}{\pi D \cdot n} = \arctan\frac{U_n}{\pi D} = \arctan\frac{U_n}{2\pi R}$$

式中：U——进给速度(m/s)；

V——主切削刃某点的线速度(m/s)；

U_n——每转进给量(mm/r)；

R——主切削刃某点的回转半径(mm)。

显然，当半径 R 减小时，α_m 增加。因工作后角 $\alpha_w = \alpha - \alpha_m$，所以，在标注后角 α 不变情况下，α_m 增加，α_w 便减少，这就是说，靠近钻头中心处刃口的 α_m 最大，α_w 最小。上述后角的变化在选择钻头的角度值时必须考虑。

为了保证钻头靠近中心处的刃口满足正常的切削条件，钻头主切削刃必须有足够大的 α。纵向钻头的后刀面锥形刃磨，使 α 从钻头周边向中心处逐渐增加（图 5-5 中半径 R_2 处的后角 α_2 大于半径 R_1 处的后角 α_1），便能达到上述目的。横向钻削时的钻头必须选择适当的钻头标注角度：后角 α =15°～20°，前角 γ =15°～20°，以满足切削要求。

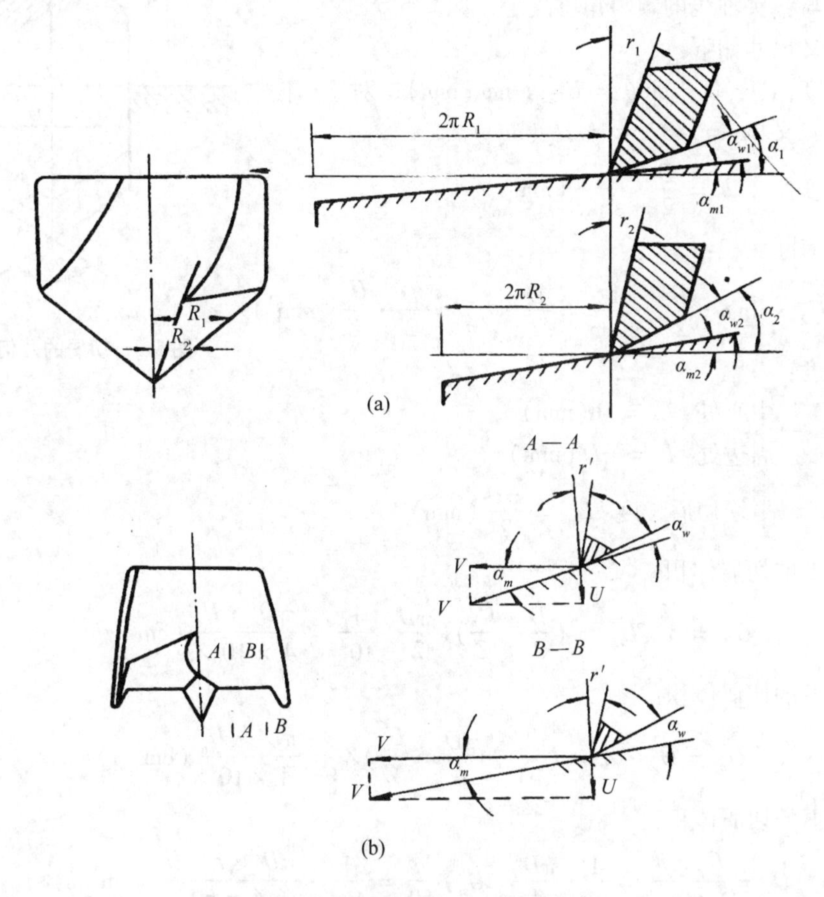

图 5-5　钻削时钻头角度的变化

（a）纵向钻削的钻头　（b）横向钻削的钻头

三、钻削的切削力和切削用量

钻头的切削速度：

周边：
$$V = \frac{\pi D \cdot n}{6 \times 10^4}\ (\text{m/s})$$

中心：
$$V_0 = 0\ (\text{m/s})$$

平均：
$$V_{av} = \frac{V + V_0}{2} = \frac{1}{2}\left(\frac{\pi D \cdot n}{6 \times 10^4}\right)\ (\text{m/s})$$

进给速度：
$$U = \frac{U_n \cdot n}{1000} = \frac{U_Z \cdot Z \cdot n}{1000}$$

式中：U_n ——每转进给量(mm)(软材 $U_n = 0.7 \sim 2.2$ mm；硬材 $U_n = 0.1 \sim 0.5$ mm)；

U_z ——每刃进给量(mm)；

z ——主刃刃口数。

钻削时切屑是连续的螺旋带状，切屑厚度由每刃进给量和切削刃与钻头轴线的倾斜角度决定，如图5-6。

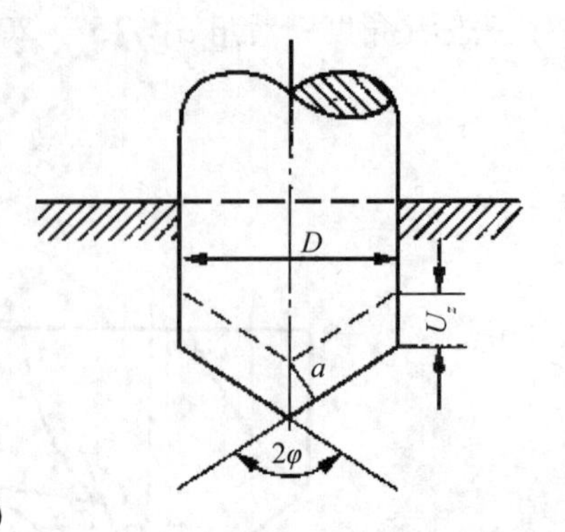

图5-6 切屑的几何参数

切屑名义尺寸如下：

切屑厚度：$a = U_z \cdot \sin\theta = U_z \cdot \sin\varphi$ (mm)，对于横向钻削的钻头，又 $2\varphi = 180°$, $a = U_z$ (mm)。

切屑宽度： $b = \frac{D}{2} \cdot \frac{1}{\sin\varphi}$ (mm)

切屑的横断面积：

$$A = a \cdot b = U_Z \cdot \sin\varphi \cdot \frac{D}{2} \cdot \frac{1}{\sin\varphi} = \frac{D}{2} \cdot U_Z = \frac{D}{2} \cdot \frac{U_n}{Z} \ (\mathrm{mm^2})$$

切屑长度：

中心处：$L_0 = 0$ (mm)

周边处：$L = \pi D$ (mm)

平均切屑长度：$L_{av} = \frac{\pi D}{2}$ (mm)

每刃切下的切屑体积：

$$O_Z = A \cdot L_{av} = \left(\frac{D}{2} \cdot \frac{U_n}{Z}\right)\left(\frac{\pi D}{2}\right)\frac{1}{10^3} = \frac{\pi D^2 \cdot U_n}{4 \times 10^3 Z} \ (\mathrm{cm^3/z})$$

每转切下的切屑体积：

$$O_n = O_Z \cdot Z = \left(\frac{1}{10^3} \cdot \frac{\pi D^2}{4} \cdot \frac{U_n}{Z}\right) Z = \frac{\pi D^2 \cdot U_n}{4 \times 10^3} \ (\mathrm{cm^3/r})$$

每秒切下的切屑体积：

$$O_s = \frac{O_n \cdot n}{60} = \frac{1}{10^3}\left(\frac{\pi D^2}{4} \cdot U_n\right)\frac{n}{60} = \frac{1}{10^3} \cdot \frac{\pi D^2 \cdot n \cdot U_n}{4 \times 60} \ (\mathrm{cm^3/s})$$

钻削时切削功率：

$$P_c = \frac{KO_s}{102} = \frac{K}{10^3} \cdot \frac{1}{102} \cdot \frac{\pi D^2 \cdot n \cdot U_n}{4 \times 60} = \frac{K \cdot D \cdot U_n}{2 \times 102} \cdot \frac{\pi D \cdot n}{2 \times 60 \times 10^3}$$

$$= \frac{K \cdot D \cdot U_n}{2 \times 102} \cdot V_{av} \ (\mathrm{kW})$$

或： $P_c = \frac{F \cdot V_{av}}{102}$ (kW)

式中：F ——切削力(kgf)($F \times 9.81$ 则单位为 N)；

V_{av} ——钻头平均切削速度(m/s)；$V_{av} = \frac{1}{2} \cdot \frac{\pi D \cdot n}{6 \times 10^4}$ (m/s)

钻削时的切削力：

$$F = \frac{102 P_c}{V_{av}} = \frac{102}{V_{av}} \cdot \frac{K \cdot D \cdot U_n}{2 \times 102} \cdot v_{av} = \frac{\mathrm{i}}{2} K \cdot D \cdot U_n \mathrm{kgf \cdot cm} \ (\mathrm{kgf})$$

式中：U_n ——每转进给量(mm)；

D ——钻头直径(mm)；

K ——钻削单位切削功(kgf · m/cm³)；（ $K \times 9.81$ ，则单位为 J/ m³），见表 5-1。

扭矩：

$$M = 71620 \cdot \frac{P'_c}{n} = 97500 \frac{P_c}{n} \ (\mathrm{kg \cdot fcm})$$

$$(M \times 0.0981 \text{ 则单位为 } \mathrm{N \cdot m})$$

式中：P'_c ——钻削功率(HP)；

P_c ——钻削功率(kW)；

n ——钻头转速(r/min)。

钻削时的轴向进给力：

$$F_U = (0.25 + 0.07D)F \ (\text{kgf 或 N})$$

式中：F ——钻削时的切削力(kgf 或 N)。

表 5-1　钻削单位切削功

直径 D (mm)	钻削单位切削功 K			备注
	松　木	桦　木	栎　木	
5	$15.6 + \frac{6.24}{U_z}$	$27 + \frac{10.6}{U_z}$	$37 + \frac{15}{U_z}$	①表中 K 为中心钻到数值； ②若是螺旋钻，则其单位切削功为中心钻的 1.5 倍； ③表中 K 单位为单位为 kgf · m/cm³，$K \times 9.81$，单位为 J/ cm³。
10	$4.2 + \frac{1.68}{U_z}$	$7.1 + \frac{2.85}{U_z}$	$10 + \frac{4}{U_z}$	
15	$2 + \frac{0.8}{U_z}$	$3.4 + \frac{0.38}{U_z}$	$4.8 + \frac{1.72}{U_z}$	
20	$1.4 + \frac{0.56}{U_z}$	$2.33 + \frac{0.95}{U_z}$	$3.4 + \frac{1.3}{U_z}$	
25	$1 + \frac{0.4}{U_z}$	$1.7 + \frac{0.68}{U_z}$	$2.4 + \frac{0.96}{U_z}$	

例：

[已知]　$D = 20$mm，$n = 3500$r/min，钻削栎木，采用中心钻，$Z = 1$，$U = 1$m/min

[求]　切削功率 P_c 和进给力 F_U

[解]　确定 U_z

$$U_z = \frac{1000U}{Z \cdot n} = \frac{1000 \times 1}{1 \times 3500} = 0.3 \ (\mathrm{mm})$$

按表 5-1 求 K，

$$K = 3.4 + \frac{1.3}{U_z} = 3.4 + \frac{1.3}{0.3} = 7.7 \ (\mathrm{kgf \cdot m/cm^3}) = 75.537 \quad (\mathrm{J/cm^3})$$

钻削时的切削力 F：

$$F = \frac{K \cdot D \cdot U_n}{2} = \frac{75.537 \times 20 \times 0.3 \times 1}{2} = 225.63 \ (\mathrm{N})$$

切削功率 P_c：

$$P_c = F \cdot V_{av} \cdot 10^{-3} = 225.63 \times \frac{3.67}{2} \times 10^{-3} = 0.42 \ (\mathrm{kW})$$

式中：
$$V_{av} = \frac{1}{2} \cdot \frac{\pi D \cdot n}{6 \times 10^4} = \frac{1}{2} \cdot \frac{\pi \cdot 20 \cdot 3500}{6 \times 10^4} = \frac{1}{2} \times 3.67\ (\mathrm{m/s})$$

进给力 F_U：
$$F_U = (0.25 + 0.07D) \cdot F = (0.25 + 0.07 \times 20) \cdot 225.63 = 372.78\ (\mathrm{N})$$

由于螺旋钻排屑情况良好，刃口对称配置，钻头强度又较好，在深孔钻削时较广泛采用。倘若上例题换为螺旋钻，在 $Z = 2$ 时求 P_c 和 F_c，解题步骤同上(过程从略)这时求得 $d_c = 0.99$ kW，$F_U = 873.09$ N。

第二节　钻头的类型、结构和应用

钻头用于加工圆柱形的通孔或盲孔、钻去木节和钻圈等。钻头的结构决定于它的工作条件：相对于纤维的钻削方向、钻孔直径、钻孔深度以及所要求的加工精度和生产率。钻头的结构有多种，钻头的合理结构必须满足下列要求：

(1)适应于钻削条件的切削部分必须有正确的角度和尺寸。

(2)钻削切屑能自由的分离，并且随着其形成能及时地排出孔外。

(3)可以很方便地刃磨多次，并且刃磨后切削部分的角度值和主要尺寸参数不变。

(4)最大的生产率和最好的加工质量。

显然，一把钻头要满足上述要求是极为困难的，就现有钻头而言，也只有部分地满足了要求。不同结构的钻头如图 5-7。

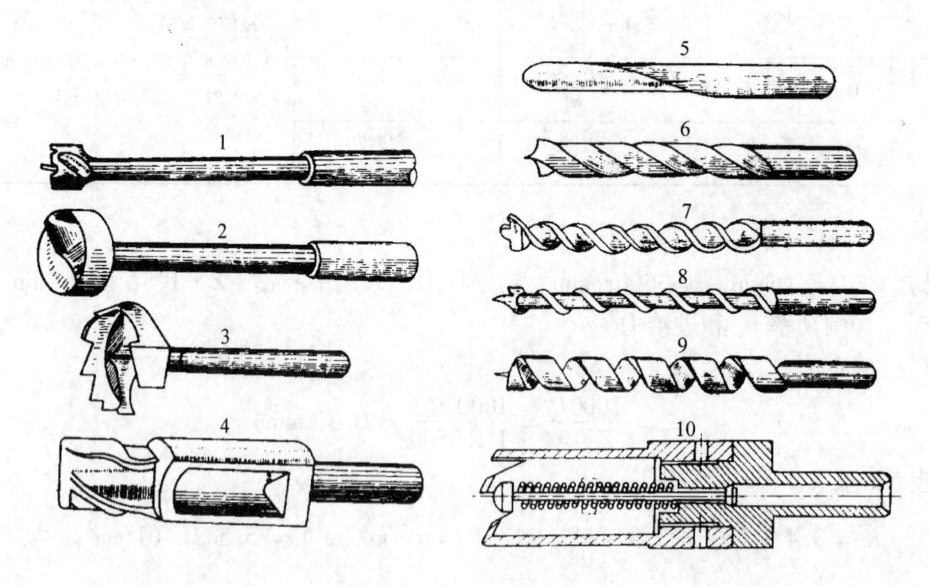

图 5-7　钻头类型

1. 圆柱头中心钻　2. 圆形沉割刀中心钻　3. 齿形沉割刀中心钻　4. 空心圆柱钻　5. 匙形钻　6. 麻花钻　7. 螺旋钻　8. 蜗旋钻　9. 螺旋起塞钻　10. 圆柱形锯子

一、圆柱头中心钻

钻头端部呈圆柱形，具有两条刃口，带有一条螺旋槽如图5-8，此钻头主要供横纤维钻浅孔用，但是，它可以在较大的进给速度下钻削比平头简单中心钻较深的孔。

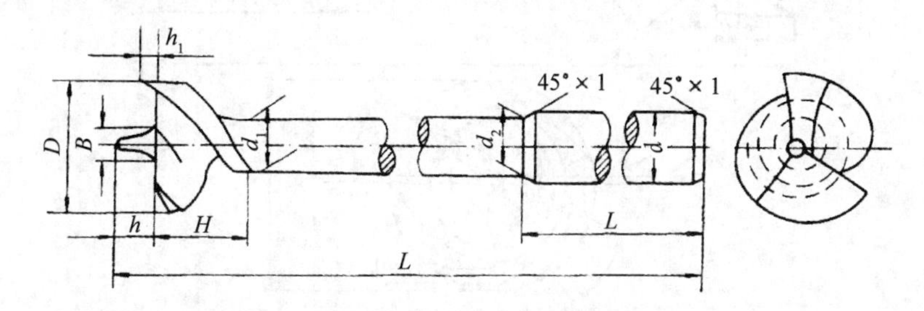

图5-8　圆柱头中心钻

圆柱头中心钻的尺寸参数：$D=10\sim60$mm；$L=120\sim210$mm；$h=(0.25\sim0.5)D$；$h_1=U_{\max}$。钻削时必须考虑运动后角 α_m 的影响，其角度值：$\alpha=20°\sim25°$；$\beta=20°\sim25°$；$\delta=40°\sim50°$。

强制进给时因 α_m 较大，必须考虑采用较大的标注后角。为了使切屑形成良好，$\delta<40°$。当钻削松木时 $\beta_{\min}=20°\sim25°$，此时 $\alpha=20°\sim25°$。

二、圆形沉割刀和齿形沉割刀中心钻

圆形沉割刀钻头[图5-9(a)]具有两条主刃用以切削木材，沿切削圆具有两条圆形刃口(即圆形沉割刀)，用来先切开孔的侧表面，沉割刀凸出主刃水平面之上0.5mm。

齿形沉割刀钻头[图5-9(b)]，其齿形沉割刀几乎沿钻头整个周边分布，钻头只有一条水平的主刃。

上述两种钻头的直径 D 分别为10～50mm和30～100mm，$U_{n\max}<1.0$mm/r；$V_{\max}=2$m/s。切削部分的角度值 α，β 和 δ 均等于30°，为了避免钻头侧表面的摩擦使其内凹2°。

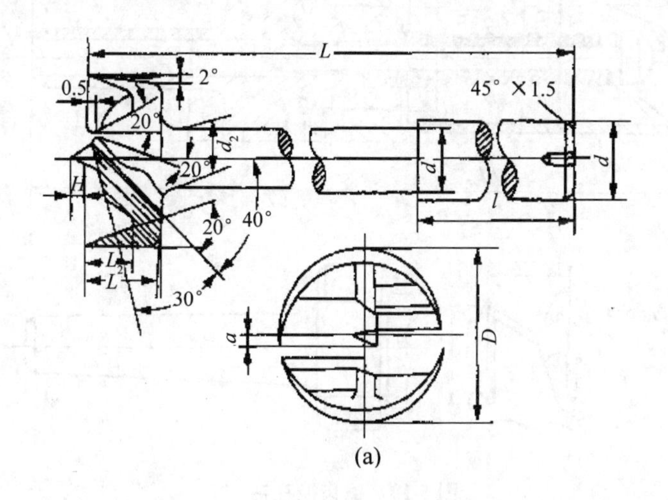

(a)

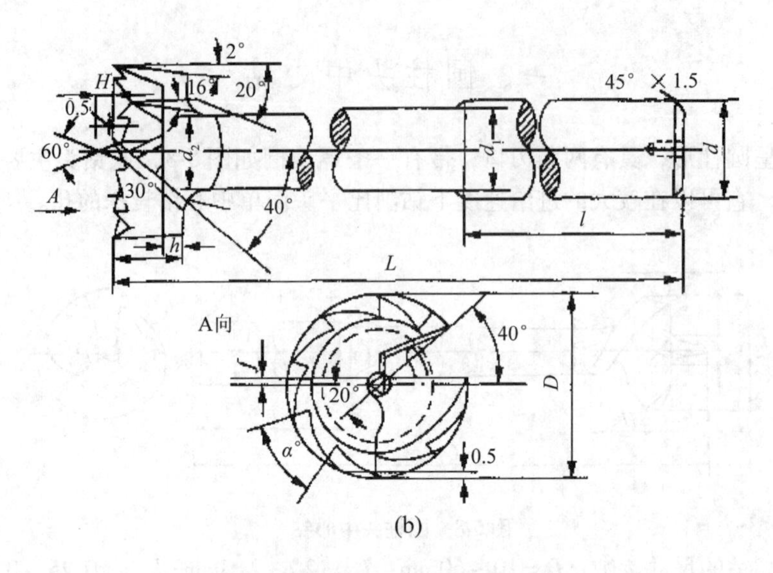

图 5-9 圆形沉割刀和齿形沉割刀钻头

（a）圆形沉割刀钻头 （b）齿形沉割刀钻头

这两种钻头通常固定在刀盘上，钻柄为圆柱形，主要用于横纤维钻削不深的孔，钻木塞及钻削胶合板的孔等。

三、锯齿挖孔钻

多用来钻通孔和钻出木塞等，如图5-10；锯齿挖孔钻具有类似圆锯片的锯齿外形，刀齿即锯齿分布在周边，锯齿的前、后面都斜磨，其角度参数为：斜磨角 $\varphi=45°$，后角$\alpha=30°$；楔角 $\beta=60°$。它的中间部分是杆体和弹簧，弹簧用来推出木片或木塞。

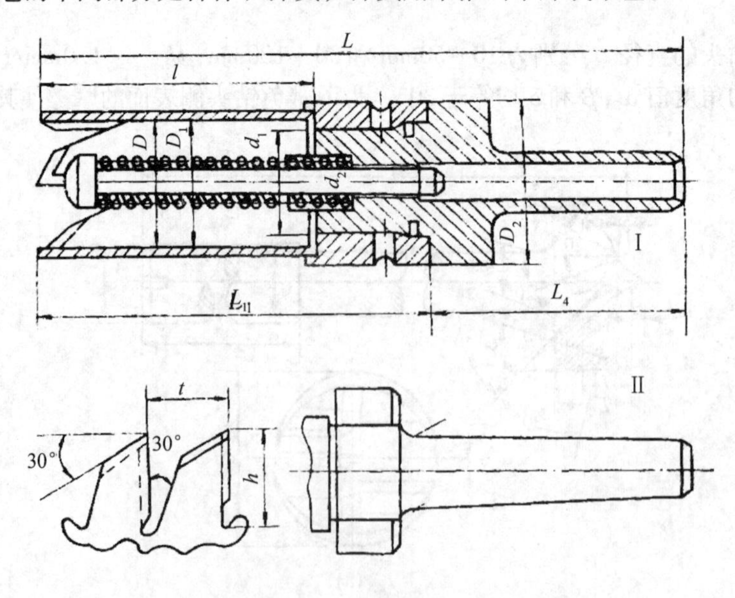

图 5-10 锯齿挖孔钻

钻木塞的锯齿挖孔钻直径 $D=20\sim60$mm，此时外径与内径之差 $D-D_1=5$mm；钻柄为圆柱形或圆锥形，随机床夹具而异。锯齿挖孔钻的优点是生产率高、加工质量好和消耗功率少。

四、匙形钻

匙形钻分为普通匙形钻和麻花匙形钻两种，都是作顺纤维钻孔之用。匙形钻头仅有一条刃口，钻头上开有一条排屑用的纵向槽[图 5-11(a)]。单刃钻头由于单向受力。在钻削过程中除了容易使其轴线偏离要求的方向外，并且在深钻和强行钻削时切屑会在槽内被压缩，以至于在钻削过程中不止一次地要提起钻头以排除切屑。

麻花匙形钻的结构比匙形钻更合理[图 5-11(b)]，钻头从端部起至距离端部 $l=(2\sim2.5)D$ 处具有螺旋槽，在螺旋槽后面又有纵向槽。这种结构能保证形成两条具有标准切削角度的刃口(峰角为60°)，并保证能把切屑较好地排出孔外。麻花匙形钻的刚性比麻花钻还要大。据研究，在同一进给条件下其扭矩和轴向力较麻花钻低 1.3～2.0 倍，较排屑良好的匙形钻低 2.5～3.0 倍。

匙形钻切削部分直径 $D=6\sim50$mm；每转进给量 $U_n<4$mm。麻花匙形钻锋角为60°，螺旋角 $\omega=40°$。

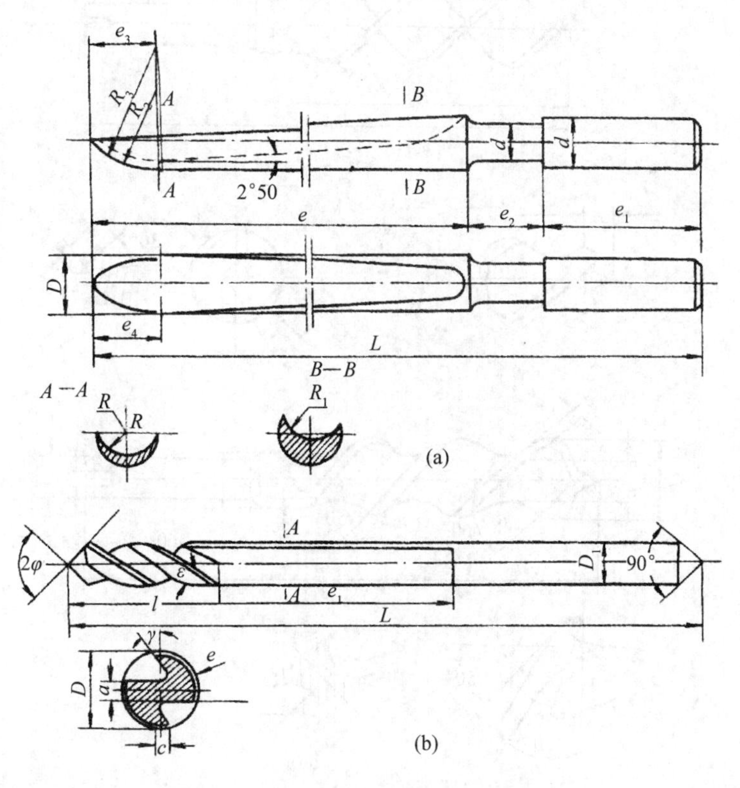

图 5-11　匙行钻

(a)普通匙形钻　(b)麻花匙形钻

五、螺旋钻

具有螺旋工作部分的钻头叫螺旋钻，按其形状分为三种：螺旋钻、蜗旋钻和螺旋起塞钻。

螺旋钻是在圆柱杆上按螺旋线开出两条方向相反的半圆槽(图 5-12)，这半圆槽在端部形成两条工作刃。螺旋钻容易排屑，可用于钻深孔。螺旋钻螺旋角 $\omega=40°\sim50°$；刃口部分后角 $\alpha=15°$；端部有沉割刀的螺旋钻作横向钻削之用。

螺旋钻还有长短之分，短螺旋钻[图 5-12(a)]用来钻削直径较大而又不深的孔，$D=20\sim50$mm，L_0为 100mm，110mm 和 120mm。长螺旋钻供钻深的通孔用，$D=10\sim50$mm，$L_0=400\sim1100$mm。

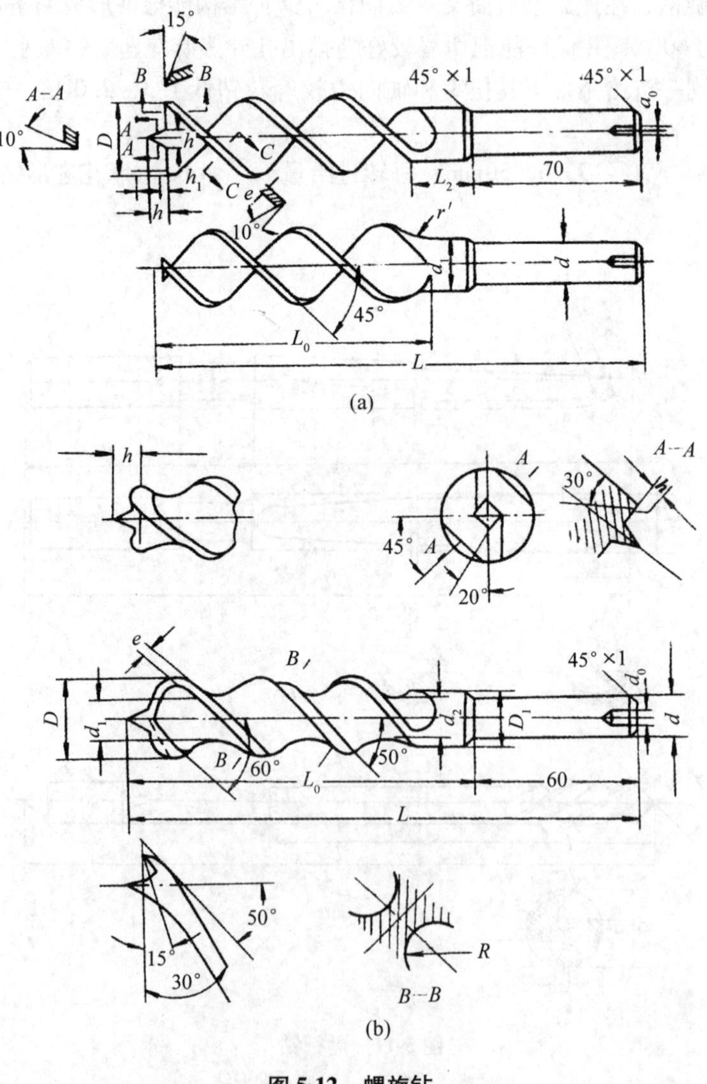

图 5-12　螺旋钻

(a) 短螺旋钻　(b) 铣削钻

蜗旋钻是圆柱形杆体的钻头。围绕其杆体绕出一条螺旋棱带。棱带在端部构成一条工作刃口，在端部的另一条工作刃是很短仅一圈的螺旋棱带线构成的[图5-13(a)]。由于这种钻头的强度较大并且螺旋槽和螺距大，因而它的容屑空间大，易排屑适于深孔钻。机用木凿中的钻芯就是蜗旋钻。

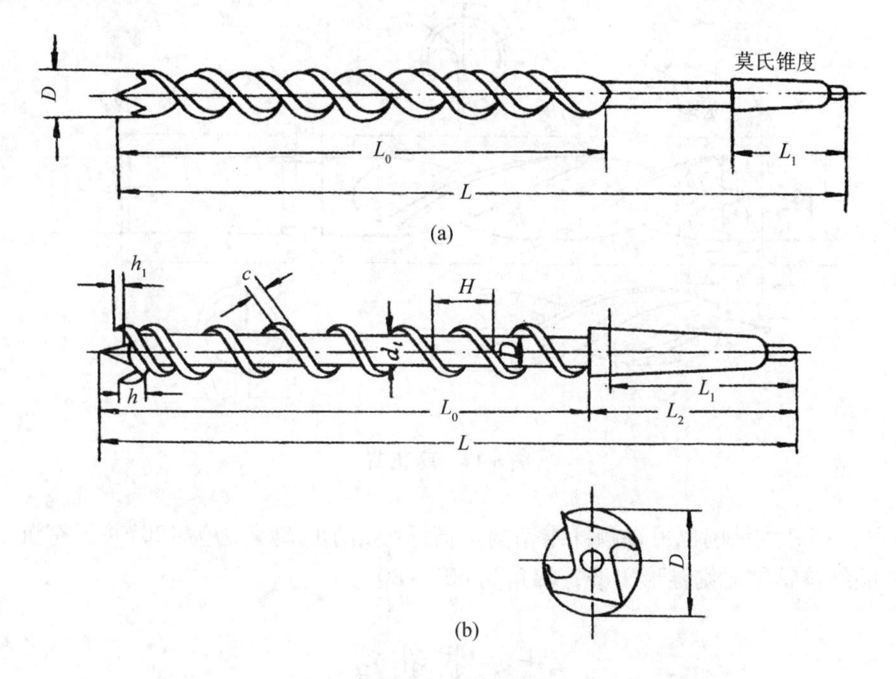

图5-13 长螺旋钻

(a)螺旋钻 (b)蜗旋钻

螺旋起塞钻是把整个杆体绕成螺旋形状构成工作刃的钻头，它无钻心。这种钻头容纳切屑的空间特别大，排屑最好(图5-7)，适合于钻深孔。但是，由于只有一条刃口造成钻削时单面受力。钻头容易偏歪，强度也较弱。

上述长钻头(如螺旋钻、蜗旋钻和螺旋起塞钻)都做成锥形钻柄，以便牢固地装入钻套而短的螺旋钻或蜗旋钻则为圆柱形或锥形钻柄。

六、麻花钻

麻花钻是螺旋钻的一种，它与其他螺旋钻相比，螺旋体的形状不同(图5-14)，它背部较宽，螺旋角 ω 较螺旋钻小，螺距也较小。木材切削用的麻花钻与金属切削用的标准麻花钻(标准麻花钻指刃磨峰角等于设计峰角，主刃为直线刃，前刀面为螺旋面的钻头)基本上相同，主要参数有 2φ，ω，γ，α 等，它们主要差别是切削部分的形状不同。

根据钻削的要求，在木工钻头中麻花钻的结构较合理，这是因为：

(1)麻花钻的排屑性能好，使用寿命长，经多次刃磨后仍能保持切削部分的尺寸，形状和角度不变。

(2)刃口可磨成所需要的形状如直刃和斜刃等。

(3)保证较高的生产率和钻削质量。

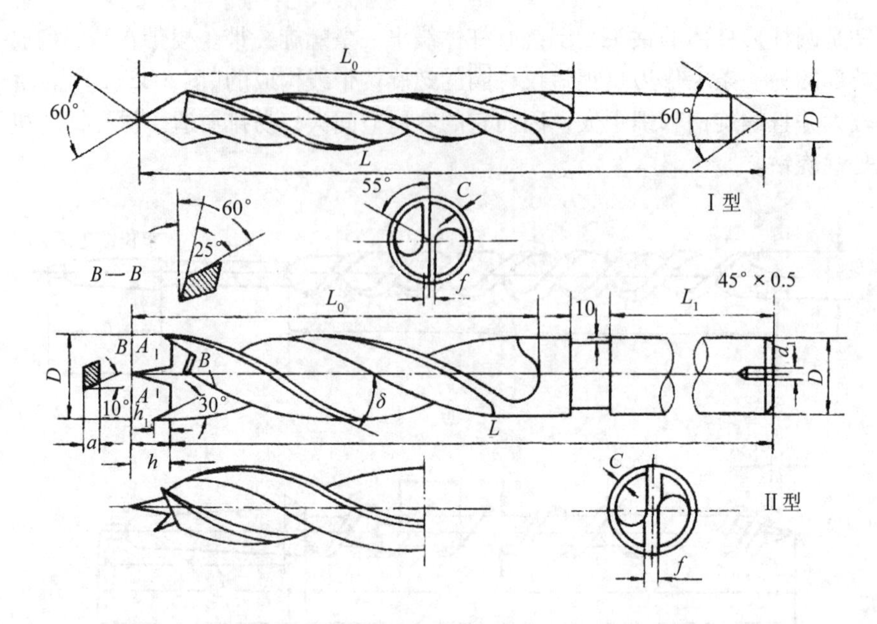

图 5-14 麻花钻

(4)可以横纤维钻削也可以顺纤维钻削。横纤维钻削时锋角为为 120°并具有沉割刀和导向中心；顺纤维钻削时则锥形刃磨，峰角为 60°～80°。

七、扩孔钻

扩孔钻用作局部加工、扩孔或成型加深。扩孔钻有如下几种(图 5-15)：

(1)具有导向轴颈的圆柱形扩孔钻[图 5-15(a)]，用于在木制品上钻削供埋放圆柱头螺帽用的圆柱孔。

(2)锥形扩孔钻[图 5-15(b)]，用于钻削供埋放螺帽用的锥形孔。由于螺钉头角锥部分的角度为 60°，所以，锥形扩孔钻的锥角也为 60°。锥形扩孔钻直径 D 有 10mm，20mm 相 30mm 等规格。钻柄为圆柱形，以固定在夹具和卡盘中。

(3)具有钻头的复合扩孔钻[图 5-15(c)]，用作同时扩孔和成形加工其侧面。

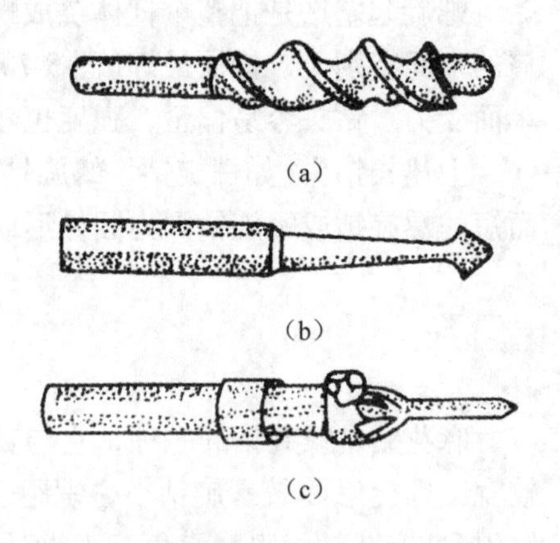

图 5-15 扩孔钻
(a)圆柱形扩孔钻 (b)锥形扩孔钻
(c)复合扩孔钻

图 5-16 中(b)和(c)所示锥形加深和扩孔用的复合扩孔钻，用它扩孔和锥形加深只需一道工序便可完成。

具有钻头的圆柱形扩孔钻用于圆柱形螺钉头下同时扩出阶梯形圆柱孔。圆柱形扩孔钻及其钻头的直径尺寸较多。其 α、γ 角度和钻削深度 h 值等与同一直径的麻花钻相同。复合扩孔钻安装时内外螺旋槽要对齐以便于排屑。

如图 5-17 为锯齿挖孔钻的复合锥形扩孔钻，用于木制零件上制取锥形孔。为减少进给力和改善加工质量，在截锥形扩孔钻扩孔时，刃口不沿母线而与其成一定角度配置，该角度决定于扩孔钻直径，在10°～16°内变化。

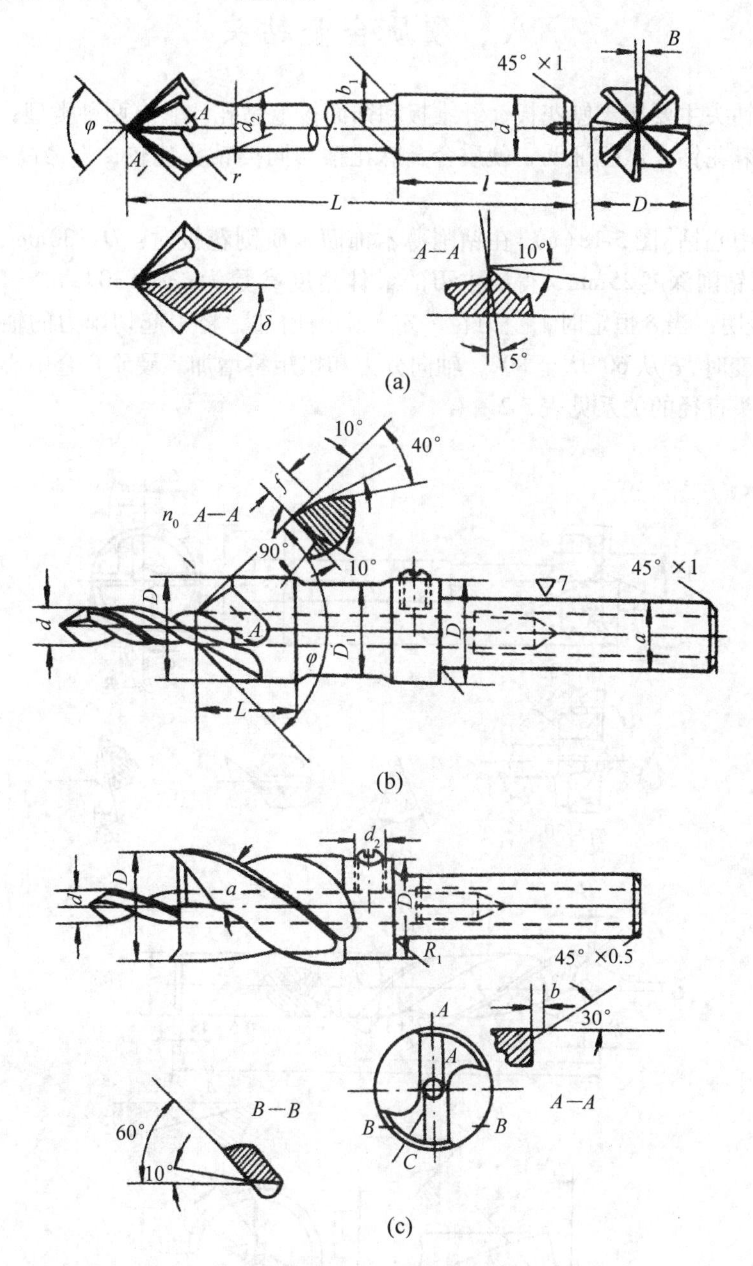

图5-16　扩孔钻的结构

(a)锥形扩孔钻　(b)具有钻头的复合扩孔钻　(c)具有钻头的复合圆柱形扩孔钻

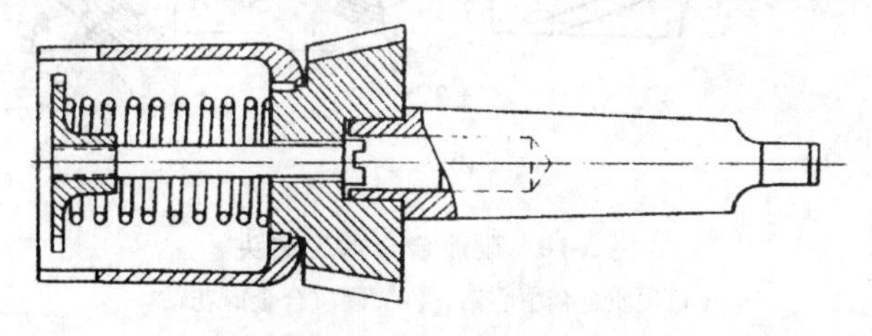

图5-17　有锯齿挖孔钻的复合锥形扩孔钻

八、硬质合金钻头

硬质合金钻头主要用于刨花板、纤维板和饰面板上钻孔。它有两种类型：硬质合金中心钻和硬质合金麻花钻。试验证明，硬质合金麻花钻与同类钻头比较，寿命高4 ~9倍，进给速度大1 ~2倍。

硬质合金中心钻[图5-18(a)]在钻削薄木饰面木质刨花板时：$D=30$mm，$U_z=0.6$mm，$n=3000$r/min,钻削深度25mm，得出主刃的最佳角度参数为：$\gamma=30°$，$\alpha=15°\sim20°$，$\delta=60°$。试验还表明：当δ恒定时，主刃在一定范围内增加，将引起切削力的轴向分力和扭矩减少；当α不变时，δ从60°增至80°，轴向分力和扭矩将增加。硬质合金中心钻的导向中心最佳高度与钻头直径的关系见表5-2。

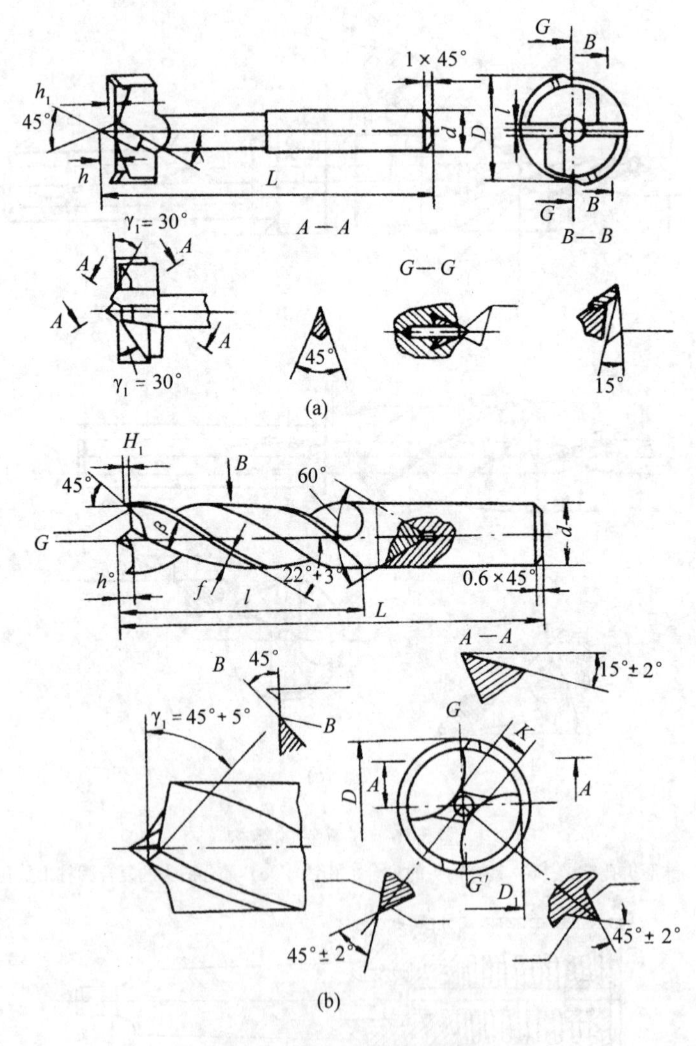

图5-18 硬质合金木工钻头

(a)硬质合金中心钻 (b)硬质合金麻花钻

表 5-2　导向中心高度与钻头直径的关系

钻头直径(mm)	15	20，25，30	35，40
导向中心高度(mm)	3.6	4.3	4.6

硬质合金麻花钻具有沉割刀和导向中心(图 5-18b)，$D=4\sim12$mm，其他主要尺寸参数见表5-3。硬质合金麻花钻的材料可用 YG6X、YG8 和 YG10X 制造，中心钻头用 YG8 ~ YG15，导向中心用 YG10X。钻杆用40Cr 或45 钢制造，焊料可用H68 黄铜等。

表 5-3　硬质合金麻花钻的主要尺寸(mm)

<table>
<tr><th>D</th><th>L</th><th>l</th><th>h</th><th>K</th><th>B</th><th>f</th><th>D_1</th><th>h_1</th></tr>
<tr><td>4</td><td rowspan="3">60</td><td>28</td><td>1.4</td><td>1.0</td><td>2.6</td><td rowspan="2">0.8</td><td>3.3</td><td rowspan="6">0.5</td></tr>
<tr><td>4.5</td><td rowspan="2">32</td><td>1.64</td><td>1.2</td><td>2.9</td><td>3.8</td></tr>
<tr><td>5</td><td rowspan="2">1.75</td><td>1.3</td><td>3.2</td><td rowspan="3">1.0</td><td>4.2</td></tr>
<tr><td>6</td><td rowspan="2">70</td><td rowspan="2">36</td><td>1.5</td><td>3.8</td><td>5.2</td></tr>
<tr><td>7</td><td>2.1</td><td>1.8</td><td>4.4</td><td>6.4</td></tr>
<tr><td>8</td><td rowspan="2">80</td><td rowspan="2">32</td><td>2.33</td><td>2.</td><td>5.1</td><td rowspan="2">1.2</td><td>7.2</td></tr>
<tr><td>9</td><td>2.56</td><td>2.2</td><td>5.6</td><td>8.2</td><td></td></tr>
<tr><td>10</td><td rowspan="3">90</td><td rowspan="3">50</td><td>2.8</td><td>2.4</td><td>6.2</td><td rowspan="3">1.4</td><td rowspan="2">9.2
10</td><td rowspan="2">0.7</td></tr>
<tr><td>11</td><td>3.03</td><td>2.6</td><td>6.9</td></tr>
<tr><td>12</td><td>3.26</td><td>2.9</td><td>7.5</td><td>11</td><td>0.8</td></tr>
</table>

第六章
旋切与旋刀

单板是用旋切、刨切或锯切方式生产的等厚木材薄片，是制造胶合板最基本的组成单元。旋切是应用最广泛的单板制造方式，能够从木段上生产连续带状的弦向单板。旋切时，旋刀刀刃平行于木材纤维方向作横向切削，木段的旋转运动为主运动，旋刀匀速直线运动为进给运动(图 6-1)。

单板旋切时，切屑为制品(单板)。为此，应尽量降低单板反向弯曲产生的背面裂隙，从而形成光滑螺旋状单板。为了获得厚度均匀、表面光洁、无裂缝的单板，单板旋切有如下要求：

(1)主运动和进给运动必须严格协调，使得单板厚度等于每转进给量 U_n。

(2)旋切前木段需要蒸煮处理，提高木材的韧性和降低切削力。

(3)旋刀切削角 δ（19°～27°）小，则楔角 β（18°～23°）和后角 α（1°～4°）也小。

(4)旋切时，压尺压紧切屑，使切屑外表面预先压缩，内表面预先伸展。

(5)旋刀相对于卡轴有严格的安装关系，压尺和旋刀的相对位置也有严格要求。

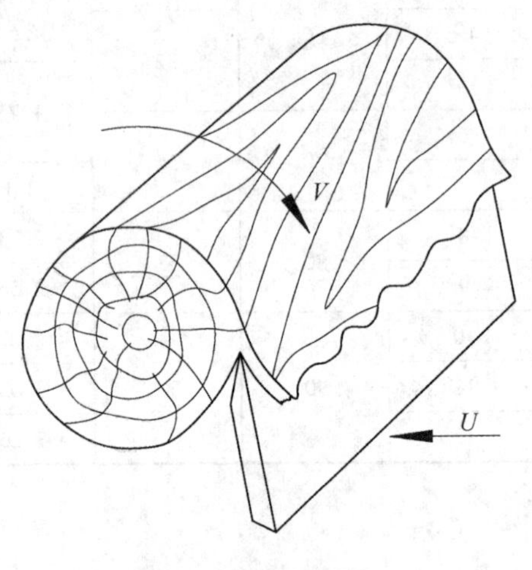

图 6-1　旋切过程

第一节　旋切运动

在旋切过程中，旋刀刃口在木段横截面上移动的轨迹线为旋切曲线，如图 6-2。

旋切时，旋刀刃口由 A 点移动到 A' 点，同时木段作顺时针方向的等角速度回转。为了便于分析，现在假设刀刃由 A' 点移到 A 点，木段同时逆时针作等角速度回转。因此：

$$\varphi = \omega \cdot t$$

式中：φ——极角，由 OX 方向起算的角度；

ω——木段回转的速度，即 $\omega = 2\pi n/60$（n 为木段每分钟转速，即卡轴转速 r/min）；

t——时间（s）。

由于旋刀的进给速度是匀速直线运动，所以：

$$x = U \cdot t$$

式中：x——由 O 点起算的水平距离，$x = \sqrt{R^2 - h^2}$（mm）；

R——木段的瞬时半径（mm）；

h——旋刀刀刃距卡轴轴线水平面的距离（装刀高度）。低于水平面为负；高于水平面为正。

因单板名义厚度 S 和每转进给量 U_n 相等，所以：

$$U = \frac{S \cdot n}{60} \text{ (mm/s)}$$

式中：S——单板名义厚度（mm）；

U——旋刀进给速度（mm/s）；

n——木段旋转速度（r/min）。

则可推导出旋切轨迹曲线的极坐标方程为：

$$R^2 = a^2\varphi^2 + h^2 \tag{6-1}$$

式中：α——阿基米德螺旋线的极次法距或渐开线的基圆半径，$a = S/2\pi$（mm）。

由上式可知：

(1)当装刀高度 $h = 0$ 时，$R = a \cdot \varphi$，则旋切曲线为阿基米德螺旋线。

(2)当装刀高度 $h = \pm a$ 时，$R^2 = a^2(\varphi^2 + 1)$，则旋切曲线为圆的渐开线。

(3)当装刀高度 $h \neq 0$ 和 $h \neq \pm a$ 时。则旋切曲线为广义渐开线。

因此，旋切曲线随着旋刀装刀高度 h 的不同而不同。但单板的名义厚度 $S = 2\pi a$。不随 h 变化而改变。

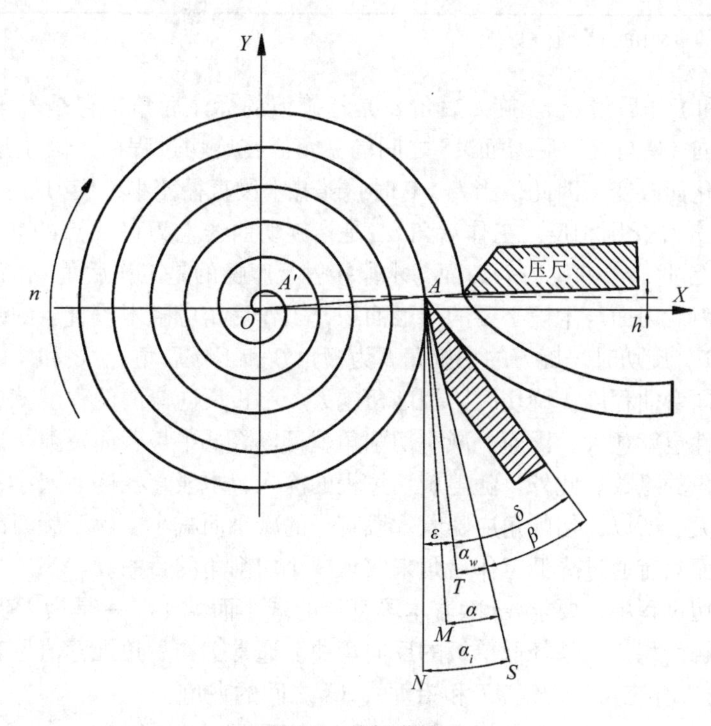

图 6-2　旋切曲线

第二节 旋切过程中角度参数及其变化规律

旋切时，旋刀的切削角和后角对加工质量的影响很大，为此，必须掌握旋切过程中切削角和后角的变化规律。为提高旋切质量，还必须找到切削角和后角的控制方法。

一、角度术语

旋切时，旋刀有楔角β、切削角δ、后角(后角α和工作后角α_w)和补充角ε等角度(图6-2)。

(1)楔角β(又称研磨角)。楔角是指旋刀前刀面和后刀面之间的夹角。为了获得优质单板，在满足旋刀强度的前提下，尽可能选用小楔角。通常$\beta=18°\sim23°$。旋切厚单板和硬木材时,β应取大值。我国常用树种旋切时的楔角β值，见表6-1。

表6-1 常用树种旋切时的楔角$\beta^{\#}$

树种	松木	椴木	水曲柳	杨木	桦木
楔角β(°)	18~21	18~19	20~22	17~18	19~20

注：#表示旋刀硬度>63HRC时，取下限值。

(2)后角α和工作后角α_w。旋刀后角α是指旋刀的标注后角，它是木段在刃口A点处的主运动速度方向AM与旋刀后刀面AS之间的夹角。在旋切过程中，因主运动速度方向随着木段半径的变化而改变。因此，当$h>0$时，随着木段直径变小，旋刀标注后角α逐渐降低；当$h<0$时,α变化则相反。工作后角α_w是指旋切曲线上刃口A点的切线AT与后刀面AS之间的夹角。因此，影响旋刀后刀面与木段接触及摩擦的是工作后角α_w而不是α。

为了保证旋刀后刀面与木段必要的接触面积，工作后角应随木段直径的减小而减小。

(3)切削角δ。旋切时，旋刀的切削角δ为楔角β和工作后角α_w之和。因此，切削角影响旋切单板的反向弯曲程度。旋切时，切削角越大，单板反向弯曲的程度就愈大，单板背面出现裂隙的可能性也就愈大，因而，减小切削角就可以降低单板背面裂隙。这就是旋切时采用小楔角和小后角的缘故。此外，随着旋切过程的深入，木段直径逐渐减小，单板反向弯曲的程度就越来越大。所以，切削角应随着木段直径的减小而减小。由于旋刀的楔角β在刃磨后就为定值，因而只有通过降低工作后角来实现减小切削角的目的。

可见，在旋切过程中，要求α_w随着木段直径的减小而减小，一是为了保证旋刀后刀面与木段必要的接触面积；二是降低单板的反向弯曲。通常工作后角推荐值见表6-2。

(4)补充角ε。补充角是切线AT和铅垂线AN之间的夹角。

(5)装刀后角α_i。装刀后角是铅垂线AN和后刀面AS之间的夹角。

表 6-2　木段径级 D 与工作后角 α_w 的关系

D (mm)	260 ~ 300	320 ~ 420	440 ~ 600	620 ~ 800
α_w (°)	0.5 ~ 1	1 ~ 2	2 ~ 3	3 ~ 4

二、工作后角的变化规律

后角的变化与旋刀的装刀高度有关。下面就分析它们的关系：如前所述，当装刀高度 $h=0$时，旋切轨迹为阿基米德螺旋线；装刀高度不等于零时，旋切轨迹则不是阿基米德螺旋线。但因 h 与木段半径 R 相比甚小，故均近似地按阿基米德螺旋线进行分析。

当装刀高度为正值时，旋切时各种角度间的关系如图 6-3。

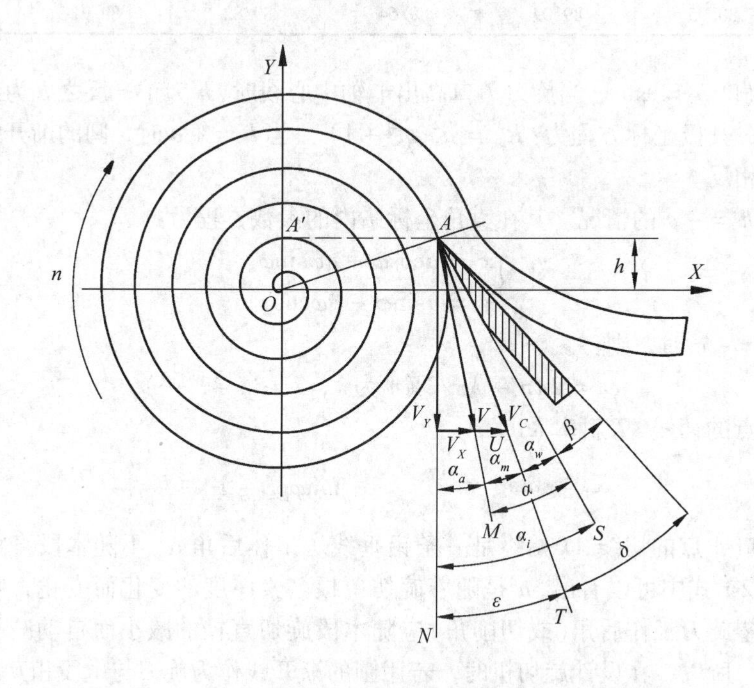

图 6-3　旋刀角度关系

图 6-3 中，α_w 为旋切轨迹切线 AT 与后刀面 AS 之间的夹角，称为后角，又称工作后角；α_m 为向径垂线 AM 与切线 AT 之间的夹角，成为运动后角；α_a 为向径垂线 AM 与铅垂线 AN 之间的夹角，称为附加后角；α_i 为铅垂线 AN 与后刀面 AS 之间的夹角，称为装刀后角。

当旋刀装定后，在旋切过程中，AS 和 AN 的方向是不变的，AT 和 AM 的方向则是变化的，所以运动后角 α_m 和附加后角 α_a 是变化的，因而工作后角 α_w 也随着变化。

(1)装刀高度 $h = 0$ 。旋切曲线为阿基米德螺旋线，其极坐标方程为：$R = a\varphi$ ，则在直角坐标系内的参数方程为：

$$x = a \cdot \varphi \cdot \cos\varphi$$
$$y = a \cdot \varphi \cdot \sin\varphi \tag{6-2}$$

因为 $h = 0$ ，即 $y = 0$ 。所以：

$$a\varphi\sin\varphi = 0$$

则 $\varphi = n\pi$（n 为1，2，3，4，…）

在刃口 A 点的切线斜率 K_A 为：

$$K_A = \tan\xi = \frac{dy}{dx}_{y=0} = \frac{\tan\varphi + \varphi}{1 - \varphi\tan\varphi}_{\varphi = n\pi} = n\pi \tag{6-3}$$

表6-3 列出了根据上式计算所得的结果。可见，切线 AT 随着木段直径的增大而逐渐接近垂直于 OX 轴，即与后刀面 AS 之间的夹角逐渐变大。因此，当按阿基米德螺旋线旋切时，工作后角 α_w 随着木段直径的增大而变大，满足单板旋切时工作后角变化的要求。

表6-3 切线 AT 斜率

n	2	10	25	50	100	500
K_A	2π	10π	25π	50π	200π	1000π
ξ（°）	80.95	89.09	89.64	89.82	89.91	89.98

(2)装刀高度 $h = \pm a$。当旋刀刃口高出卡轴中心线时，h 为正；反之 h 为负。旋切曲线为圆的渐开线，其极坐标方程为：$R^2 = a^2(\varphi^2 + 1)$。当 $h = +a$ 时，圆的渐开线展开方向和单板旋切曲线相反。

故只讨论 $h = -a$ 的情况。其在直角坐标系内的参数方程为：

$$\begin{cases} x = a\cos\varphi + a\varphi\sin\varphi \\ y = a\sin\varphi - a\varphi\cos\varphi \end{cases} \tag{6-4}$$

当 $y = h = -a$ 时，则：

$$\varphi = 2n\pi + 3\pi/2 \text{（}n\text{ 为1，2，3，4，…）}$$

在刃口 A 点的切线 AT 斜率 K_A 为：

$$K_A = \tan\xi = \frac{dy}{dx}_{y=\pm a} = \tan\varphi_{\varphi = 2n\pi + \frac{3\pi}{2}} = \infty \tag{6-5}$$

所以，刃口 A 点的切线 AT 始终是一条铅垂线。工作后角 α_w 不随木段直径的变化而改变。从 $a = S/2\pi$ 式中可以看出，a 是随着旋切单板名义厚度的变化而变化，则 h 也随之变化。此外，希望旋刀工作后角(或切削角)应随木段旋切直径的减小而自动减小。这样使问题变得复杂了。所以，在设计旋切机时，若用圆的渐开线作为旋刀与木段相互间的运动关系的理论依据是不合适的。

与此相反，阿基米德螺旋线的特性是较理想的。不管单板的名义厚度如何变化，h 值总是零，并且工作后角 α_w 随着木段直径的减小而减小。因此，它被作为设计旋切机时旋刀与木段之间的运动关系的理论基础。

(3)装刀高度 $h \neq 0$ 和 $h \neq -a$。木段在 A 点的主运动方向 AM 和半径线 OA 垂直（图6-3），速度计算公式为：

$$V = \frac{2\pi R \cdot n}{6 \times 10^4}(\text{m/s}) \tag{6-6}$$

主运动速度 V 分别沿着 OX 方向和 OY 方向分解，得分量 V_X 和 V_Y（图6-3）。

则：

$$V_X = V \cdot \sin\alpha_a = V \cdot \frac{h}{R} = \frac{2\pi h \cdot n}{6 \times 10^4}(\text{m/s}) \tag{6-7}$$

$$V_Y = V \cdot \cos\alpha_a = V \cdot \frac{\sqrt{R^2 - h^2}}{R} = \frac{2\pi n \cdot \sqrt{R^2 - h^2}}{6 \times 10^4} \tag{6-8}$$

旋刀进给速度 U 为：

$$U = \frac{S \cdot n}{6 \times 10^4}(\mathrm{m/s}) \tag{6-9}$$

式中：n ——木段转速(rpm)；

R ——木段在 A 点得半径(mm)；

h ——装刀高度(mm)；

S ——单板名义厚度(mm)。

假设旋刀不动，木段应沿着旋刀进给方向的反方向进给。这样，木段在 A 点的主运动速度和木段沿旋刀进给的反方向进给速度的合速度，就是 A 点切削速度。其方向也就是旋切曲线在 A 点的切线 AT 方向。则补充角 ε 可由下式计算：

$$\tan\varepsilon = \frac{U + V_X}{V_Y} = \frac{a + h}{\sqrt{R^2 - h^2}} \tag{6-10}$$

式中：$a = S/2\pi$，当旋刀刃口高出卡轴中心线时，h 为正；反之 h 为负。由图6-3 可知，工作后角 α_w 、补充角 ε 和装刀后角 α_i 三者关系如下：

$$\alpha_w = \alpha_i - \varepsilon = \alpha_i - \arctan\frac{a + h}{\sqrt{R^2 - h^2}} \tag{6-11}$$

当 $h < 0$ 且 $|U| > |V_x|$ ($|a| > |h|$)或 $h > 0$ 时：

$$\varepsilon = \arctan\frac{a + h}{\sqrt{R^2 - h^2}} > 0 \tag{6-12}$$

当 $h < 0$ 且 $|U| < |V_x|$ ($|a| < |h|$)时：

$$\varepsilon = \arctan\frac{a + h}{\sqrt{R^2 - h^2}} < 0 \tag{6-13}$$

对式 6-11 中的 R 求偏导数，得：

$$\frac{\partial \alpha_w}{\partial R} = \frac{(a + h)R}{(R^2 + 2ha + a^2)\sqrt{R^2 - h^2}} \tag{6-14}$$

令 $\partial \alpha_w / \partial R = 0$，得：$h = -a$。可见，当 $h > -a$ 时，$\partial \alpha_w / \partial R > 0$ 时；当 $h < -a$ 时，$\partial \alpha_w / \partial R < 0$。因此，可归纳下面三个结论：

①当 $h = -a$ 时，工作后角 α_w 不随木段直径的变化而改变。

②当 $h > -a$ 时，工作后角 α_w 随着木段直径的增大而变大。

③当 $h < -a$ 时，工作后角 α_w 随着木段直径的增大而变小，这不能满足单板旋切要求。

三、旋切机刀架与工作后角

生产中使用的旋切机刀架基本上可分为两种类型。

在旋切过程中，旋刀和压尺装在刀架上，刀架带着旋刀和压尺只作直线进给运动，这类刀架称为第一类刀架。具有这种刀架的旋切机，旋刀工作后角仅依靠旋切曲线特性而自然改变。工作后角变化范围较小，故只适合旋切直径较小的木段。

当旋切的木段直径较大时，为了提高单板的表面质量，要求工作后角的可变范围较大，靠自然改变工作后角的方法不能满足生产需要。因此，必须采用机械方法，使工作后角能在较大范围内变化。要达到这一点，旋刀和压尺在旋切过程中不仅要有水平的进给运动，而且还能绕通过卡轴轴心线的水平面与旋刀前刀面的延伸面相交的直线作转动，以改变旋刀的后角。具有上述这种结构的刀架称为第二类刀架(图 6-4)。

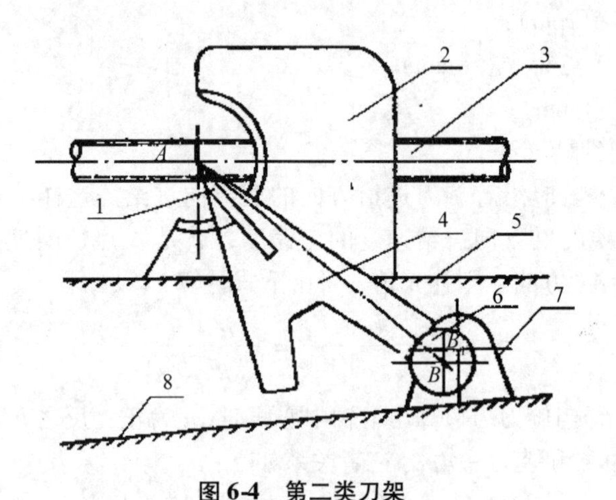

图 6-4 第二类刀架

1. 旋刀；2. 主滑块；3. 丝杆；4. 刀架；5. 主滑道；6. 偏心轴；7. 辅助滑块；8. 辅助滑道

第二类刀架有两条滑道：水平的主滑道和倾斜的辅助滑道。刀架装在主滑块 2 的半圆环的凹槽内。刀架 4 的尾部通过偏心轴 6 和辅助滑块 7 相连。因此，当刀架 4 在任何位置时，AB 总是不变的。当旋刀 1 向卡轴移动时，刀架尾部沿着辅助滑道 8 作下坡运动，则旋刀就会顺时针转动，从而达到工作后角均匀改变的目的。

旋切木段之前，需要调整初始装刀角度时，可转动偏心轴 6，使偏心轴的偏心 B 绕转动中心 B_1 转动。由于辅助滑块 7 只能沿辅助滑道 8 移动，不能做上下运动，所以偏心轴 6 的偏心 B 绕转动中心 B_1 转动而使辅助滑块沿辅助滑道移动，并使刀架绕旋刀刃口 A 点转动，即刀架尾部做上下运动，借此来调整初始的装刀后角 α_i 或装刀切削角 δ_i（旋刀前刀面与铅垂线间的夹角）。

旋切木段时，通过左右丝杆 3 带动主滑块 2 沿着水平主滑道 5 作水平移动，刀架 4 也随主滑块作水平移动。辅助滑块 7 则随着刀架沿辅助滑道向前移动。由于辅助滑块是沿着倾斜的辅助滑道 8 移动的，所以刀架尾部均匀的向下摆动。因此，在旋切过程中，旋刀一方面作水平的进给运动，一方面绕着半圆轨道中心 A 点作顺时针转动，从而实现旋切过程中随着木段半径的减小而要求逐渐减小初始装刀后角或装刀切削角的目的。

所以，旋切过程中初始装刀后角的减少量与辅助滑道的倾斜角 μ 有关。

第二类刀架的辅助滑块与辅助滑道有两种连接方式：一是把偏心轴装在靴形铁块上，再把靴形铁块装在辅助滑块的水平面上。靴形铁块可以在辅助滑块上面作相对移动，如图 6-5(a)。二是把偏心轴直接装在辅助滑块上，如图 6-5(b)。

在图 6-5 中：O 为卡轴的旋转中心；A 为刀架在旋切过程中的转动中心；B 为偏心轴上偏心点；C 为旋刀的刀刃位置；E 为偏心轴中心；ξ 为直线 AB 与旋刀前面之间的夹角(对于

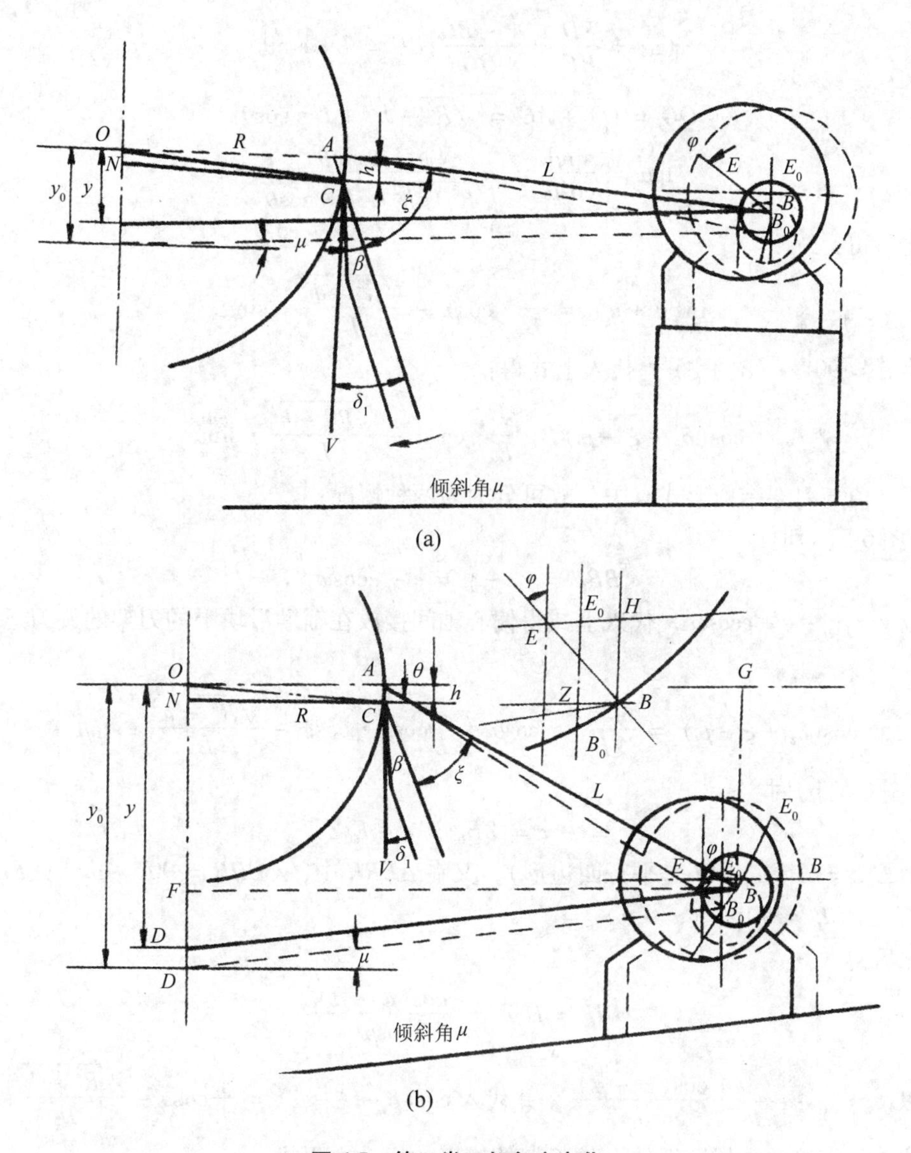

图 6-5　第二类刀架角度变化

(a)偏心轴间接放在辅助滑道上的刀架　(b)偏心轴直接放在辅助滑道上的刀架

一定机床，它是定值)；μ 为辅助滑道的倾斜角(有的旋切机此值是固定的，有的可以在一定范围内变化，一般为 $1°30' \sim 2°$)；φ 为偏心轴的回转角(即通过偏心轴中心点 E 的铅垂线与 EB 线之间的夹角)；e 为偏心轴的偏心距($e = BE$，当偏心轴的位置在 B_0E_0 状态时，切削角最小，这个位置作为偏心轴的初始位置)；L 等于 AB，对于一定的机床，此值为定值；y_0 对于给定的机床和倾斜角 μ 来说是不变的，并且是对应于偏心轴初始位置，$y_0 = OD_0$；θ 为通过卡轴轴线的水平面和直线 AB 之间的夹角(在旋切过程中是变化的)；y 在旋切过程中是不变的，其大小随偏心轴的回转角 φ 的大小而改变，两者成反比(BD 与 B_0D_0 是平行线)，$y = OD$。

从图中可得出如下的三角函数关系：

$$\mathrm{tg}\mu = \frac{FD}{BF} = \frac{y - BG}{OG};BG = L \cdot \sin\theta$$

$$OG = OA + AG = \sqrt{R^2 - h^2} + L \cdot \cos\theta$$

$$\mathrm{tg}\mu = \frac{\sin\mu}{\cos\mu} = \frac{y - L \cdot \sin\theta}{\sqrt{R^2 - h^2} + L \cdot \cos\theta}$$

简化后得：

$$\sin(\theta + \mu) = \frac{y}{L} \cdot \cos\mu - \frac{\sqrt{R^2 - h^2}}{L} \cdot \sin\mu$$

因为 $\theta = 90° - (\delta_i + \xi)$，代入上式得：

$$\cos(\delta_i + \xi - \mu) = \frac{y}{L} \cdot \cos\mu - \frac{\sqrt{R^2 - h^2}}{L} \cdot \sin\mu$$

由于 y 值与刀架结构形式有关，故可分为为两种情况：

(1)图 6-5(a)时

$$BB_0 = y_0 - y = e - e\cos\varphi$$

所以 $y = y_0 - e + e\cos\varphi$，代入上式得偏心轴间接放在辅助滑块上的刀架的旋刀运动方程式：

$$\cos(\delta_i + \xi - \mu) = \frac{y_0 - e}{L} \cdot \cos\mu + \frac{e}{L}\cos\mu \cdot \cos\varphi - \frac{\sqrt{R^2 - h^2}}{L} \cdot \sin\mu$$

(2)图 6-5(b)时

$$y_0 - y = ZB_0 = e - E_0Z$$

因为 $E_0Z = BH$(E_0ZBH 是平行四边形)，又在 ΔEBH 中，$\angle EHB = 90° - \mu$，$\angle EBH = \varphi$；所以 $\angle BEH = 90° - (\varphi - \mu)$。

简化后得：

$$BH = E_0Z = \frac{e\cos(\varphi - \mu)}{\cos\mu}$$

所以 $y = y_0 - e + \frac{e \cdot \cos(\varphi - \mu)}{\cos\mu}$，并代入 $\cos(\delta_i + \xi - \mu) = \frac{y}{L}\cos\mu - \frac{\sqrt{R^2 - h^2}}{L}\sin\mu$ 式，得偏心轴直接放在辅助滑块上的刀架的旋刀的运动方程式：

$$\cos(\delta_i + \xi - \mu) = \frac{y_0 - e}{L}\cos\mu + \frac{e}{L}\cos(\varphi - \mu) - \frac{\sqrt{R^2 - h^2}}{L}\sin\mu$$

在上两式中，e、L、y_0、ξ、μ 是已知数，R、h、φ 可以实际测量出，故可利用该式求出 $\cos(\delta_i + \xi - \mu)$ 的值，再从三角函数表中查出 $(\delta_i + \xi - \mu)$ 之角度值，即得出 δ_i 的值。

另外装刀切削角 $\angle\delta_i = \angle\beta + \angle\alpha + \angle\alpha_a + \angle\alpha_m$ 中，$\angle\beta$ 是已知数，运动后角和附加后角可以通过公式：

$$\angle\alpha_m = \arcsin\frac{a}{\sqrt{R^2 + a^2}},\ \angle\alpha_a = \arcsin\frac{h}{R}$$

并根据单板厚度、木段直径和 h 值分别求出，因此也可得出 δ_i 的值。这样就可以用来校核工作后角是否符合旋切条件。

在调刀之前，也可利用上式求得偏心轴的回转角 φ。

当辅助滑道为水平时(μ =0)，即第一类刀架，则上式变为：

$$\cos(\delta_i + \xi) = \frac{y_0 - e}{L} + \frac{e}{L}\cos\varphi$$

上述两种旋切刀运动方程中，共有9个参数，其中 y_0，e 和 φ 三个参数与旋切角度的变化没有关系。而且刀架的种类也与旋切角度变化无关。下面推导一个比较简化的近似公式，表明旋切过程中初始装刀切削角 δ_{i1}（或初始装刀后角 α_{i1}）的减小量 $\Delta\delta_{i1}$（或 $\Delta\alpha_{i1}$）与辅助滑道倾斜度 μ 之间的关系。

如图6-6，设装刀高度为 + h，则半圆导轨的中心 A 即旋切机主轴水平中心线与旋刀前刀面的交点。对于一定的机床，ξ 和 L 都是不变的。调整初始装刀角度时，转动偏心轴，使其偏心从最低位置 B_0 转动一定角度 φ 到 B。将初始的装刀切削角调整到所要求的 δ_{i1} 后，偏心轴即固定不动，在整个切削过程中 φ 近似不变。旋切木段时，刀架随着主滑块作水平进给运动，主滑块半圆导轨的中心由 A 点移动到 A' 点，刀片的刃口由 A_1 点移动到 A_1' 点，木段的半径由 R_1 减小到 R_2。偏心轴则随辅助滑块沿辅助滑道倾斜前进，偏心轴的偏心由 B 点近似地平行于辅助滑道移动到 B'' 点。装刀切削角则由初始的 δ_{i1} 减小到 $\delta_{i2} = \delta_{i1} - \Delta\delta_i$。设将偏心轴的偏心由 B 点到 B'' 点的位移分解为两个位移，先是 AB 线平行移到 $A'B'$，然后绕 A' 点转角度 $\Delta\delta_i$ 到 $A'B''$。$\Delta\delta_i$ 即装刀切削角由于倾斜辅助滑道的作用而发生的减小量，其大小可用下述近似方法求得。

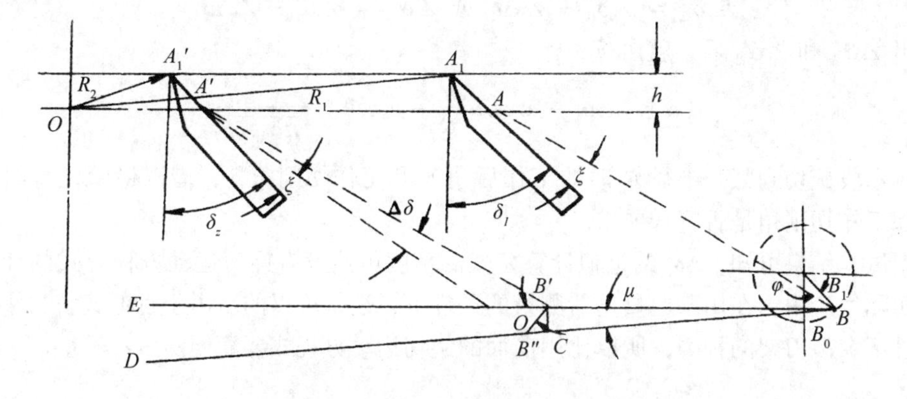

图6-6　因旋刀转动的旋切角度变化

由于 $\Delta\delta_i$ 角通常很小(约在0°~3°范围内变化)，而 L 的长度比较大，故可近似地把圆弧 $B'B''$ 看成一条直线。由于 B' 点作水平线 BE 的垂线，与倾斜线 BD 交于 C 点。则由 $\Delta B'CB''$ 中可知：

$$\angle B''B'C = 90° - (\delta_{i1} + \xi - \frac{1}{2}\Delta\delta_i)$$

$$\angle B'CB'' = 90° + \mu$$

$$\angle B'B''C = \delta_{i1} + \xi - \mu - \frac{1}{2}\Delta\delta_i$$

$$\frac{B'B''}{\sin(90° + \mu)} = \frac{B'C}{\sin(\delta_{i1} + \xi - \mu - \frac{1}{2}\Delta\delta_i)}$$

即：
$$B'B'' = \frac{B'C\sin(90° + \mu)}{\sin(\delta_{i1} + \xi - \mu - \frac{1}{2}\Delta\delta_i)} = \frac{B'C\cos\mu}{\sin(\delta_{i1} + \xi - \mu - \frac{1}{2}\Delta\delta_i)}$$

其中：
$$B'C = [\sqrt{R_1^{\ 2} - h^2} - \sqrt{R_2^{\ 2} - h^2} + h(\mathrm{tg}\delta_{i1} - \mathrm{tg}\delta_{i2})]\cdot \mathrm{tg}\mu$$

于是：
$$B'B'' = \frac{[\sqrt{R_1^{\ 2} - h^2} - \sqrt{R_2^{\ 2} - h^2} + h(\mathrm{tg}\delta_{i1} - \mathrm{tg}\delta_{i2})]\cdot \sin\mu}{\sin(\delta_{i1} + \xi - \mu - \frac{1}{2}\Delta\delta_i)}$$

在三角形 $\Delta A'B'B''$ 中，近似看作 $B'B'' \perp A'B'$，则得：

$$\sin\Delta\delta_i = \frac{B'B''}{L} = \frac{[\sqrt{R_1^{\ 2} - h^2} - \sqrt{R_2^{\ 2} - h^2} + h(\mathrm{tg}\delta_{i1} - \mathrm{tg}\delta_{i2})]\cdot \sin\mu}{L\sin(\delta_{i1} + \xi - \mu - \frac{1}{2}\Delta\delta_i)}$$

上式分子中的 $h(\mathrm{tg}\delta_{il} - \mathrm{tg}\delta_{i2})\cdot\sin\mu$ 和 $\frac{1}{2}\Delta\delta_i$ 均甚小，略去不计，即得如下近似式：

$$\sin\Delta\delta_i = \frac{B'B''}{L} = \frac{[\sqrt{R_1^{\ 2} - h^2} - \sqrt{R_2^{\ 2} - h^2}]\sin\mu}{L\cdot\sin(\delta_{i1} + \xi - \mu_i)}$$

按上式计算所得装刀切削角的减小量 $\Delta\delta_i$，也就是装刀后角的减小量 $\Delta\alpha_i$，即得 $\Delta\delta_i = \Delta\alpha_i$。由此可得出由木段初始半径 R_1 旋切到某一半径 R_2 时的装刀切削角或装刀后角为：

$$\angle\delta_{i2} = \angle\delta_{i1} - \angle\Delta\delta_i \text{ 或 } \angle\alpha_{i2} = \angle\alpha_i - \angle\Delta\alpha_i$$

求出 $\angle\delta_{i2}$ 和 $\angle\alpha_{i2}$ 后，就可按：

$$\angle\alpha = \angle\alpha_i - \arcsin\frac{h}{R} - \arcsin\frac{a}{\sqrt{R^2 + a^2}}$$

计算木段旋切到某一半径 R_2 时的工作后角 α 和工作切削角 δ，借以检验任意时刻的工作后角和工作切削角是否符合要求。

根据试验结果可知，$\Delta\delta_i$ 的近似计算公式的精度虽然没有旋刀运动方程公式的计算精度高，但实际生产中，在用普通量角器测量的条件下，还是可以的。由于近似式省去了三个参数，而且不牵涉刀架的种类，所以比用前面的旋切运动方程式要简便。

第三节 旋刀及安装

一、旋刀结构

旋刀是在刀体上开有槽的刀片。刀体上的槽用于将旋刀固定在机床刀架上。旋刀有两种基本结构：一是刀体上开有安装槽；二是刀体没有开安装槽。安装槽有两种形式(图 6-7)，一种是平面槽；另一种是阶梯槽。旋刀材料通常由两种钢材制造：刀体由 10 号或 15 号优质碳素结构钢制造；切削部分采用合金工具钢如 CrWMn、6CrW2Si 等材料。旋刀切削部分热处理后的硬度为 57 ~ 62HRC，同一把旋刀在切削部分的硬度差不超过 3HRC。

旋刀长度为 1050 ~ 2800mm，共有 12 种规格。旋刀长度不超过被旋木段长度的 50 ~ 70mm。旋刀宽度有 150mm，160mm，180mm，厚度有 15mm，17mm。切削部分的厚度是旋刀厚度的1/4～1/3，宽度是旋刀宽度的1/3～1/2。旋刀刃口直线度，每100mm长度不应大于0.1mm。楔角β =20°±2°。

在国外，有些工厂用带有波形刃口的特殊旋刀[图6-8(a)]来旋切装饰用的波形单板。在这种情况下，木材是被刀具进行横端向交替过渡切削的，因而能产生带有美丽花纹的波形单板。压尺也同样具有波形，如图6-8(b)。

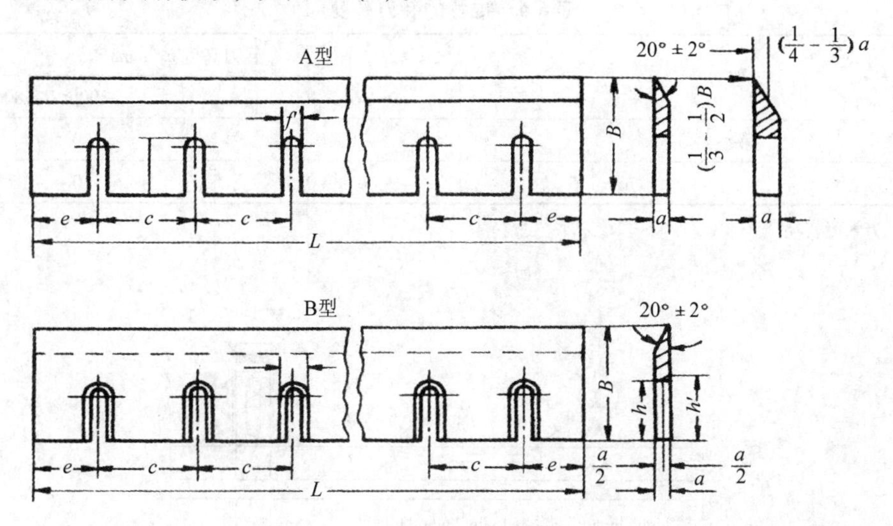

图6-7　旋刀结构

A型：开平面槽旋刀；B型：开阶梯槽旋刀

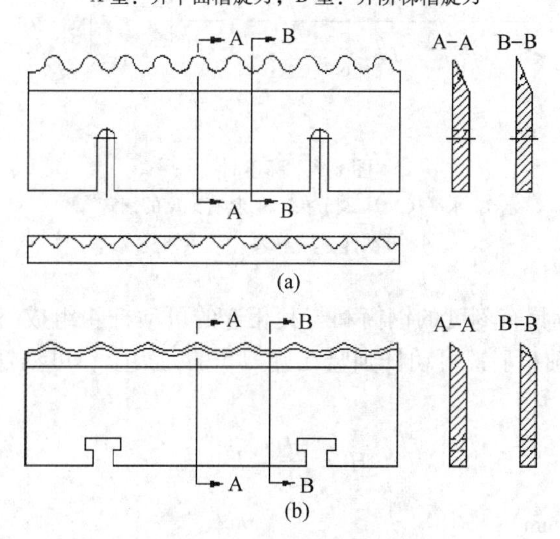

图6-8　特殊旋刀和压尺

(a)旋刀　(b)压尺

二、旋刀安装

为了提高旋切质量，必须正确安装旋刀。旋刀的安装要使刃口相对于卡轴轴线的距离符合要求，并根据木段直径的大小，使切削过程中后角变化符合旋切条件。

旋刀在安装过程中，要测量装刀高度 h 和装刀后角 α_i 。根据旋切机刀架的结构，旋刀安装高度 h ，见表6-4。装刀高度 h 是否符合要求，要使用图 6-9 所示的高度计进行检测。测量 h 时，尽量做到旋刀和卡轴之间的距离等于所旋木段的平均直径。除两端测量外，中部还可测 3 ~4 个点。

表 6-4　推荐的装刀高度

刀架类型		装刀高度 h (mm)	
		$D^{\#} < 300$	$300 < D < 800$
第一类		0 ~ 0.5	0.5 ~ 1
第二类	$\mu = 1.5°$	0 ~ −0.5	0 ~ −1

注：$D^{\#}$为木段直径。

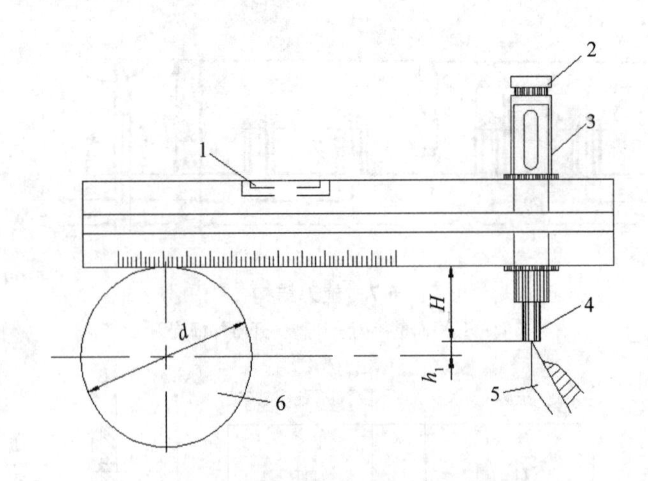

图 6-9　高度计

1. 水平尺　2. 调节头　3. 具有刻度的钢筒
4. 可动杆　5. 旋刀　6. 卡轴

高度计由水平尺 1、具有刻度的钢筒和与其相连的可动杆 4 组成。检查刀刃位置时，将水平尺的自由端放在卡轴 6 上；可动杆则竖在旋刀 5 的刀刃上，可动杆预先用调节头 2 安装成 H 高度。

$$H = \frac{d}{2} - h$$

式中：d ——卡轴直径(mm)；

H ——装刀高度(mm)。

拧松顶住旋刀端头的调节螺杆，使水准器在刀刃任意处皆达到水平位置。当旋刀 5 的刃口平行于卡轴轴线，并具有一定高度 h 后即可将旋刀固定。

旋刀安装后角 α_i 可采用图 6-10 所示的倾斜计测量。根据公式 6-11 和公式 6-12，可分别算出旋刀补充角ε和旋刀工作后角 α_w 。若算出的 α_w 和要求的 α_w 不符，就需要调整装刀后角 α_i 。

当知道最初的切削角(δ)和旋刀及其安装的其余参数以及机床刀架的参数后，可根据

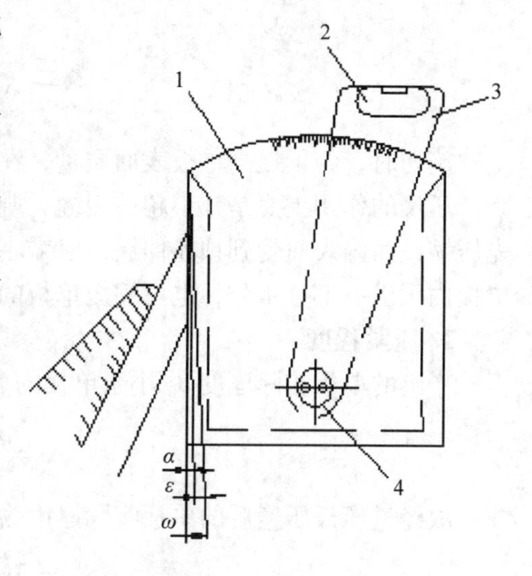

图 6-10　倾斜计

1. 倾斜计外壳你　2. 水准仪
3. 扇形板　4. 扇形板铰链

旋切角度计算公式，求得偏心轴的回转角 φ。在此角度下，旋刀将获得所需的切削角。

为了确定最初的切削角 δ，刀架具有专用手轮，靠它安装偏心轴以获得适当的最初的回转角 φ。当旋刀楔角改变时，应当调整刀架位置。实际上，可以用检查旋刀安装后角 α_i 的方法调节刀架位置。$\angle \alpha_i = \angle \alpha_w + \angle \alpha_a + \angle \alpha_m$。检查时，使倾斜计上扇形板转动到按照上式算得的角度值，然后将倾斜计的外壳体贴在旋刀后面上。用专用的手轮转动刀架，使倾斜计上的水准器的水泡居中。当楔角一定时，按上法装好后角后，切削角就安装正确了。

旋刀安装时，还可以用一种按进刀角进行调节的方法。进刀角 K 是旋刀后面与通过刀尖的水平面之间的夹角。

进刀角的大小与木段树种、单板厚度有关。常用的进刀角为89°~91°，一般对于硬材、厚单板进刀角较小；对于软材、薄单板进刀角较大(图 6-11)。

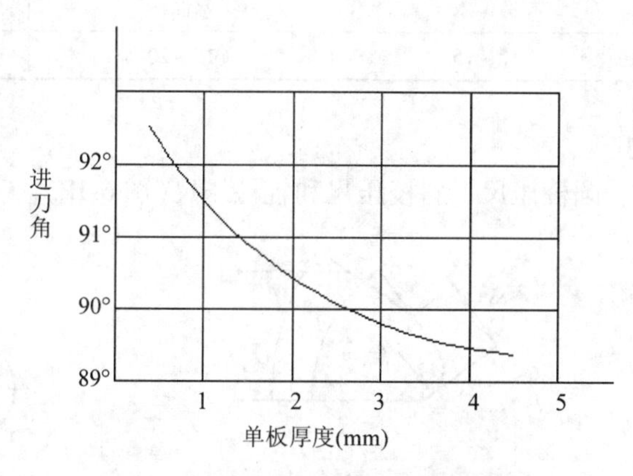

图 6-11　进刀角 K 与单板厚度的关系

进刀角的具体确定可按下述方法进行。

(1)根据木段树种、直径、所旋切的单板厚度等因素，通过试验确定最佳进刀角。

(2)当旋刀定好装刀高度且安装固定后：首先让刀架进刀，使旋刀刀刃处于平均木芯半径处，用角度测量工具，测出该位置的进刀角，并调整使之成为按上述方法确定的最佳进刀角；然后刀架退至被旋木段最大直径处，再次测量进刀角。

(3)检查木段最大半径处和木芯平均半径处的进刀角之差，是否符合角度变化的许可范围。如果角度变化范围不符合工艺要求，则需调整辅助滑道的倾斜度。

三、单板压紧

旋切时，为了提高单板表面质量，在旋刀的前面要用压尺压紧木段。

压尺的作用主要是减小超前裂缝，避免拉裂和剪裂。使单板在未切下之前外表面受到预先压缩，而内表面受到预先伸展，以减小由于单板切下后向外弯曲而发生的裂缝。同时能从单板内压出一部分水分，也可缩短单板的干燥时间。

1. 压紧程度

产出的单板实际厚度 S_0 小于单板的名义厚度 S。单板的压紧程度可用下式表示：

$$\Delta = \frac{S - S_0}{S} \times 100\% \tag{6-15}$$

故经过压尺压紧后的单板实际厚度为：

$$S_0 = S\left(1 - \frac{\Delta}{100}\right) \quad (\text{mm})$$

单板的压紧程度与单板的厚度、树种和木材蒸煮的温度有关。目前，我国常用的树种和一般单板厚度下，采用的压紧程度见表 6-5。

表 6-5 不同树种的压紧程度

树 种	椴 木	水曲柳	松 木
压紧程度（%）	10～15	15～20	15～20

2. 压尺种类和结构

压尺大致分为三种：圆棱压尺、斜棱压尺和辊柱压尺（图 6-12）。

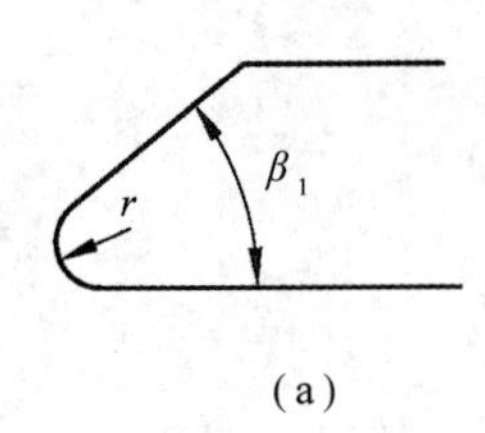

(a)

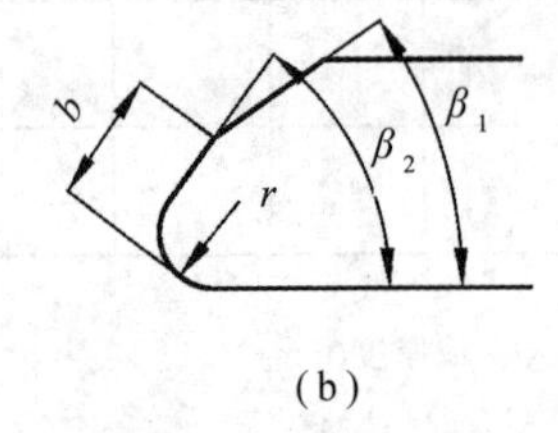

(b)

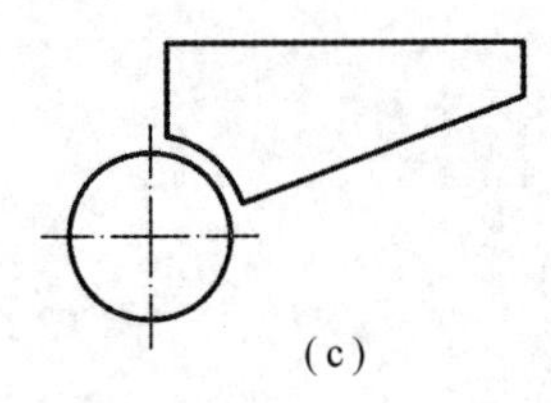
(c)

图 6-12 压尺断面形状

(a)圆棱压尺 (b)斜棱压尺 (c)辊柱压尺

圆棱压尺与木材的接触面积小，压应力集中，适用于单板压紧程度小、硬阔叶材、横纤维抗拉强度较大的树种和旋切 1mm 以下单板的情况。

斜棱压尺与木材的接触面积较大，适用于单板压紧程度较大、单板厚度较大、软阔叶材（如杨木、椴木及横纤维抗拉强度较小的树种）和松木的情况。

辊柱压尺与木材的接触面积更大，更适用于旋切软材和厚单板。由于辊柱压尺在电动机的带动下或木段的带动下转动，故虽然压紧力较大，但摩擦阻力仍然较小。

目前，生产除上面三种压尺外，还正在研究一种喷射压尺。喷射介质有的用常温压缩空气，有的用蒸汽。这种压尺既能加压又能加热，从而省去了木段的蒸煮工序。加拿大许多工厂使用一种带曲面的加热压尺。它用低碳钢制成，表面镀铬，以增加耐磨性和降低摩擦力，内部有蒸汽或热油通过，可使曲面温度达到150℃，加热切削区。

压尺的结构有三种：①没有槽口的压尺[图6-13(a)]。②具有埋头螺栓沟槽压尺[图6-13(b)]。③特殊形状沟槽的压尺[图6-13(c)]。压尺用碳素工具钢如T8A、T9A或合金工具钢如6CrW2Si、9SiCr等制造，热处理后压尺棱附近的硬度为28~48HRC。压尺长度和旋刀相当，宽度为50~80mm，厚度为12~15mm。

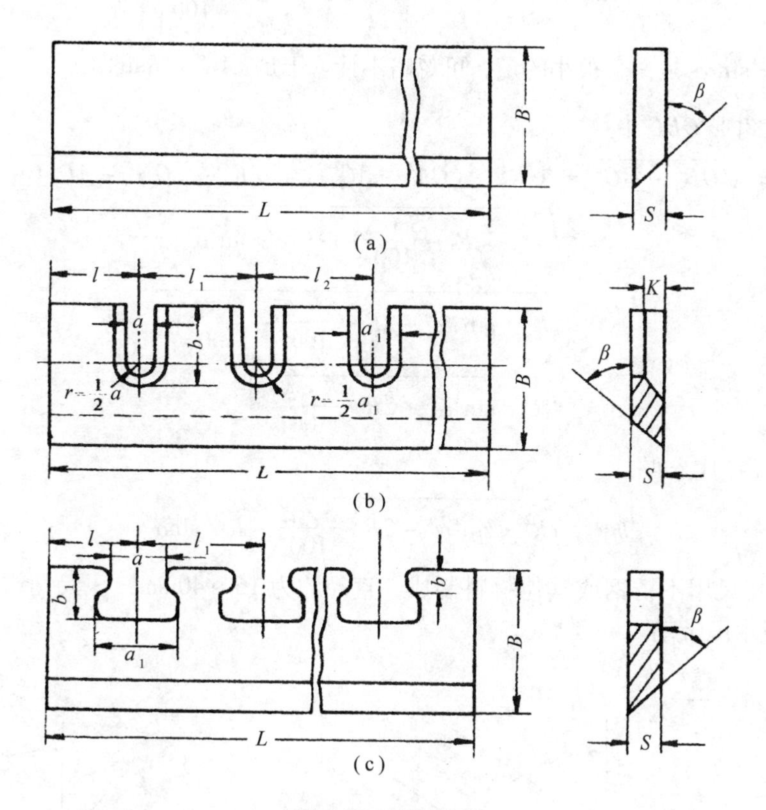

图6-13　压尺结构

(a)没有槽口的压尺　(b)有埋头螺栓槽的压尺　(c)有特殊形状槽的压尺

3. 压尺的主要参数

(1)圆棱压尺的主要参数有：楔角 $\angle\beta_1 = 45° \sim 50°$，压棱圆弧半径 $r=0.1 \sim 0.2$mm，压尺的厚度为12~15mm，宽度为50~80mm，如图6-14。

(2)斜棱压尺的主要参数有：压尺的主斜面楔角 β_1、压尺的厚度和宽度等参数与圆棱压尺相同。斜棱楔角 β_2 和斜棱宽度 b 的确定方法如下：

①斜棱楔角 β_2 的确定。

$$\angle\beta_2 = 180° - (\delta_i + \sigma + \alpha')$$

式中：δ_i ——装刀切削角；

σ ——旋刀前刀面与压尺前尺面之间的夹角；

α' ——压尺斜棱 AB 与铅垂线之间的夹角。

②斜棱宽度 b 的确定。图6-15中，O 为主轴的旋转中心，圆弧 $EBDF$ 表示木段的外表面。斜棱 AB 的全长都与木材接触，所以 B 点在木段表面上，而 A 点则压进木材。压进的深度为 AD。$A'D$ 为单板的名义厚度 S。$A'A$ 为单板压紧后的实际厚度 S_0。

$$AD = A'D - A'A = S - S_0 = \frac{S \cdot \Delta}{100}$$

由 O 点做 AB 延长线的垂线 $OC \perp BA$，则斜棱的宽度为 $b = BC - AC$。

由直角三角形 OAC 中：

$$AC = OA\sin\alpha' = (OD - AD)\sin\alpha' = R - \frac{S \cdot \Delta}{100}) \cdot \sin\alpha'$$

式中 $\frac{S \cdot \Delta}{100}\sin\alpha'$ 是一个很小的量，可忽略不计。于是：$AC \approx R\sin\alpha'$

由直角三角形 OBC 中：

$$BC = \sqrt{OB^2 - OC^2} = \sqrt{R^2 - (OA^2 - AC^2)} = \sqrt{R^2 - (OD^2 - AD^2) + AC^2}$$

$$= \sqrt{R^2 - (R - \frac{S \cdot \Delta}{100})^2 + R^2 \cdot \sin^2\alpha'}$$

$$= \sqrt{R^2 \cdot \sin^2\alpha' + 2R \cdot \frac{S \cdot \Delta}{100} - \frac{S \cdot \Delta}{100})^2}$$

$$\approx \sqrt{R^2 \cdot \sin^2\alpha' + 2R \cdot \frac{S \cdot \Delta}{100}}$$

将 AC 和 BC 代入得：

$$b = \sqrt{R^2 \cdot \sin^2\alpha' + 2R \cdot \frac{S \cdot \Delta}{100}} - R \cdot \sin\alpha'$$

(3)辊柱压尺用不锈钢或其他材料制成，直径约为 16 ~ 40mm，压尺两端用轴承支撑，本身由电机或木段带动。

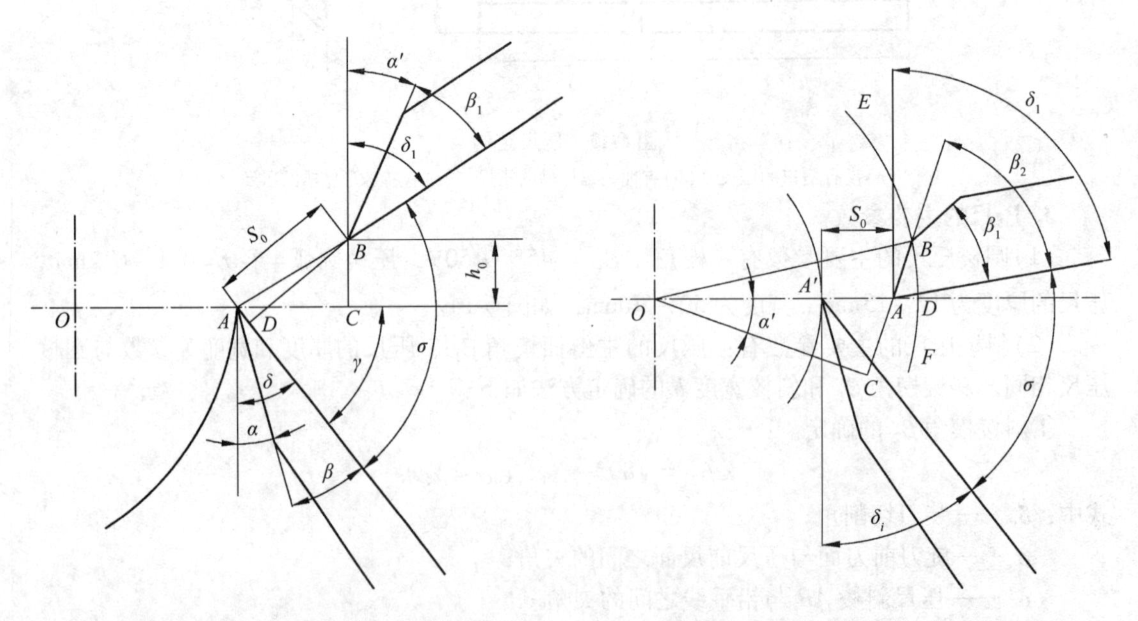

图 6-14 圆棱压尺相对于旋刀的位置　　图 6-15 斜棱压尺相对于旋刀的位置

4. 压尺安装

压尺相对于旋刀的位置，除要保证单板具有必要的压紧程度外，还必须保证压应力的合力通过旋刀的刃口。如果合应力高于刃口，则不能达到减小超越裂隙，避免拉裂和剪裂的目的；如果合应力低于刃口，不仅不能达到上述目的，而且还会造成外加的摩擦损耗。因此，压尺必须在适当位置上。

圆棱压尺和斜棱压尺相对于旋刀的位置(图6-14、图6-15)，由下列三个参数确定：

(1)压尺安装调整时，压尺棱与旋刀刀刃作用力和互相位置应平衡，并用塞尺沿刃口按一定间隔测定若干点，使之等于S_0(如图6-14)。S_0根据不同树种和单板厚度决定，约等于单板厚度的80%～90%。开始旋切后，如遇单板表面有剥落、纤维撕裂或纤维延伸等情况时，说明压紧力过大；如遇单板表面粗糙或背面裂隙过深时，说明压紧力过小。因此，在旋切过程应根据观察单板的光洁度及裂隙度，调整压紧程度。

(2)压尺前刀面与旋刀前刀面之间的夹角σ(压尺安装角)。通常$\sigma=70°\sim90°$，当压尺棱高度h_0等于零或接近于零时，σ取小值；反之取大值。

(3)压尺棱相对于旋刀刃口的高度h_0(压尺棱高度)。在校正了压尺棱与刀刃平行度后，于刀刃两端及中间用塞尺测定h_0，并得到理想的范围。

斜棱压尺的压尺棱高度$h_0=0$。

而对于圆棱压尺，为了保证压应力的合力通过刃口，圆棱压尺前尺面的延长线BA必须通过刀刃(图6-14)。

由B点作BD线垂直于旋刀前刀面，再作BC线垂直于主轴的水平中心线。由直角三角形ABC中可知：

$$
\begin{aligned}
h_0 &= BC = AB\sin\angle BAC = AB\sin[\sigma-(90°-\delta)] \\
&= AB[\sin\sigma\cdot\cos(90°-\delta)-\cos\sigma\cdot\sin(90°-\delta)] \\
&= AB[\sin\sigma\cdot\sin\delta-\cos\sigma\cdot\cos\delta]
\end{aligned}
$$

由直角三角形ABD中可知：

$$
AB=\frac{BD}{\sin\angle BAD}=\frac{S_0}{\sin\sigma}
$$

于是，

$$
\begin{aligned}
h_0 &= \frac{S_0}{\sin\sigma}\cdot(\sin\sigma\cdot\sin\delta-\cos\sigma\cdot\cos\delta) \\
&= S\left(1-\frac{\Delta}{100}\right)\left(\sin\delta-\frac{\cos\delta}{\mathrm{tg}\sigma}\right) \qquad (6\text{-}16)
\end{aligned}
$$

式中：S——单板名义厚度；

Δ——单板压紧程度；

σ——压尺安装角；

δ——旋刀安装切削角(旋刀前刀面和铅垂线之间的夹角)。

上式所规定的h_0、Δ和σ三者之间的关系，既保证了所要求的压紧程度，又保证了压应力的合力通过旋刀刃口，因而也就保证了加工质量。

从上式可知，h_0是依单板厚度、压紧程度、切削角和压尺与旋刀之间的夹角而定的。切削角δ通常在25°之内；压尺和旋刀之间的夹角σ视机床结构而定。

表6-6表示了不同的Δ、σ和δ时的h_0/s之比值。

表 6-6　不同的Δ、σ 和 δ 时的 h_0/S 之比值

压紧程度Δ（%）	切削角 δ	在不同的 σ 值时 h_0/s 之比值				
		70°	75°	80°	85°	90°
10	20°	0	0.08	0.16	0.23	0.31
	25°	0.08	0.16	0.24	0.31	0.38
20	20°	0	0.07	0.14	0.21	0.27
	25°	0.07	0.14	0.21	0.28	0.37
30	20°	0	0.06	0.12	0.18	0.24
	25°	0.07	0.13	0.18	0.24	0.30

表 6-7　不同 σ 时的 h_0/s 之比值

σ	70°	75°	80°	85°	90°
h_0/S	0	0.10	0.18	0.25	0.30

为了便于应用，一般情况下 h_0/S 之比值可用表 6-7 的数值。

从图 6-14 中看出，压尺的倾斜角 δ_1 可用下式计算：

$$\delta + \sigma + \delta_1 = 180°$$

$$\delta_1 = 180° - (\delta + \sigma)$$

当 $\sigma = 70°$、$\delta = 25°$以下时，δ_1 在 85°以内。

实际生产中，当旋切蒸煮过的木段时，木段温度时旋刀受热膨胀，结果造成刀尖高度增加，使原来调整好的刀尖高度改变。曾经观察到，旋切 85°的木段时，刀刃膨胀而使刀尖增加 0.38mm。所以调整刀尖高度时，还需要考虑温度的影响。

辊柱压尺相对于旋刀的位置取决于两个参数（图 6-16）：

（1）辊柱压尺表面到刃口的水平距离 X。

（2）压尺中心到旋刀刃口的垂直距离 Y。其计算公式为：

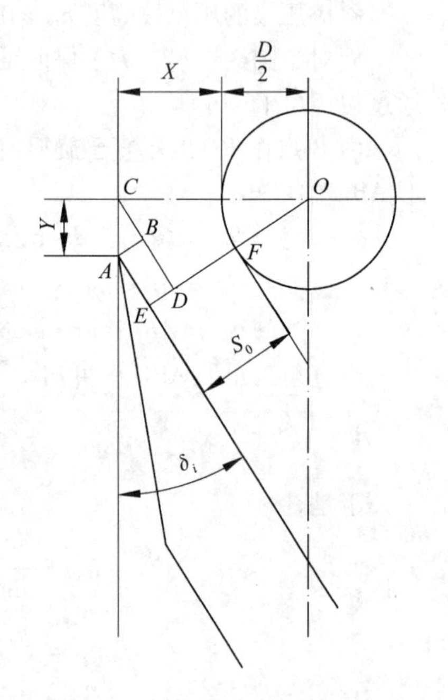

图 6-16　辊柱压尺的安装位置

$$X = (s_0 + \frac{D}{2})\cos\delta_i - \frac{D}{2}\ ;\ Y = (s_0 + \frac{D}{2})\sin\delta_i \tag{6-17}$$

第七章

磨削与磨具

磨削是一种特殊的切削加工工艺，用砂带、砂纸或砂轮等磨具代替刀具对工件进行加工，目的是除去工件表面一层材料，使工件达到一定的厚度尺寸或表面质量要求，磨削加工在木材加工工业中常用于以下几方面：①工件定厚尺寸校准磨削。主要用在刨花板、中密度纤维板、硅酸钙板等人造板的定厚尺寸校准。②工件表面精光磨削。用于消除工件表面经定厚粗磨或铣、刨加工后，工件表面的较大表面粗糙度，以获得更光洁的表面。③表面装饰加工。在某些装饰板的背面进行拉毛加工，获得要求的表面粗糙度，以满足胶合工艺的要求。④工件油漆膜的精磨。对漆膜进行精磨、抛光，获取镜面柔光的效果。

磨削加工不同于铣削加工和刨削加工。后者往往因逆纹理而产生难于消除的破坏性不平度，加之大功率、高精度宽带砂光机的发展，为大幅面人造板、胶合成材和拼板的定厚尺寸校准和表面精加工提供了理想设备，因此，磨削的应用前景非常广阔。

第一节　磨削的种类

磨削所用的工具是砂布、砂纸和砂轮。按磨具形状可分为以下几种，见表 7-1。

表 7-1　木材主要磨削种类

类型	示　图	说　明	用途和特点
砂盘		把砂布或砂纸固定在旋转的圆盘上对工件进行砂光	平面砂光、角砂光；结构简单、砂盘刚性强；砂盘中央和周边的磨削速度不同，工件表面磨削不均匀
砂带		将一根无端砂带张紧在两个带轮上，通过带轮驱动砂带作直线运动，磨削工件。分为窄砂带磨削和宽砂带磨削	窄砂带用于磨光曲面、小幅面的平面；宽砂带用于砂光大幅面木板和人造板定厚强力磨削等；磨削幅面大、磨削速度高（可达 25m/s），故生产效率高；砂带长，散热较好，使用寿命长
砂辊		把砂布包裹在辊筒上构成磨削砂辊。砂辊作回转运动，磨削工件。分为单辊磨削和多辊磨削	单辊磨削可砂光平面和曲面；多辊磨削可磨削拼板、框架及人造板；磨削幅面大、磨削速度高，生产效率高；单位时间磨料参加切削的次数多，散热较差，使用寿命较短
砂轮		砂轮是用粘结剂把磨料粘结成一定形状的回转体。根据工件截面形状，修整砂轮形状	可磨削木线型等；工件磨削精度高，磨具使用寿命长，更换方便；但散热条件差，不宜大面积的磨削和大的磨削量

（续）

类型	示 图	说 明	用途和特点
磨刷		将砂布剪成窄条状并固定在磨刷头上，磨刷头上的弹性毛束把砂布抵压在工件表面	能磨削门框、镜框等复杂的木线形

第二节 磨 具

木材磨削用的磨具结构分为砂布（或砂纸）和砂轮，并且前者使用更为广泛。砂布由基体、磨料、结合剂和气孔四部分组成；砂轮由磨料、结合剂和气孔三部分组成，如图7-1。

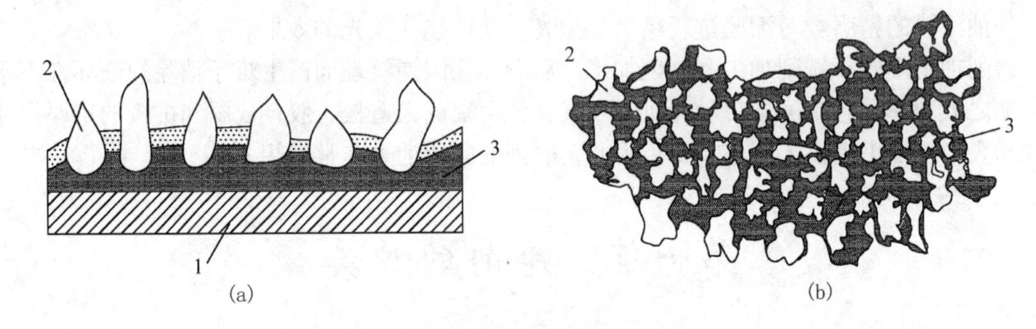

图7-1 磨具的组成

（a）砂布 （b）砂轮

1. 基体 2. 磨料 3. 结合剂

1. 磨 料

木材磨削用的磨料分为刚玉类、碳化物类和玻璃砂（SB）三种类型。刚玉磨料的主要成分为 Al_2O_3。根据添加物类型和含量，刚玉磨料又分为棕刚玉（GZ）、白刚玉（GB）、单晶刚玉（GD）、微晶刚玉（GW）和铬刚玉（GG）等。根据碳化物类型和成分，碳化物磨料分为黑碳化硅（TH）、绿碳化硅（TL）和碳化硼（TP）。

刚玉类磨料硬度和锋利度不如碳化硅，但韧性大，抗弯强度高，适合于磨削量大的场合，如宽带砂光机的粗磨。碳化硅磨料硬度和锋利度都高，且韧性小，适合于磨削量小的场合，如宽带砂光机的精磨。玻璃砂韧性差，易碎裂但锋利，适合于制造砂轮。

2. 粒 度

粒度是指磨料的尺寸，用粒度号表示。用筛选法获取的磨料，其粒度号是用一英寸（25.4mm）长度上有多少个孔眼的筛网来确定；用W表示的磨料称为微粉，它的粒度以微粉的实际尺寸表示。常用的磨料粒度见表7-2。粒度的选择通常根据待磨工件表面的粗糙度、工件要求的表面粗糙度和木材材性来确定。为了提高生产率和满足工件表面质量，可以采用多头砂光机，分几次磨削。各头砂带应隔号选用，粗砂的粒度最低，细砂的中等，精砂的最高。如粗砂用30号、36号、60号，则细砂用80号、100号，精砂用120号、150号、180号。

3. 结合剂

结合剂是把磨料粘合在一起而构成磨具的材料。磨具的强度、耐热性和耐用度等性能很大程度上取决于结合剂的性能。木材磨削用的磨具结合剂习惯采用动物胶和树脂胶。动物胶柔软性好，工件磨削表面质量高，但耐热性、耐水性差。适合于磨削温度低、工件含水率低的场合。树脂胶价格尽管较贵，但热固性、防水性均优于动物胶，适合于磨削温度高和工件含水率高的场合。

4. 磨具的硬度

磨具硬度和磨料本身硬度是两个不同的概念，磨具硬度是指磨具工作表面的磨料在外力作用下脱落的难易程度。磨料易脱落，则磨具的硬度就低，反之硬度就高。磨具硬度分为超软(CR)、软(R)、中软(ZR)、中(Z)、中硬(ZY)、硬(Y)和超硬(CY)。其中R还分为R1、R2和R3，ZR分为ZR1和ZR2，Z分为Z1和Z2，ZY分为ZY1、ZY2和ZY3；Y分为Y1和Y2。

选用磨具硬度时，应视具体情况而定。通常磨削软材要选用硬度高的磨具，磨削硬材要选用硬度低的磨具。磨削人造板时，因胶合材料、填充材料易于堵塞磨具表面，应选用硬度更低的磨具。精磨时的磨具硬度应高于粗磨时的磨具硬度。

表7-2　磨料粒度及颗粒尺寸

粒度	磨料尺寸(μm)	粒度	磨料尺寸(μm)	粒度	磨料尺寸(μm)
8	3150～2500	70	250～200	W40	40～28
10	2500～2000	80	200～160	W28	28～20
12	2000～1600	100	160～125	W20	20～14
14	1600～1250	120	125～100	W14	14～10
16	1250～1000	150	100～80	W10	10～7
20	1000～800	180	80～63	W7	7～5
24	800～630	240	63～50	W5	5～3.5
30	630～500	280	50～40	W3.5	3.5～2.5
36	500～400			W2.5	2.5～1.5
46	400～315			W1.5	1.5～1.0
60	315～250			W1	1.0～0.5

5. 磨具的组织

磨具组织是指磨具中的磨料、结合剂和气孔三者体积的比例关系。磨料在磨具中所占体积越大，则磨具的组织越紧密；反之，磨具的组织越松。磨具的组织对磨削生产率和表面质量有直接影响。磨具组织一般分为紧密、中等和疏松三种。组织疏松的磨具，因有较多的气孔可容纳磨屑，离开磨削区后，磨屑又易排出，磨具不易堵塞，散热也好。因此，适合磨削软材、含树脂多的木材或磨削面积大的场合。但磨具使用寿命较低。组织紧密的磨具，其气孔易堵塞。但单位体积的磨料多，磨削质量高。因而，适合磨削硬材或磨削表面不平度要求低的场合。为了保持砂轮的形状和磨削表面光洁度，砂轮组织要求中等或紧密。

第三节 磨削过程

磨削与一般的切削加工一样，不过它是以磨料作为刀齿切削木材的。磨屑的形成也要经历弹、塑性变形的过程，也有力和热的产生。

(一)磨削特点

磨料在磨具表面上的分布很不规则，各磨料的高度和间距差异较大。此外，磨料形状各异。磨料顶角约为90°~120°；切削刃及前刀面形状不规则，通常是不规则的曲线和空间曲线；切削刃有一定的圆弧半径。

因此，磨具在磨削过程中，表现出下述特点：

(1) 磨料上的每一个切刃相当一把基本切刀，但由于大多数磨料是以负前角和小后角在进行切削，切刃具有8~14μm的圆弧半径，故磨削时切刃主要对加工表面产生刮削、挤压作用，使磨削区木材发生强烈的变形。尤其是切刃变钝后，相对于甚小的切削厚度(一般只有几微米，致使切屑和加工表面变形更加严重。

(2) 磨料的切刃在磨具上排列很不规则，虽然可以按磨具的组织号数及粒度等计算出切刃间的平均距离，但各个磨料的切刃并非全落在同一圆周或同一高度上。因此，各个磨料的切削情况不尽相同。其中比较凸出且比较锋利的切刃可以获得较大的切削厚度，而有些磨料的切削厚度很薄，还有些磨料则只能在工件表面磨擦和刻划出凹痕，因而生成的切屑形状很不规则。

(3) 磨削时，由于磨料切刃较钝，磨削速度高，切削变形大，切刃对木材加工表面的刻压、摩擦剧烈，所以导致了磨削区发热、温度很高。而木材本身导热性能较差，故加工表面常被烧焦。磨具本身亦更快变钝。

减少磨削热的方法是合理选用磨具。磨具的硬度应适当，太硬则使变钝的磨料不易脱落，它们在加工面上挤压、摩擦，会使磨削温度迅速升高。组织不能过紧，以避免磨具堵塞。另外还要控制磨削深度，深度大、磨削厚度增大，也将使磨削热增加。为了加速散热，在宽带砂光机中，采用压缩空气内冷或在砂辊表面开螺旋槽，当砂辊高速转动时，使空气流通冷却。

(4)磨削过程的能量消耗大。前面讲过，磨削时，因切屑厚度甚小、切削速度高、滑移摩擦严重，致使加工表面和切屑的变形大。这种特征表现在动力方面，就是磨削时虽然每分钟木材磨削量不大，但因每粒切刃切下的木材体积极小，且单位时间内切下切屑数量较多，所以磨下一定重量的切屑所消耗的能量比铣下同样重量的切屑所消耗的能量要大得多。

(二)磨削厚度

1. 砂轮(或砂辊)**磨削**

为了研究方便，假设砂轮上磨料前后对齐，并均匀地分布在砂轮的外圆表面上。在图7-2中，砂轮上A点以线速度V转到B点的同时，工件以速度U从C点移动到B点，则

$$\frac{BC}{\overset{\frown}{AB}} = \frac{U}{60V} \tag{7-1}$$

图7-2中面积ABC就是$\overset{\frown}{AB}$弧长内所有磨料磨去的木材层。此时磨去最大厚度为BD。

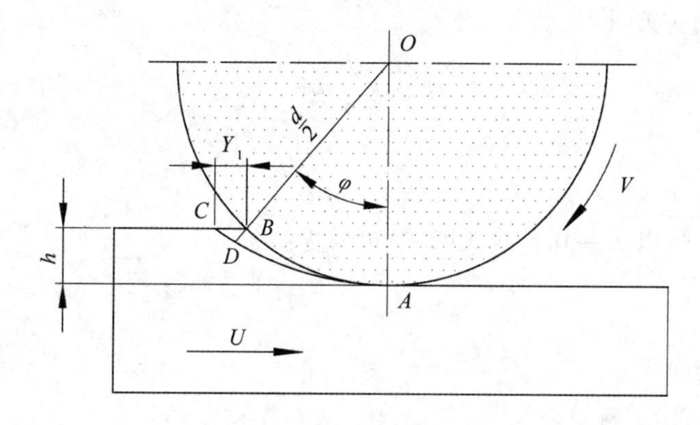

图 7-2 理想的磨削厚度

设砂轮圆周上每单位长度内有 m 颗磨料，那么，参加切削的磨料数为 $AB \times m$。则单个磨料的最大切削厚度 α_{max} 为：

$$a_{max} = \frac{BD}{AB \times m} \tag{7-2}$$

由于磨削深度 h 和进给量 BC 都极小，所以可将 BDC 近似看成为直角三角形，于是

$$BD = BC \cdot \sin\varphi \tag{7-3}$$

因为
$$\cos\varphi = \frac{OE}{d/2} - \frac{d-2h}{d}$$

所以
$$\sin\varphi = \sqrt{1-\cos^2\varphi} = \sqrt{1-(\frac{d-2h}{d})^2}$$

由于 $d \gg h$，故可忽略，得

$$\sin\varphi = 2\sqrt{\frac{h}{d}} \tag{7-4}$$

将式(7-1)、式(7-3)和式(7-4)代入式(7-2)，得：

$$a_{max} = \frac{U}{30V \cdot m}\sqrt{\frac{h}{d}} \tag{7-5}$$

$$a_{av} = \frac{a_{max}}{2} = \frac{U}{60V \cdot m}\sqrt{\frac{h}{d}} \tag{7-6}$$

式中：a_{max} ——单个磨料的最大切削厚度(mm)；

a_{av} ——单个磨料的平均切削厚度；

V——砂轮的线速度(m/s)；

U——工件的速度(m/min)；

m ——砂轮圆周上单位长度内平均磨料数 ；

h ——磨削深度(mm)；

d ——砂轮直径(mm)。

2. 砂带磨削

假设磨料均匀等高地分布于基体上(图 7-3)。设砂带的速度为 V，工件水平进料速度为 U，则相对运动速度为 V'。如果把每一磨料视为带锯条的一只齿刃，则与带锯锯切比较可

知，每一磨料的垂直进刀量 U_{vz} 为：

$$U_{vz} = \frac{U_v}{V'}L \tag{7-7}$$

磨削厚度 a 为：

$$a = U_{vz}\cos\varphi \tag{7-8}$$

因为 $V' \gg U_v$，所以 $\varphi \to 0$，故式(7-8)可写为：

$$a = U_{vz} = \frac{U_v}{V'}L \tag{7-9}$$

式中：a ——砂带磨削厚度；

U_v ——垂直方向进料量；

V ——磨削相对运动速度；

L ——磨削时磨切刃间距。

磨料切刃间距 L，可按下述方法求得。在图 7-3 中，设磨料 A，A_1，$\cdots A_m$；B，B_1，$\cdots$；C，C_1，$\cdots$；均按等距离 e 排列。由于实际磨削方向是由 $A_m \to B$，故磨削时磨料切刃间距应

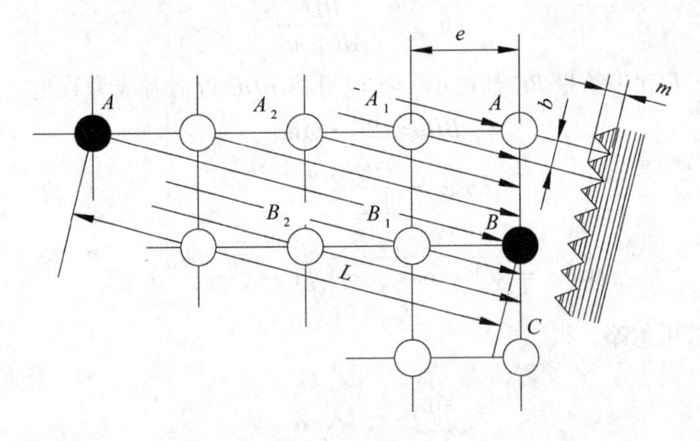

图 7-3 磨料在砂纸上的排列

为 $A_mB = L$。若图 7-3 中 AB 间有 m_0 个磨料通过，则：

$$L \approx m_0 e \tag{7-10}$$

因为

$$m_0 = \frac{e}{b}$$

所以

$$L = \frac{e^2}{b} \tag{7-11}$$

式中：b ——磨削表面上刻痕的宽度，可实测得到。若实测求得单位面积上的磨料数为 N，那么单位长度上的磨料数 m 为：

$$m = \sqrt{N}$$

则

$$e = \frac{1}{m} = \frac{1}{\sqrt{N}} \tag{7-12}$$

将式(7-12)代入式(7-11)中，便可求得：

$$L = \frac{1}{b \cdot N} \tag{7-13}$$

必须说明，以上求得的切削厚度公式都是理想近似公式，实际上因磨料在磨具表面上分布极不规则，所以各磨料的切削厚度相差悬殊。但上述公式可定性地分析各因素对切削厚度的影响：①磨削厚度随工件进料速度的增大而增大。②磨削厚度随磨具速度的增大、砂轮（砂辊）直径的增大而减小。③磨具的粒度号愈大，磨削厚度愈小。

当磨削厚度愈大时，磨料负荷愈重，磨削力愈大，磨具磨损愈快，磨出工件的表面质量愈差。

第四节　带式砂光

（一）磨削加工的功能

木制品加工工艺中，砂光的功能和作用有以下两个方面：一是进行精确的几何尺寸加工。即对人造板和各种实木板进行定厚尺寸加工，使基材厚度尺寸误差减小到最小的限度；二是对木制品零部件的装饰表面进行修整加工，以获得平整光洁的装饰面和最佳的装饰效果。前者一般采用定厚磨削加工方式，后者一般采用定量磨削加工方式。

按照木制品生产工艺的特点和要求，以及成品的使用要求，确定加工工艺中使用何种磨削加工方式。定厚磨削加工方式一般用于基材的准备工段，是对原材料厚度尺寸误差进行精确有效的校正。定量磨削加工方式主要是对已经装饰加工的表面进行的精加工，以提高表面质量。从加工效果来看定厚磨削的加工用量较大，磨削层较厚，加工后表面粗糙度较大，但其获得的厚度尺寸精确。定量磨削的加工用量很小，磨削层较薄，加工后被加工工件表面粗糙度较小，但板材的厚度尺寸不能被精确校准。

定量砂削方式由于所用的压垫结构形式不同，其适用的范围以及所能达到的加工精度亦不同。整体压垫适用于厚度尺寸误差较小的工件加工，分段压垫适用于厚度尺寸误差较大工件的加工。无论是整体压垫还是分段压垫或气囊式压垫，其工作原理都是由压垫对砂带施加一定的压力，在此压力的控制下，砂带在预定的范围内对工件进行磨削加工。在整个磨削过程中，磨削用量相等或接近相等，达到等磨削量磨削。定量磨削压垫对砂带的作用面积大、单位压力小，在去掉工件表面加工缺陷和不平度的同时，磨料在工件表面留下的磨削痕迹小，因此，被加工表面光洁平整。另外，数控智能化分段压垫通过控制压力的变化，还可以消除工件前后和棱边区在磨削加工时产生的包边、倒棱现象。

（二）窄带式砂光

带式砂光机的磨削机构是无端的砂带套装在2~4个带轮上，其中一个为主动轮，其余为张紧轮、导向轮等。窄带式砂光机砂光大幅面板材表面时，在进给板材的同时须同时移动压带器（图7-4），其进给速度受到压带器移动速度的限制，故生产率较低，仅适用于对工件的表面精磨。

（三）宽带砂光机砂架的结构形式

宽带砂光机的砂带宽度大于工件的宽度，一般砂带宽度为630~2250mm，因此，对板材的平面砂磨，只需工件做进给运动即可，且允许有较高的进给速度，故生产率高。此外，宽带砂光机的砂带比辊式砂光机的砂带要长的多，因此，砂带易于冷却，且砂带上磨料之间的空隙不易被磨屑堵塞，故宽带砂光机的磨削用量可比辊式砂光机大；辊式砂光机磨削板材

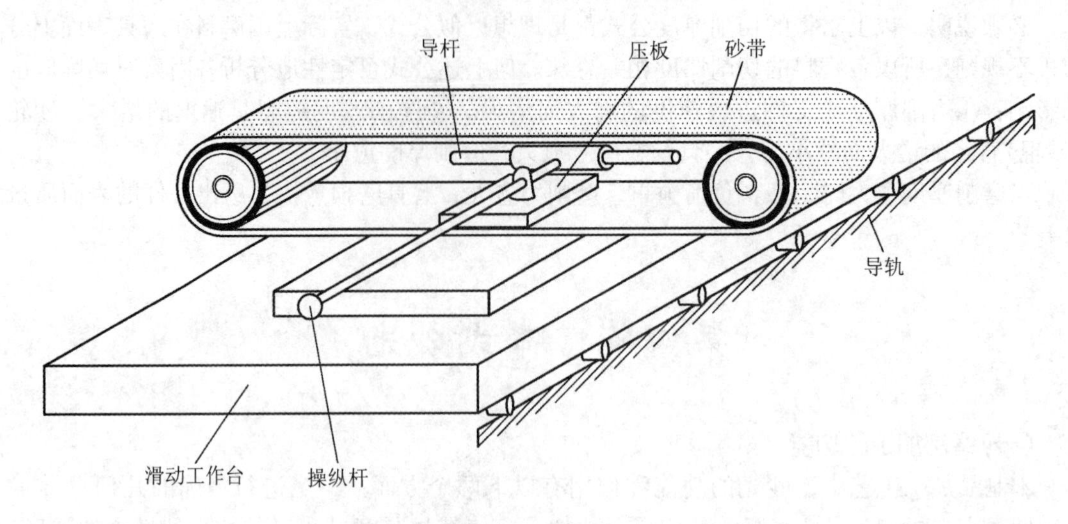

图 7-4 窄带砂削

时，一般情况下，磨削每次的最大磨削量为 0.5mm，而宽带砂光机每次最大磨削量可达 1.27mm。辊式砂光机进料速度一般为 6～30m/min，而宽带砂光机为 18～60m/min。宽带砂光机砂带的使用寿命长，砂带更换较方便、省时。由于上述种种优点，在平面磨削中，宽带砂光机几乎替代了其他型式的砂光机，在现代木材工业和家具生产中，用于板件大幅面的磨削加工，尤其是家具工业中用以对刨花板、中密度纤维板基材的表面磨削。

1. 接触辊式砂架(图 7-5)

砂带张紧于上下两个辊筒上，其中一个辊筒压紧工件进行磨削。由于靠辊筒压紧工件接触面小，单位压力大，故多用于粗磨或定厚砂磨。接触辊为钢制，表面常有螺旋槽沟或人字形槽沟，以利散热及疏通砂带内表面粉尘，有的接触辊表面包覆一层一定硬度的橡胶，粗磨时橡胶硬度选 70～90 邵尔；精磨选 30～50 邵尔。

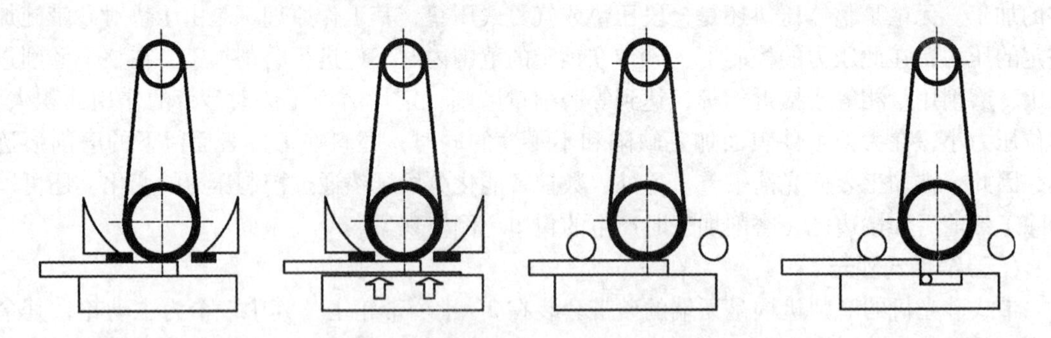

图 7-5 四种接触辊式砂架的工作原理图

2. 砂光垫式砂架(图 7-6)

工作时砂光垫(压板)使砂带压紧工件进行磨削。这类砂架接触面积大、单位压力小，故多用于精磨或半精磨。砂光垫通常有标准弹性式、气体悬浮式和分段电子控制式三种。标准弹性式最简单，它由铝合金做基体，外覆一层橡胶或毛毡，最外包一层石墨布。后两种形式砂光垫更能适应工件厚度的最大误差，但成本高，技术复杂。

分段压垫式砂架的结构原理图(图 7-7)，其压垫工作原理，如图 7-8。

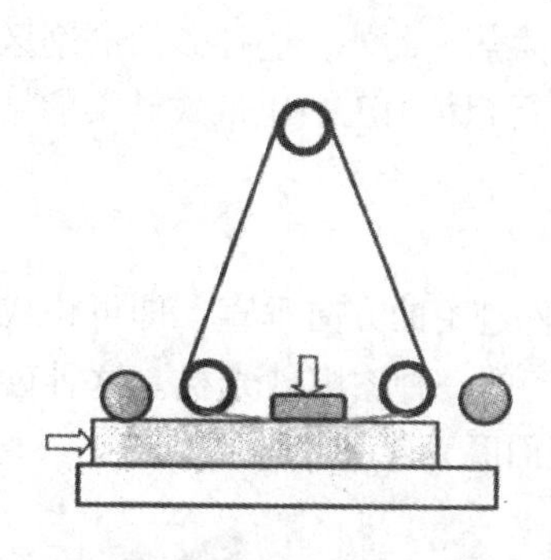

图 7-6　砂光垫式砂架的工作原理图

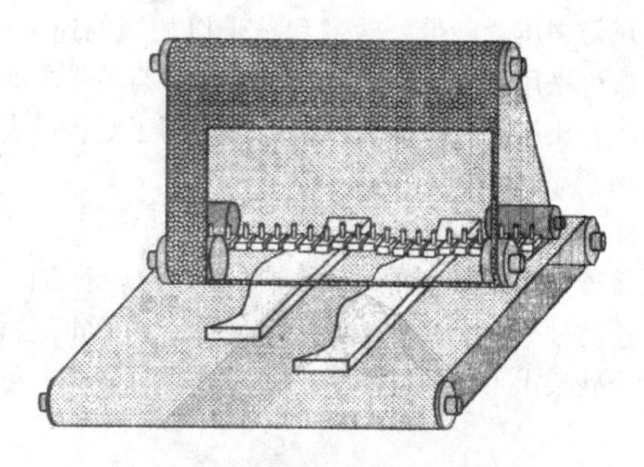

图 7-7　分段压垫式砂架结构示意图

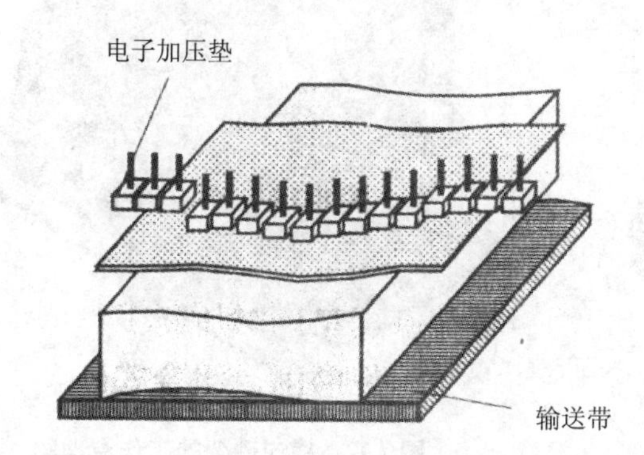

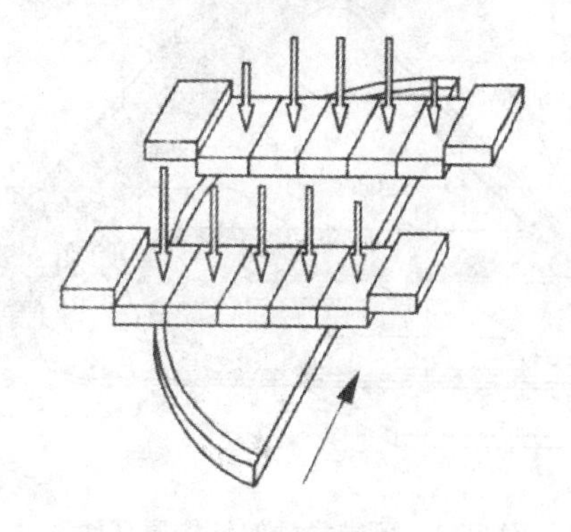

图 7-8　分段压垫工作原理图

3. 组合砂架（图 7-9）

它是接触辊式砂架和压垫式砂架的组合，同时具有两种砂架的功能或配合使用的功能，经调整可实现三种工作状态：①砂光垫和导向辊不与工件接触，只靠接触辊压紧工件磨削。②使接触辊和砂光垫同时压紧工件磨削，接触辊起粗磨作用，砂光垫起精磨作用。③只让砂光垫压紧工件磨削。组合式砂架较灵活，适合单砂架砂光机，也可与其他砂架组成多砂架砂光机。

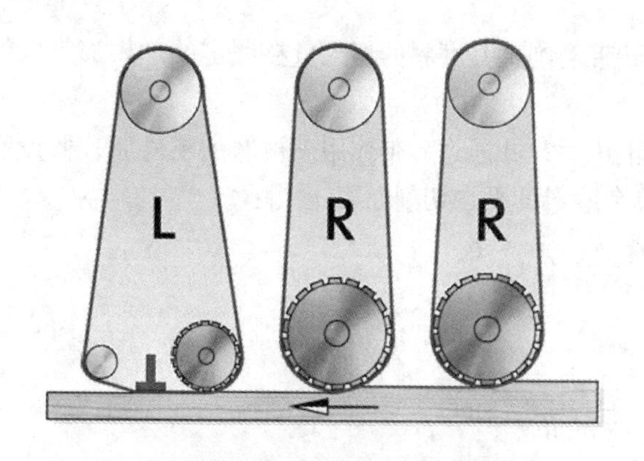

图 7-9　组合式砂架的工作原理图

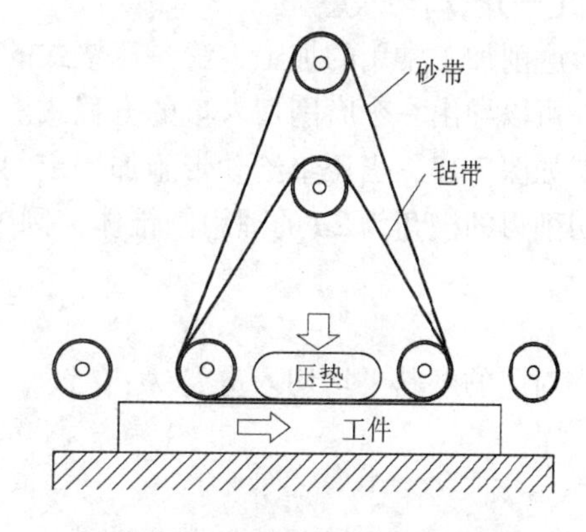

图 7-10　压带式砂架的工作原理图

4. 压带式砂架（图 7-10）

砂带由三个辊筒张紧成三角形，内装有两个或三个辊张紧的毡带，压垫压在毡带内侧，通过压带来压紧砂带。砂带和毡带以相同的速度、同方向运行，砂带与毡带之间无相对滑动，故可采用高的磨削速度，减少压垫与砂带之间摩擦生热。此外，这种砂架磨削区域的接触面积要比压垫式砂架大，所以它适用于对板件表面进行超精加工。压带式砂架的结构原理（图 7-11）。

5. 横向砂架（图 7-12）

将砂光垫式砂架转动 90° 布置，砂带运动方向与工件进给的方向垂直，即可构成横向砂架。这类砂架多与其他砂架配合使用，如 DMC 公司生产的一种漆膜砂光机。这种砂光机通过四个砂架上不同粒度砂带的过渡和重复砂磨，可获镜面磨光效果。

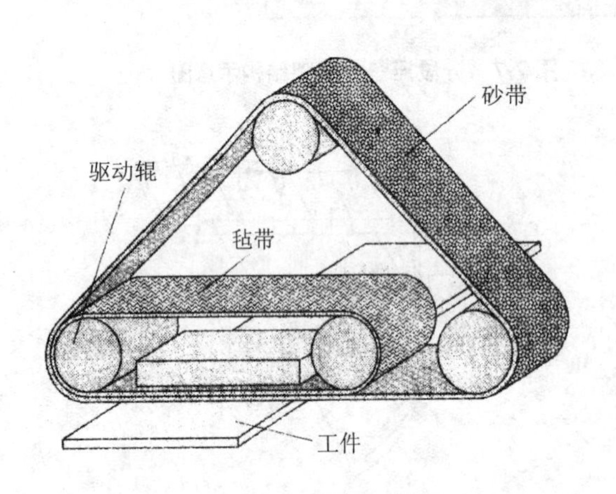

图 7-11 压带式砂架结构原理图

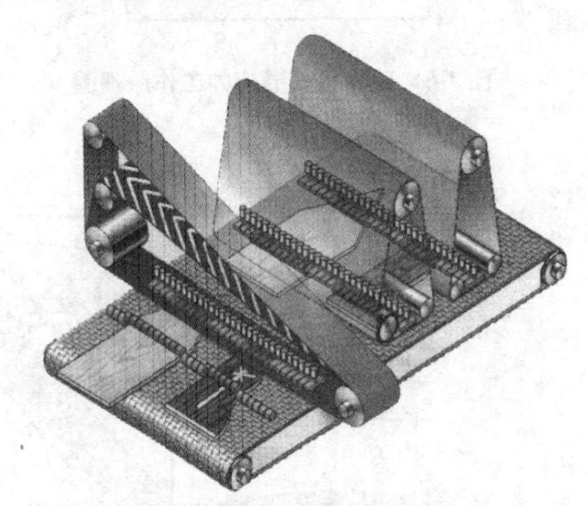

图 7-12 横向砂架的工作原理图

第五节 磨削效率与影响磨削表面质量的因素

一、磨削效率与磨削功率

（一）磨料切入量

磨削加工常用的加工方法是压垫式的砂带磨削，其磨料的切入量在假定的理想加工条件下，可以导出一个磨削切入量的方程式。

如图 7-13，当压垫给砂带施加一定的正压力，并通过砂带作用于被磨削工件后，假设磨料切削刃的楔角为 2θ 的理想圆锥体，则单个磨料的平均切削面积 a_v 为：

$$a_v = \frac{F}{v \cdot m}\ (\text{mm}^2)$$

对应的磨料平均切入量 t_v 为：

$$t_v = \sqrt{\frac{F}{v \cdot m\tan\theta}}\ (\text{mm})$$

式中：F——工件厚度减少速度（mm/s）；

v——砂带磨削速度（mm/s）；

m——磨料的密度（个/mm^2）。

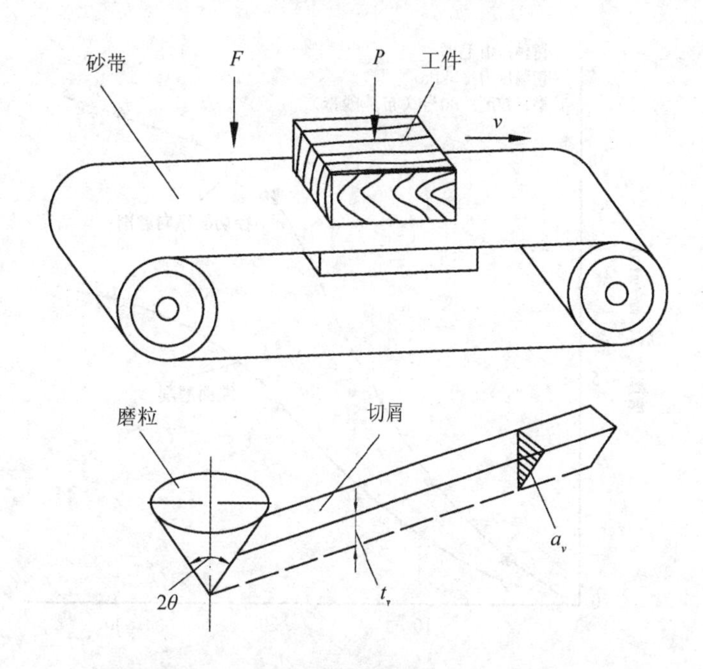

图 7-13　压垫式磨削与磨料切入量示意图

但是，实际磨削加工得到的切屑厚度要远远大于由上式计算的值。引起该差值的原因首先在于计算数值是在假定的理想条件下计算所得；另外，受磨料在磨具上分布的高度不一致、切削刃顶端无规则、侧面切削刃的干涉等因素的综合影响。因此推断，实际磨削加工可以得到比上式计算值大得多的切屑，磨削中切屑厚度变化很大。

(二)磨削效率

磨削效率一般是指在单位时间内除去的工件质量，可以用工件质量减少率或工件的进给速度表示。

砂带单位接触长度上的磨削效率：

$$Q = \rho \cdot h \cdot b \ (\mathrm{g/mm})$$

单位时间砂带除去工件质量：

$$Q = \rho \cdot h \cdot b \cdot u \ (\mathrm{g/mm})$$

式中：h——磨削深度；

b——磨削宽度；

ρ——木材工件密度；

u——进给速度。

一般而言，磨料粒度号越大，磨料越细，磨削效率越低。磨削速度和磨削压力增大，磨削效率增加，但是超过一定限度后其增加率减小(图 7-14)。另外工件密度越大，其磨削效率就越低。

(三)磨具使用寿命

磨具的耐用性是指与木材接触的每平方厘米的砂带，磨削效率下降到初始磨削效率50%时磨具磨削的加工长度。

试验结果表明，当磨削的树种为桦木，磨削压力为0.001MPa，砂带粒度为100号，磨

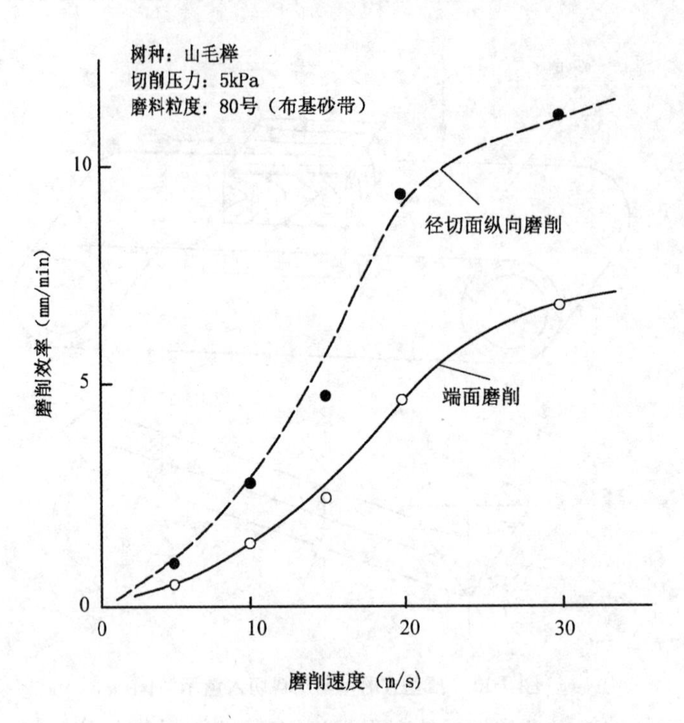

图 7-14 压垫式磨削砂带磨削速度与磨削效率的关系

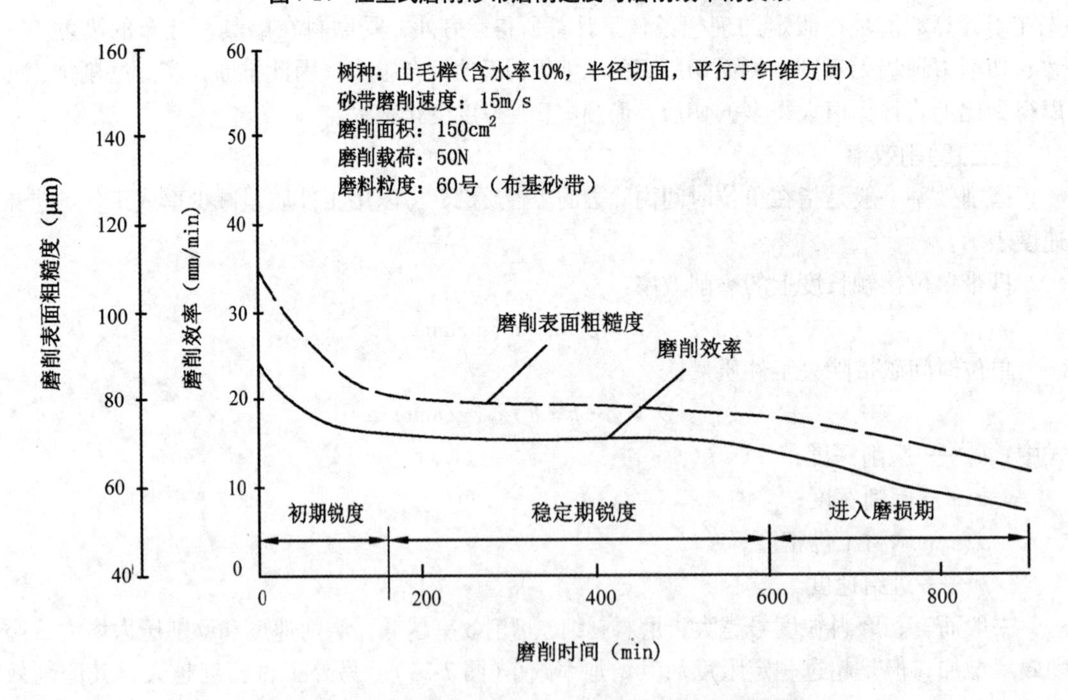

图 7-15 磨削时间与磨削效率、磨削表面粗糙度的关系

削速度为 10m/s 时，每平方厘米砂纸的耐用性为 S_0 =8000m。

砂带磨损后其磨削效率仅能达到原来的 50%。

连续使用时间：

$$T_s = \frac{S_0 \cdot L_0}{60v \cdot L}$$

式中：L_0 —— 砂带全长；

L ——砂带与木材工件接触长度；

v ——砂带磨削速度。

磨削加工要求磨具的寿命越长越好，根据磨具的加工条件作为磨具寿命的判断基准是相当复杂的。以上我们将磨削效率作为磨具寿命的判断基准，同时我们也可以将磨削加工表面粗糙度作为磨具寿命的判断基准，其寿命曲线如图 7-15。随着磨削时间的增加，磨削效率降低，而磨削表面粗糙度逐渐减小。

究竟把哪一时刻作为磨具的寿命终点，将磨削效率或将磨削表面粗糙度作为重点考虑时，其结果不同的。因此，目前大多数情况下还是根据经验来进行判断。普遍适用的判断基准还没有确立。

（四）磨削功率与磨削力

磨削功率 P_c：

$$P_c = K \cdot O$$

式中：O ——单位时间磨去的木材体积；

K ——磨削比压（MPa）。

磨削力 F：

$$F = C \cdot q \cdot A$$

式中：C —— 砂带与木材工件的咬合系数；

q ——磨削压力；

A —— 砂带与木材工件的接触面积。

砂带与木材工件的咬合系数可以理解为单位磨削压力下所需的磨削力，此系数与木材材种有关。

二、影响磨削表面质量的因素

木材工件表面的粗糙度与其他材料不同，它既有由磨料残留的切削条痕而形成的几何粗糙度，又有由于木材本身组织结构形成的构造性粗糙度，两者重叠在一起而变得很复杂。

（一）磨削速度

随磨削速度的增加，磨削表面不平度的高度减小。同时因为单位时间内参加切削的磨料数多，所以磨削表面的刻痕数多，则相邻刻痕之间的残留面积减小，表面粗糙度降低。但是，磨削速度的提高应控制在一定的范围内，以避免由于磨削速度提高引起磨削温度的急剧升高而使木材工件烧焦。

（二）进给速度

工件的进给速度越大，加工表面的不平度高度增大，加工表面磨料刻痕数减少，残留面积加大，表面粗糙度增大。

（三）磨具粒度

磨削粗糙度的支配因子主要是磨料粒度，磨料粒度对磨削表面质量的影响与对磨削效率的影响呈现相反的结果。如图 7-16，磨料粒度号越大，磨削表面粗糙度越小。

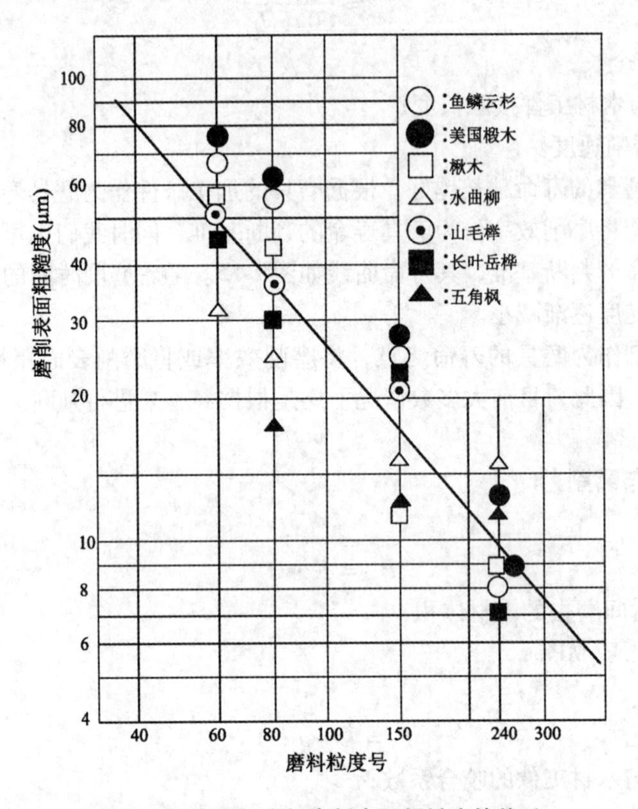

图 7-16 磨料粒度与磨削表面粗糙度的关系

(四)磨削压力

磨削压力加大，磨削深度增加，磨削表面质量下降。由图 7-17 可见，磨削压力的影响

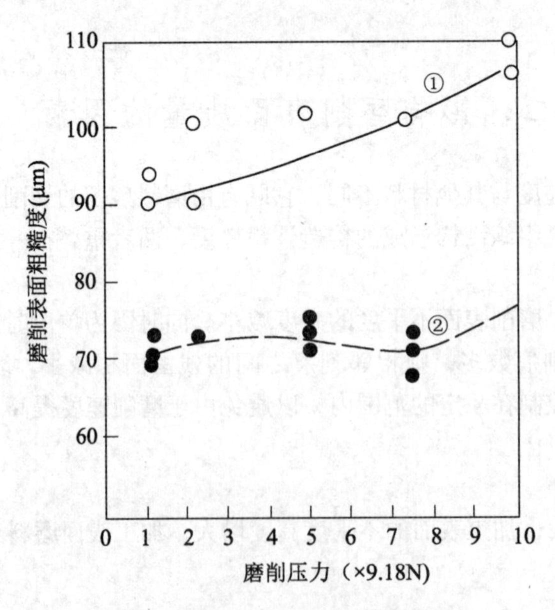

图 7-17 磨削压力与表面粗糙度的关系

①湿材 ②气干材

对含水率较高木材工件更严重。对于气干木材，磨削表面的粗糙度几乎不受磨削速度和磨削压力的影响，但对于湿材，其表面粗糙度随磨削压力的增加而增加。另一方面，随着磨削压力的增加，磨削温度急剧提高(图7-18)，也将导致磨削质量变坏。因此，控制一定的磨削压力，适当减小磨削深度，有利于提高加工质量。

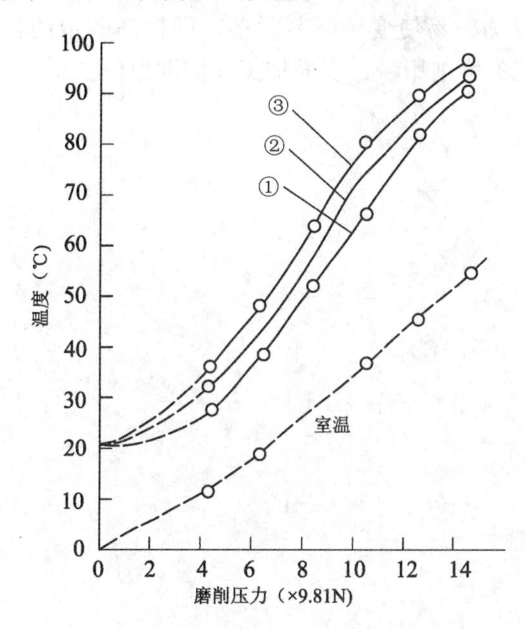

图7-18 磨削压力与磨削温度的关系

树种：欧洲桦木。磨削方向与纤维方向平行

磨削面积：150cm² 进给速度：16m/min 磨料粒度：120号

①磨削开始1min后 ②磨削开始2min后 ③磨削开始3min后

(五)木材工件的性质

表7-3所列的实验数据说明在相同的磨削条件下，树种不同，即木材构造不同时，磨削质量不同，同一树种的木材，含水率增加时，加工表面不平度增大。在同一加工表面上，当顺纤维磨削时，刻痕明显；而在横纤维方向磨削时，由于纤维被割断，故起毛严重。

表7-3 树种与磨削表面质量

树 种	Y	Y'	树 种	Y	Y'
榆 木	70	62	悬铃木	20	22
山核桃	67	92	椴 木	15	18
紫 檀	67	97	鹅掌楸	15	23
日本白蜡	52	98	山毛榉	13	85
板 栗	34	94	色木槭	8	76
柳 木	25	23	日本厚朴	4	70

注：Y——加工表面没有大刻痕的百分比；Y'——加工表面上没有起毛的百分比。

(六)磨具横向振动

试验证明，磨具横向振动的磨削与一般磨削相比，不仅可以获得较高的磨削表面光洁度，而且单位时间内的磨削用量也可以提高。因此，宽带砂光机中，砂带都采用横向振摆。由于砂带的横向振摆是往复的，所以磨料运动方向经常改变，从而造成单位时间内参加磨削而不在同一轨迹上的磨料增加，相邻刻痕间的残留面积减小，加工表面光洁度提高。其次，横向振动使磨料数增加，相邻刻痕间的残留面积减小，加工表面光洁度提高。其次，横向振动使磨料在不同方向上受力，易使变钝磨料脱落，即提高砂带的自生能力，磨具也不易堵塞，从而提高了单位时间的磨削用量，表面加工光洁度也好。

第八章
木工刀具的修磨

木材切削时，刀具刃口经过一段时间使用后，刀具磨损，刃口锋利度下降，此时刀具就需要重新刃磨。刀具使用多长时间需要刃磨与被加工材料、刀具材料、切削方式有关，刀具刃磨是保持刀具锋利度，延长刀具使用寿命，保证加工质量的重要措施。

第一节　砂轮特性和选择

砂轮特性是指磨料、粒度、硬度、结合剂、组织、砂轮形状和尺寸等。砂轮特性的标记顺序为：

磨料—粒度—硬度—结合剂—砂轮形状—尺寸(外径×厚度×孔径)

例如：GB60#ZR2AD125×20×20，其含义分别是：磨料 GB——白刚玉，粒度——60号，硬度 ZR2——中软 2，结合剂 A——陶瓷结合剂，砂轮形状 D——碟形砂轮，尺寸——外径 125mm、厚度 20mm、孔径——20mm。

木工刀具修磨用的砂轮的磨料主要根据刃磨的刀具材料而定，白刚玉(GB)和铬刚玉(GG)砂轮常用于合金工具钢和高速钢刀具的刃磨。单晶刚玉(GD)砂轮可用于刃磨高钒高速钢和含钨高速钢。金刚石(JR)绿色和碳化硅(TL)砂轮主要用于刃磨硬质合金刀具。

砂轮粒度主要依据刀具的刃磨精度和粗糙度来选择。刀具前、后刀面的粗糙度一般要求 $R_a \leqslant 0.8$ μm。刀具粗磨时，砂轮粒度号小一些，常选用 46#～60#；精磨时，为了使刀具表面光洁，砂轮粒度号大一些，常选用 80#～120#。

结合剂的种类较多，有陶瓷结合剂(A)、树脂结合剂(S)和橡胶结合剂(X)等。砂轮的硬度主要与结合剂粘结磨粒的强度有关。结合剂的粘结强度高，数量多时，磨粒不易脱落，砂轮的硬度就高，反之，砂轮的硬度就低。砂轮表面上的磨粒在钝化后应能及时脱落，以保持砂轮始终具有良好的磨削性能。因此，砂轮硬度应该适中。刃磨高速钢和合金工具钢刀具的砂轮，常用陶瓷结合剂(A)，砂轮硬度多为软 2(R2)～中软 1(ZR1)范围内。

砂轮的强度是指砂轮在高速旋转时抵抗破坏的能力。习惯以安全使用的旋转线速度的极限值表示。如刀具刃磨常用的碟形砂轮和碗形砂轮的安全线速度为 30m/s。

表 8-1　刀具刃磨常用的砂轮形状和代号

名称	平形	小角度单斜边	双斜边	单面内凹	双面内凹
代号	P	PX	PSX	PDA	PSA
简图					

（续）

名称	碟形	杯形	碗形	单斜边	薄形
代号	D	B	BW	PDX	PB
简图					

砂轮的形状和尺寸主要根据所用机床和刀具形状来选择。刀具刃磨用的砂轮形状见表8-1。其中碟形、碗形、平形和单斜边砂轮使用较多。

第二节 常用木工刀具的刃磨

(一)铣刀的刃磨面及选用的砂轮

各种木工铣刀的刃磨面见表8-2。装配铣刀的刀片通常都是刃磨后刀面，成型刀片需要用靠模实现刃磨。有一种装在方刀头上的成型刀片，刃磨前刀面。

表8-2 木工铣刀的刃磨面及砂轮

铣刀名称		刃磨面	砂轮形状
直刃平刀片		后刀面	杯形或平形砂轮
铲齿铣刀		前刀面	小角度单斜边或碟形砂轮
尖齿铣刀	成型	前刀面	小角度单斜边或碟形砂轮
	平面	后刀面	碟形、杯形或平形砂轮
装配铣刀刀片		后刀面	薄形砂轮或薄的双斜边砂轮
柄铣刀		前刀面	碟形砂轮或平形砂轮

(二)直刃平刀片

直刃平刀片在木材加工中，应用较多。如平刨床和压刨床刀轴上的刀片、旋刀、刨刀、削片机飞刀及刨片机刀片等都是直刃平刀片。这类刀片均是刃磨后刀面，只是刀片要求的楔角β不同。根据磨床结构，通常采用杯形砂轮或平形砂轮刃磨这类刀片。

用杯形砂轮刃磨时，如图8-1，砂轮轴线应与刀片后刀面略微倾斜($2° \sim 5°$)，使得砂轮端面的圆环面一边磨削。否则圆环面同时有两边在磨削，磨削面因两磨削点线速度方向相反，导致刀片刃磨质量下降。刀片刃磨面会因砂轮轴线略微倾斜而略呈凹弧形，实际楔角稍微小一些，但利于用油石研磨刃口，使得刃口更微锋利。

用平形砂轮刃磨刀片时，有两种情况：①砂轮回转轴线平行于刀刃，此时刃磨好的后刀面略微呈凹弧形。②砂轮回转轴线和刀刃异面正交，如图8-2。

刀片经砂轮刃磨之后，表面会留下细小擦痕和毛刺，刃口有时出现卷刃。因此，需要用油石研磨刀片表面，增加刀片锋利度和降低表面粗糙度。首先研磨后刀面。对于旋刀和刨刀，后刀面刃口应磨出0.5 ~ 1mm 棱带，这有利于延长刀片的耐用度。然后，轻微研磨前刀面。

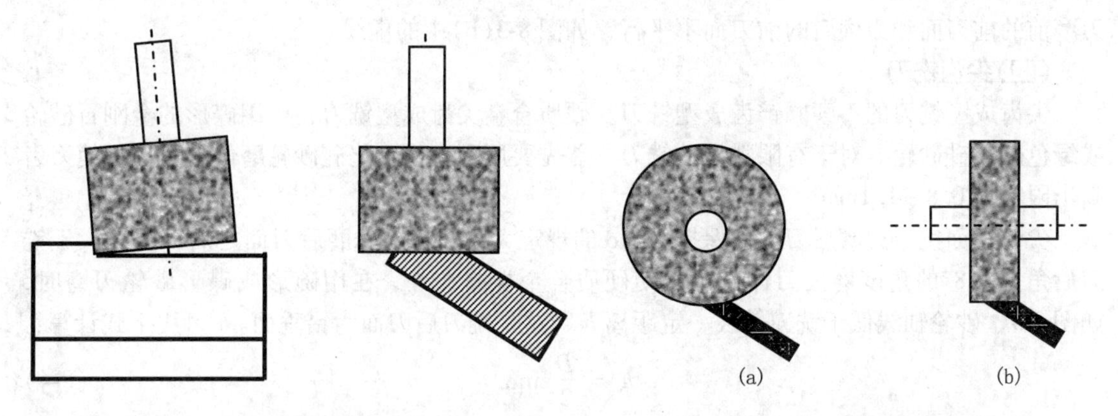

图 8-1　杯形砂轮刃磨直刃平刀片　　图 8-2　平形砂轮刃磨刀片

(三)铲齿铣刀

由于铲齿铣刀的后刀面为阿基米德螺旋线或圆弧曲线，因此铲齿铣刀无论是成型的还是平面的都要刃磨前刀面。为了保证铣刀刃磨后加工的工件截形不变，应维持原有的前角。铣刀中心 O 到前刀面的垂直距离 a 可用下式计算：

$$a = \frac{D}{2}\sin\gamma \tag{8-1}$$

$$a_h = \frac{D_h}{2}\sin\gamma_h \tag{8-2}$$

式中：D , D_h ——铣刀刃磨前、后的直径(mm)；

γ , γ_h ——铣刀刃磨前、后前角(°)；

a , a_h ——刃磨前、后铣刀中心 O 到前刀面的垂直距离。

因为 $\gamma = \gamma_h$ ，所以：

$$a_h = \frac{a}{D}D_h \tag{8-3}$$

铣刀刃磨后的铣刀直径 D_h 可根据铣刀耐用度来计算，从而算出 a_h 。把铣刀套在磨刀机上的心轴上并予以夹紧。刃磨时，首先调整砂轮，使砂轮工作面为铅垂面。然后，移动水平拖板，调节铣刀轴线水平位置，使铣刀中心到砂轮工作面的垂直距离等于 a_h 并记下水平移动刻度值。转动磨刀机心轴，使要刃磨的前刀面和砂轮工作面略微偏斜，如图 8-3(a)。刀刃紧贴砂轮工作面并记下分度盘刻度值，固定磨刀机心轴。反向移动水平拖板，使铣刀前刀面和砂轮工作面分开。启动砂轮，移动水平拖板，让铣刀慢慢接近砂轮工作面。开始时，磨削量可大一些，当快接近 a_h 的刻度值时，磨削量减小，以提高刃磨质量。一个刀齿刃磨完之后，转动磨刀机心轴，转过的角度等于铣刀的中心角，刃磨第二个刀齿。重复上述过程，直到所有刀齿刃磨好。可见，成型铲齿铣刀刃磨时，

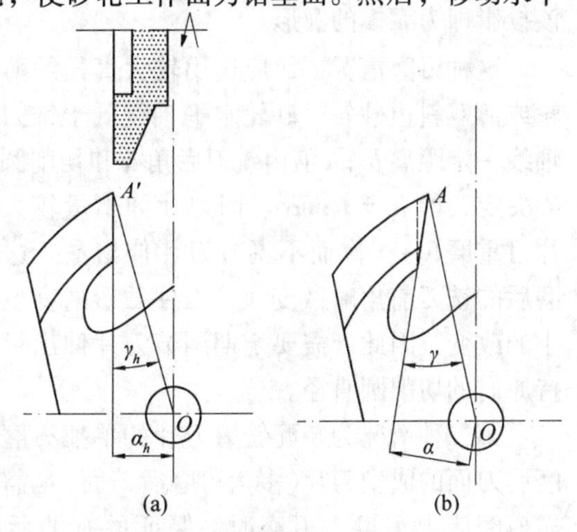

图 8-3　铲齿铣刀前刀面的刃磨

刃磨前的前刀面和刃磨后的前刀面不平行，如图8-3(b)中的虚线。

(四)尖齿铣刀

尖齿成型铣刀的刃磨同铲齿成型铣刀。硬质合金尖齿成型铣刀，要用碟形的金刚石砂轮或绿色碳化硅砂轮。对于有限料齿的铣刀，首先要用刚玉或碳化硅砂轮磨低限料齿，使刀齿高出限料齿0.8～1.1mm。

尖齿平面铣刀刃磨后刀面并保持后角α的规定大小。多次修磨后刀面之后，要以大于铣刀后角6°～8°的角度磨去刀体部分，使硬质合金裸露在外。在用碗形或碟形砂轮刃磨时，如图8-4，砂轮轴线低于铣刀轴线一定距离 h ，这是铣刀后刀面为铅垂面。h 可用下式计算：

$$h = \frac{D}{2}\sin\alpha \tag{8-4}$$

式中：D——铣刀直径(mm)；

α——铣刀后角(°)。

调整 h 就可改变铣刀的后角 α 。

(五)装配铣刀刀片

装配铣刀刀片刃磨有两种情况：一是刀片装在刀体上进行刃磨；二是刀片从刀体上取下来单独刃磨。

第一种情况为装配铣刀的整体刃磨，省去了卸刀、装刀和调刀的麻烦，并且易保证所有刀片在同一切削圆上。刃磨直刃平刀片时，采用碗形或碟形砂轮，可参考尖齿平面铣刀的刃磨。刃磨成型装配铣刀，需要专门的靠模磨床。图8-5所示的为成型装配铣刀的刃磨简图。因刀片伸出量较大，当刃磨后刀面时，要顶板支撑前刀面以增加刀片稳定性。靠模廓形是正确刃磨刀片的前提，故靠模制作至关重要。根据工件截形和铣刀前角，先画出刀齿前刀面廓形，然后求出刀齿在垂直于后刀面的平面上投影。该投影即为靠模的廓形。

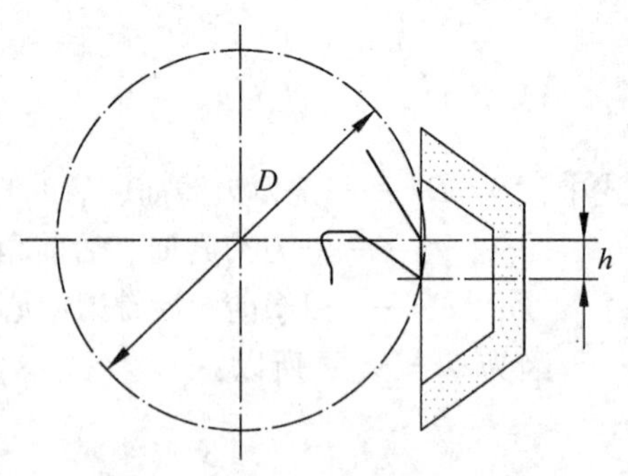

图8-4　尖齿平面铣刀的刃磨

这种刃磨情况下，应选用较大直径的薄形砂轮或薄双斜边砂轮。砂轮水平轴线低于铣刀水平轴线一定距离 h , h 值由铣刀后角 α 和切削圆半径 R 决定，即 $h = R\sin\alpha$ 。因刀片伸出量较大，刀片可重磨5～6次而不调节刀片伸出量。这样重磨后的铣刀前角略微变大，工件截形高度也有微小的改变。因此，需要定期调节刀片伸出量，维持原有的切削圆直径。

第二种情况为装配铣刀刀片的单独刃磨。刃磨后刀面的成型刀片(多为刃磨后刀面)也需要在靠模磨床上刃磨。刃磨时，保证原有的后角不变。刃磨后，装刀和调刀比较麻烦，各刀刃的对

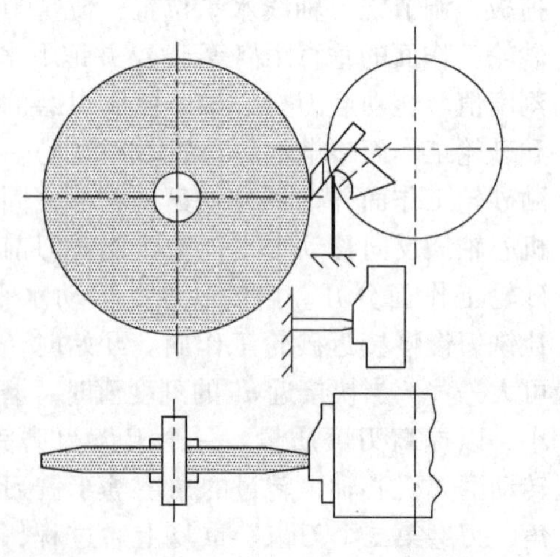

图8-5　装配铣刀整体刃磨刀片示意图

应点在径向应在同一切削圆上，端向应在同一平面上。其优点是切削圆直径和前角没有变化，因此工件截形不会改变。

（六）硬质合金刀具的刃磨

硬质合金刀具虽然有很高的耐磨性，但因其硬度高、脆性大，给刃磨带来了很大困难。硬质合金刀具造价较高，因刃磨不当而造成报废是很可惜的。硬质合金硬度高，要求有较大的磨削压力，而且其导热系数小，又不允许产生过大的热量。这样，就要求在刃磨时首先要选好砂轮，其次要求砂轮有较好的自锐性，此外还必须有合理的刃磨工艺。只有这样才能有很好的散热条件，以减少磨削裂纹的产生。

使用绿色碳化硅砂轮刃磨时，特别要避免过热，为此，可使用冷却液。冷却液的成分为2% ~3% 的苏打水溶液或 3% ~5% 的乳浊液。冷却液的供应必须充分，切忌断续或点滴供应。

为避免过热，还应勤修砂轮。刃磨时，当发现砂轮很响，磨削面发光时，说明砂轮已钝，应用砂轮修整器修整。

刃磨时切忌用力过猛。用力过猛，摩擦力太大，磨削温度急剧上升，合金会发红，甚至爆裂。

要注意先使刀体部分接触砂轮，然后再磨合金部分。退刀时应先使合金部分离开，这样可以避免将合金打坏。

应严格控制砂轮的旋转方向，必须从刃口磨向刀体，不得从刀体磨向刃口；应先磨前面，再磨后面，以防止崩裂刃口。当刃磨多齿刀具时（如圆锯片）可先磨各齿的前面，再磨各齿的后面；先粗磨，后精磨。粗磨用粒度 46 号的砂轮，精磨用粒度 80 ~100 号的砂轮。

用碳化硅砂轮刃磨硬质合金刀具时，为避免过热还可以采用间断刃磨法。间断磨削就是在碳化硅砂轮的工作部位开出一定尺寸、一定数量的沟槽。因为砂轮上的这些沟槽不仅能提高冷却液的散热效果，而且能增强砂轮的自锐能力。沟槽的尺寸、形状和布置如图 8-6。

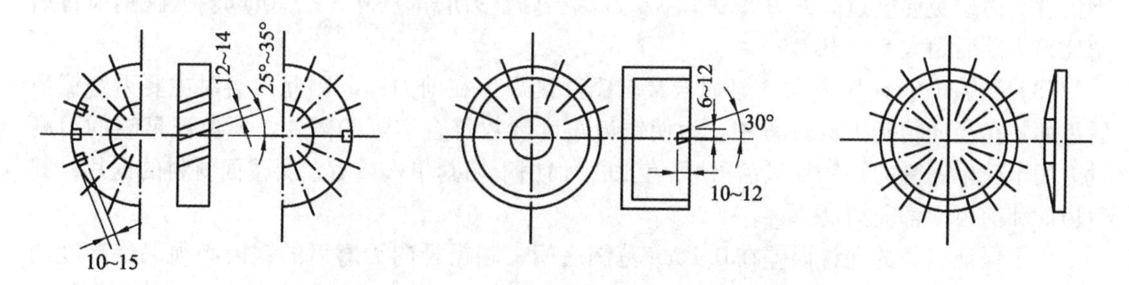

图 8-6　间断刃磨法所用各种砂轮沟槽的布置图

(a) 平行砂轮沟槽布置　(b) 杯形砂轮沟槽布置　(c) 碟形砂轮沟槽布置

选择刃磨用量时，要注意合金牌号，不同合金刀具的刃磨用量参考表 8-3。

用金刚石砂轮刃磨硬质合金刀具时，总的磨削余量控制在 0.1 ~0.2mm 以下，过大砂轮的金刚石消耗大，成本太高。

当刃磨 YG6、YG8 硬质合金刀具时，冷却液的供应量 3 ~4ml/min，这时如用青铜结合剂的粒度 100 ~120 号、浓度 100% 的砂轮。砂轮线速度 25 ~30m/min，纵向进给量 1.0 ~1.5m/min，横向进给量 0.01 ~0.02mm/r。在没有冷却液供给的条件下，要采用树脂结合剂砂轮，但纵向和横向进给量都应降低一半。在刃磨牌号 YG3 的硬质合金时，因合金中碳化钨含量比上述牌号的合金要高，故其纵向和横向进给量，应比刃磨 YG6、YG8 牌号的合金时要降低 25% ~30%，以防止出现显微裂纹。

表 8-3　碳化硅砂轮刃磨硬质合金刀具时的刃磨用量

刃磨类型		硬质合金牌号					
		YT15、YT5、YG3			YG6、YG8		
		刃磨用量					
		$V_{砂}$（m/s）	$S_{纵}$（m/min）	$S_{横}$（mm/双行程）	$V_{横}$（m/s）	$S_{纵}$（m/min）	$S_{纵}$（mm/双行程）
砂轮端面磨削	机动进刀	10 ~12	1.0 ~1.5	0.01 ~0.03	12 ~15	1.5 ~2.0	0.02 ~0.04
	手动进刀	12 ~15	1.5 ~2.0	0.01 ~0.04	15 ~18	2.0 ~2.5	0.02 ~0.05
砂轮外圆磨削	机动进刀	12 ~15	1.0 ~1.5	0.01 ~0.03	15 ~18	1.5 ~2.0	0.02 ~0.04
	手动进刀	12 ~15	1.5 ~2.0	0.01 ~0.04	15 ~18	2.0 ~2.5	0.02 ~0.06

刃磨硬质合金锯片时，可以使用万能刃磨机或专用自动锯片刃磨机。使用自动刃磨机刃磨时，所有的操作过程包括碳钢齿背的修整都是自动完成。使用万能刃磨机时，必须单步操作。一般硬质合金锯齿的磨削用量为 0.2mm。

(1)直径校正：根据切削刃的磨损程度，必须通过圆锯片与砂轮上的相对圆周运动，使锯齿在径向上保持一致。因此，每锯齿后齿面都要获得一个最少为 0.2mm 的小平面。并随着磨损痕迹的去除而增大。当硬质合金片厚度一定时，后齿面应根据锯齿伸出量而缩减(最大为 1.1mm)。

(2)低碳钢齿背的刃磨(图 8-7)：锯齿齿尖刃磨几次后，要按时地沿直径方向修整低碳钢齿背。为避免温度过高，刃磨厚度不易过深。修整刃磨量从 0.5 ~1.0mm。低碳钢齿背后角比刀头砂后角大 5° ~10°。

(3)后齿面刃磨(图 8-8)：硬质合金圆锯片镶焊齿在前刀面，因此刃磨时主要刃磨锯齿后齿面。在径向精确刃磨过程中，为使锯齿角度参数符合实际的需要，要保证足够的刃磨量。用于简单锯割的圆锯片只需刃磨后齿面，而用于切割单板或者塑料覆面材料的锯片，其后齿面和前齿面都需刃磨。

为了保证直径的允许误差在 0.1mm 范围之间，圆锯径向刃磨后的锯齿必须保持高度的一致。具有交替斜锯齿的圆锯片在第一次刃磨时每隔两个锯齿进行一次刃磨，其他的锯齿在第二次刃磨时，刃磨砂轮调整到相反方向相同角度再进行刃磨。

(4)前刀面的刃磨(图 8-9)：锯齿锯割后锯齿前齿面的边缘会受到一定程度地磨损。因此，平行于前刀面刃磨是非常必要的。由于每个锯齿尖的厚度大约是其长度的 1/4，因此刃磨量不允许太大，否则锯片的使用寿命和锯口宽度会有很大的降低。

(5)槽齿的刃磨(图 8-10)：刃磨有凹面的锯齿时，可采用磨辊磨削。磨辊的直径可以根据不同的锯口宽度改变(表 8-4)。粒度为 W50 或者 W35。

表 8-4　不同锯口宽度时选用的磨辊直径(mm)

锯口宽度	磨辊直径
2.5～2.8	6.0～6.5
2.9～3.2	6.5～6.8
3.3～3.5	7.0～7.5

磨辊的边缘也可以刃磨，并且必须准确定心。

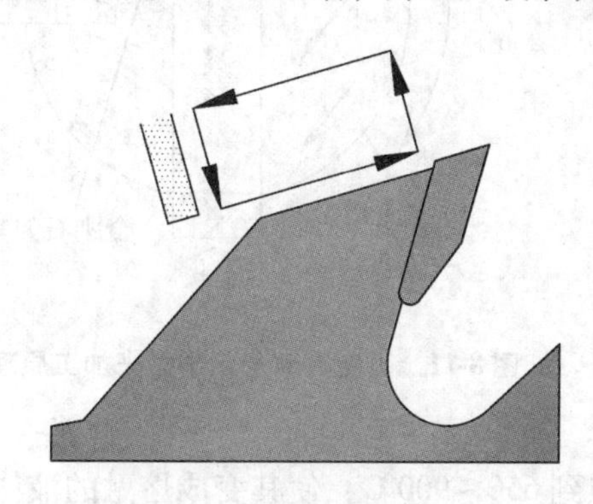

图 8-7　低碳钢齿背刃磨

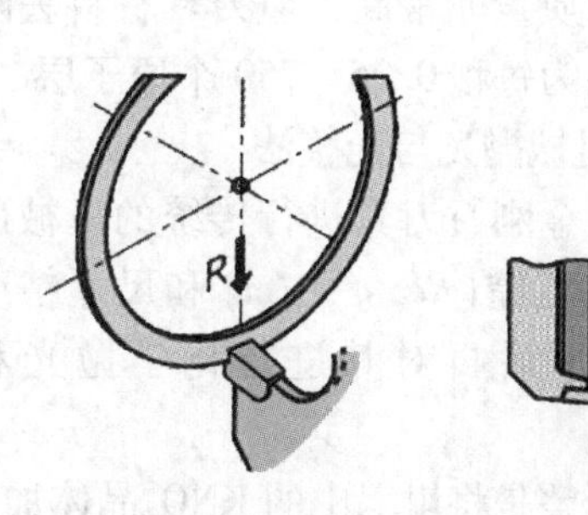

图 8-8　后齿面刃磨

图 8-9　前齿面刃磨

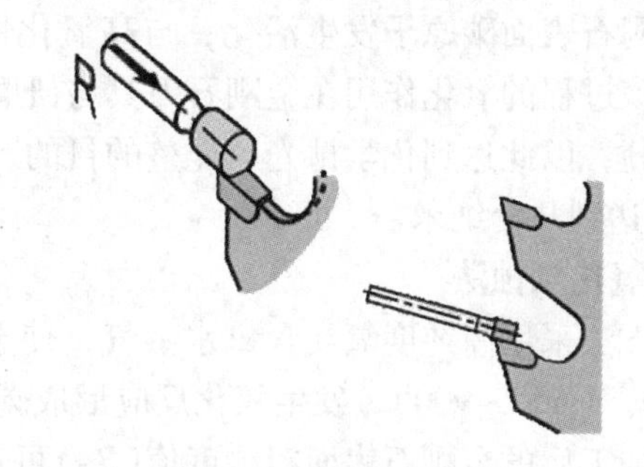

图 8-10　槽齿刃磨

(七)金刚石刀具的刃磨

金刚石刀具刃磨工艺方法是获得刃口锋利、表面粗糙度值小、刃口锯齿度小的金刚石刀具的关键。目前常见的金刚石刀具刃磨工艺方法有以下几种。

1. 离子束溅蚀法

是采用高能氩离子轰击金刚石刀具表面的碳原子，使刀具碳原子逐个排除微细的加工方法，适用于加工微小金刚石刀具，所得到的金刚石刀具表面粗糙度值(*Ra*)为几个纳米。

2. 热化学抛光法

一般是在流动氢气(或 4% H_2 +96% Ar)气氛中、750～1050℃高温下，金刚石刀具表面与低碳钢(或纯铁)研磨盘接触并滑移，金刚石刀具表面活化碳原子扩散到低碳钢(或纯铁)晶体中，而达到刀具材料去除目的。扩散到低碳钢(或纯铁)中碳原子与周围的氢气反应生成甲烷并随气流排出。

热化学抛光效率取决于碳原子的扩散速率，影响因素有温度、正压力、磨盘转速等。该方法可使金刚石刀具表面粗糙度值(*Ra*)达到几个纳米，表面变质层较浅。

(三)真空等离子化学抛光法

图8-11是真空等离子化学抛光法的加工原理图。转动的研磨盘被中间的高真空区分为左右两部分，左边为沉淀区，表面是采用真空等离子物理气相沉积(PVD)所制得的氧化硅镀层，右边为金刚石刀具研磨区。刀具材料去除过程是金刚石刀具表面活化碳原子在研磨区被氧化硅所氧化，生成CO或CO_2后由真空泵抽出。该方法研磨出的金刚石刀具刃口质量非常高，但刀具材料去除率比较低，一般约为每秒0.25~750个原子层。

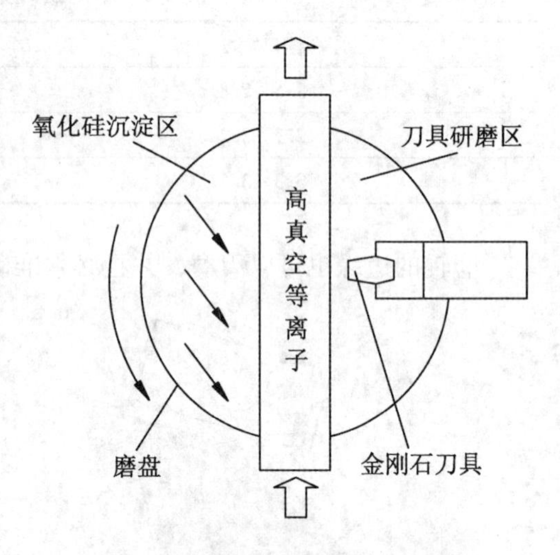

图8-11 真空等离子化学抛光加工原理

4. 化学辅助机械抛光与光整法

该方法是先对金刚石刀具进行传统的机械研磨，得到表面比较粗糙($Ra < 1\mu m$)和尺寸精度不太高的刀具原形后再对其进行化学抛光和光整。

化学抛光和光整是将坩埚中的KNO_3晶体加热到650~900℃，使其变成熔融的液体后倒到旋转的Al_2O_3研磨盘上，然后把金刚石刀具研磨部分浸入熔融的KNO_3液体中。高温液体中的金刚石表面碳原子发生活化，与高氧化性的KNO_3进行氧化反应，生成CO或CO_2气体排出。该过程的氧化作用在金刚石刀具与研磨盘接触的表面波峰处比较激烈，即波峰处材料去除率高，以此达到化学抛光、光整的目的，可得到质量很高的金刚石刀具，表面粗糙度值(Ra)可达到几个纳米。

5. 氧化刻蚀法

该方法采用高纯度氧或含氧水蒸气，使金刚石表面碳原子在高温作用下(纯氧1100℃，含氧水蒸气650~900℃)发生氧化反应形成碳氧化物，并随氧气流或水蒸气流一起排出。用此方法加工后的金刚石表面粗糙度值(Ra)可达几个纳米。

6. 激光刻蚀法

该方法采用1~100Hz的单束或多束Nd-YAG激光照射金刚石表面使其在局部高温作用下发生烧蚀。考虑到多晶金刚石晶体的晶界对加工精度有影响，所以本方法只适合对单晶体金刚石表面进行粗加工。经过刻蚀后的金刚石表面粗糙度值(Ra)可达几十纳米。

第九章
木工刀具应用

木工刀具广泛应用于木材工业的各个领域，如人造板、家具、地板及门窗等。本章介绍了木工刀具在实木窗、板式家具、强化地板及实木复合地板方面的应用，并对新型木工套装铣刀及木工刀具装夹技术做了介绍。

第一节　欧式实木窗切削刀具

20 世纪 90 年代初，我国从欧洲引进了实木窗生产技术与设备。由于其造型结构、开启方式和性能等不同于我国传统的木窗，所以，习惯上称其为欧式实木窗。欧式实木窗具有以下特点：

(1)采用商品林如落叶松、樟子松等树种的集成材，提高木材利用率。

(2)木窗造型、色调、木材纹理与室内家具浑然一体，达到高档的装饰效果。

(3)双层中空玻璃结构，具有极佳的密封、隔音和保温性能。

(4)采用专用的五金件，可实现窗户的多种开启方式(平开上悬式和推拉式等)。

(5)铝包实木窗能实现铝合金的防水性、耐气候性及高强度与实木的装饰性、保温性和环保性相结合。

欧式实木窗类型较多，根据结构，可分为：全实木窗，铝包实木窗和铝木复合窗。根据木窗厚度，可分为 IV58、IV68、IV78、IV58 + ALU、IV68 + ALU 等系列。根据角部连接方式分为框榫连接和圆棒榫连接。我国自引进实木窗以来，在木窗结构、断面形状，尤其是铝包实木窗和铝木复合窗方面，进行了改进，推出了不少新的窗型。但在断面形状设计方面，必须保证实木窗的密封性、保温性和防水性等要求和灵活的开启方式。

欧式实木窗切削刀具结构及数量除了与木窗加工设备的刀轴配置及控制有关之外，还与实木窗的断面形状及尺寸密切相关。

一、典型实木窗结构及断面形状

尽管欧式实木窗的结构及断面形状较多，但主要由窗框、窗扇、垫高料(框、扇)、中空玻璃、五金件、铝合金扣板和密封胶条组成。典型实木窗断面如图 9-1，中空玻璃通过实木玻璃压条固定；铝包实木窗如图 9-2，中空玻璃压条通过铝合金扣板和扣件固定，铝包实木窗的断面形状相对简单一些。现以框榫连接的 IV68 实木窗为例分析木窗部件的廓形。

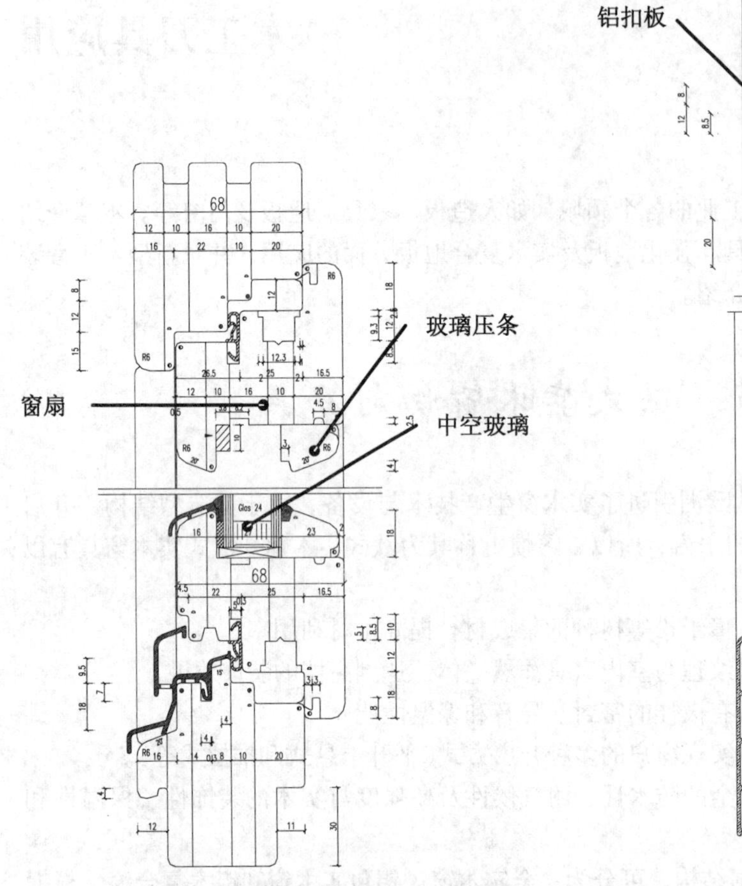

图 9-1 实木窗断面结构

图 9-2 铝包实木窗断面结构

(一)IV68 实木窗窗框(框榫连接)

窗框零件端部榫形共有五个，具体形状如图 9-3：

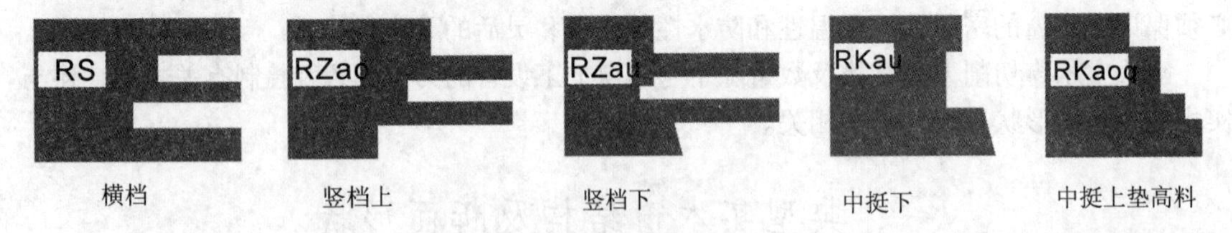

图 9-3 IV68 实木窗窗框零件

窗框纵向内、外形状共有 6 个：①窗框外形(RAso，左、上、右)。②窗框外形(RAu，下)。③窗框内形(RIso，左、上、右)。④窗框内形(RIu，下)。⑤窗框垫高料外形(RIGso，上)。⑥窗框垫高料外形(RIGu，下)。具体形状如图 9-4：

铝包实木窗结构相对简单一些。窗框端部榫形三个，窗框内、外形各一个，垫高料外形一个。

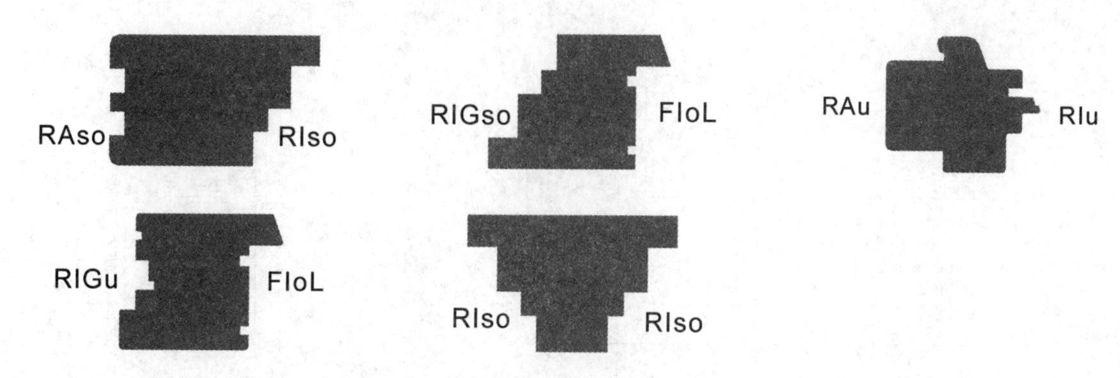

图 9-4　IV68 实木窗窗框纵向内、外形状

(二)IV68 实木窗窗扇(框榫连接)

窗扇零件端部榫形共有三个：①竖档端部榫(FS)。②横档端部榫(FZ)。③垫高料端部榫(FK)。具体形状如图 9-5：

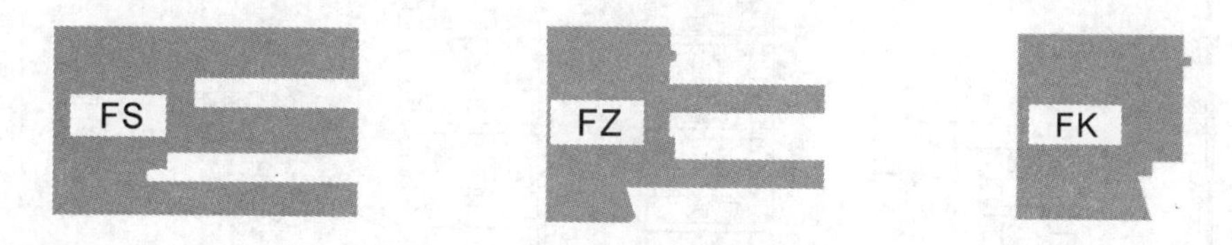

图 9-5　IV68 实木窗窗扇零件端部

窗扇纵向内、外形状共有五个：①窗扇外形(FAso + GN，左、上、右)。②窗扇外形(FAu + GN，下)。③垫高料外形(FIG)。④窗扇内形(FIoL)。⑤从动窗扇外形(FALM)。具体形状如图 9-6。

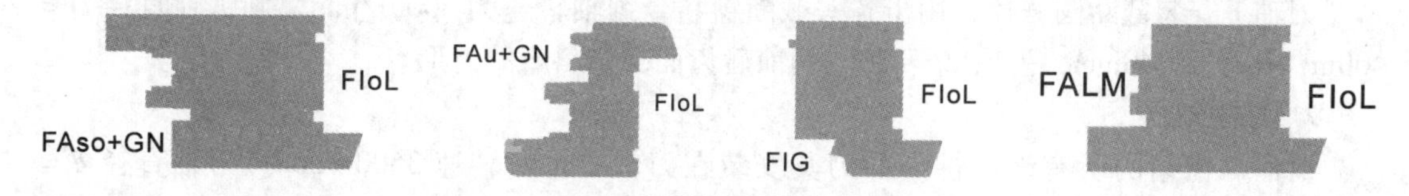

图 9-6　IV68 实木窗窗扇纵向内、外形状

铝包实木窗结构也相对简单一些。窗扇端部榫形三个，窗扇内、外形各一个，从动扇外形一个，垫高料外形一个。

实木窗加工刀具需要根据实木窗榫形、纵向内外廓形和设备类型，合理制定刀具布置方案，计算及设计刀具，满足加工要求。

二、L 形实木窗加工中心刀具配置

实木窗开榫及铣形的专用设备为 L 形加工中心(工件通过式进料)、CNC 加工中心(工件固定)和集成加工中心。同一窗型，若采用的设备不同，则刀具的配置、数量及装夹方式也不同。下面以 L 形加工中心为例分析实木窗刀具的配置。

不同的 L 形加工中心，刀轴布置、刀轴的刀具装夹长度、垂直上下移动及控制方式不尽相同。典型的 L 形加工中心的刀轴布置如图 9-7。

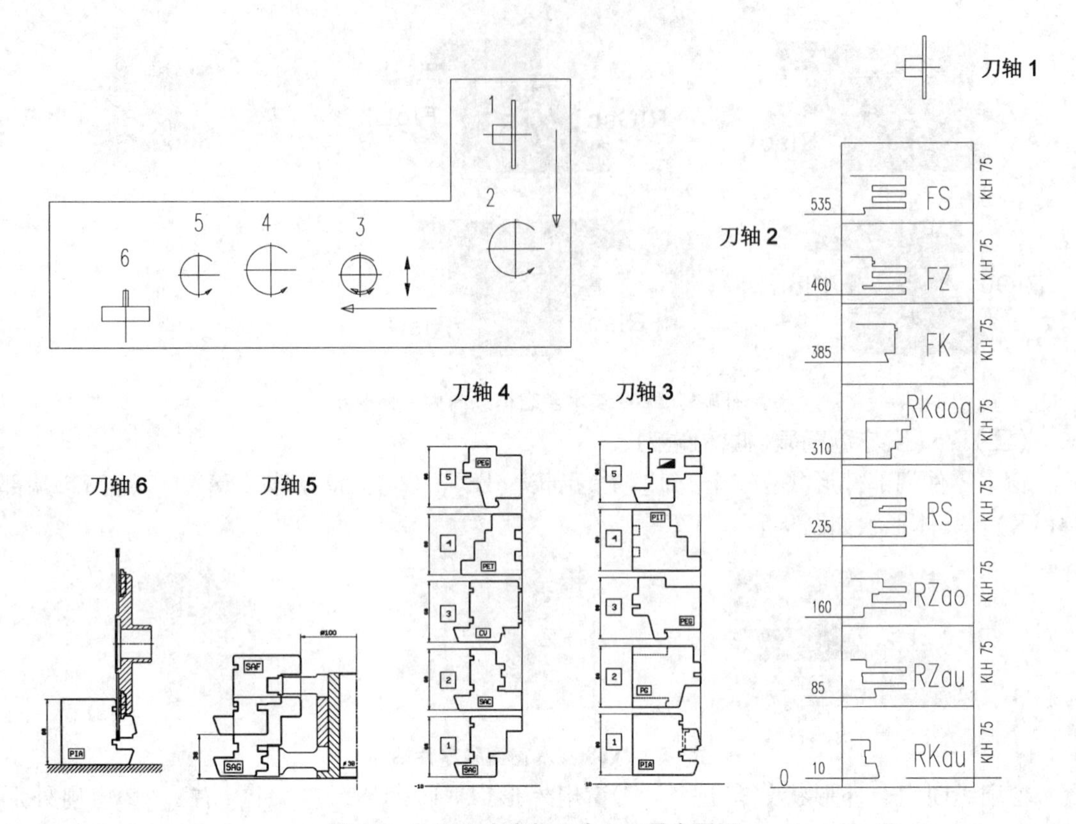

图 9-7 L 形实木窗加工中心刀具布置图

1. 刀轴 1

刀轴 1 安装截断圆锯片，用于齐头截断窗料，锯轴转速为 3000r/min。圆锯片直径 $D=400$m，孔径 $d=40$mm，齿数 $Z=120$，为前后齿面交错斜磨的齿形。

2. 刀轴 2

窗框与窗扇的所有端部榫形的刀具安装在刀轴 2 上。转速 3500r/min，刀轴直径 $d=50$mm，刀轴的刀具装夹长度为 320mm 或 620mm。刀具基准直径为 320mm(廓形最高点的直径)，基准高度 10mm。若刀轴装夹长度为 320mm，可装夹 4 把刀具，不能装夹全部的开榫刀具，需要换刀。若刀轴装夹长度为 620mm，可装夹 8 把全部开榫的刀具，不需要换刀。每把刀具的装夹高度一致，一般为 75mm、80mm。通过计算机或继电器控制刀轴垂直上、下无级或有级移动，移动幅度为刀具装夹高度的整数倍，以达到改变切削刀具的目的。

开榫刀具共有 8 把，其中窗框 5 把，窗扇 3 把。图 9-7 中刀轴 2 上安装了 8 把开榫刀，其中窗框中挺开榫刀 2 把，分别是窗框中挺下榫(RKau)和上榫(RKaoq)；窗扇垫高料开榫刀 1 把(FK)。在实木窗刀具配置过程中，在产量要求不高的情况下，可以不配置窗框中挺上榫开榫刀(RKaoq)及窗扇垫高料开榫刀(FK)。其原因为：一是中挺及垫高料的用量小，二是垫高料榫形可以通过其他两把开榫刀加工两次而获得。窗框横档开榫刀(RS)及竖档上开榫刀(RZao)各切削一次，就能获得窗框中挺的上榫(RKaoq)；窗扇横档开榫刀(FZ)及竖档开榫刀(FS)各切削一次，就能获得窗扇垫高料的榫形(FK)，如图 9-8。

3. 刀轴 3

纵向铣形刀轴，气动控制跳动，可以正反旋转。刀轴直径 $d=50$mm，刀轴的刀具装夹

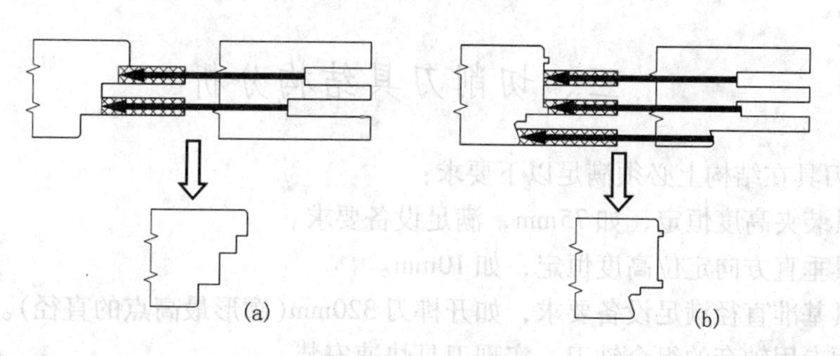

图 9-8　榫形加工示意图

长度 120mm 或 320mm。刀具基准直径为 140mm（廓形最低点的直径），基准高度 10mm。窗扇外形加工的防撕裂刀安装在这个刀轴上，这把刀的切削方式为顺铣，往复跳动，顺着进给方向切削窗扇角部，防止刀轴 4 上的窗扇外形刀撕裂端部。这把刀轴上的位置 1、2、3、4 和 5 分别是窗扇内形预成形刀、窗框下横档内形刀、窗框下横档外形刀（外侧成形）、窗框内形刀（左、上、右）及窗扇防撕裂刀。除了窗扇防撕裂刀为顺铣之外，其他均为逆铣。值得说明的是窗框下横档外形有内侧廓形与外侧廓形，需要前后两个刀位来加工，故在刀轴 4 的位置 5 安装了窗框下横档外形刀（内侧成形）。窗框下横档外形刀的装夹高度为 42mm，不是 75mm。这样，4 把 75mm 和 1 把 42mm 装夹高度的刀具就能安装在刀轴 3 与刀轴 4 上，但刀轴移动必须为数字控制，以确保垂直方向精确定位。

4. 刀轴 4

纵向铣形刀轴，为纵向铣形的主要刀轴，直径 $d=50$mm，刀轴的刀具装夹长度 320mm。刀具基准直径为 140mm（廓形最低点的直径），基准高度 10mm。这把刀轴上的位置 1、2、3、4 和 5 分别是窗扇外形预成形刀（FAso）、从动扇外形刀（FALM）、窗扇垫高料外形刀（FIG）、窗框外形刀（RAso，左、上、右）、和窗框下横档外形刀（内侧成形）。切削方式均为逆铣。

5. 刀轴 5

纵向铣形刀轴，刀轴直径 $d=40$mm，刀轴的刀具装夹长度 150mm 或 320mm。刀具基准直径为 140mm（廓形最低点的直径），基准高度 10mm。五金件安装槽（GN）和窗扇外形（FAu + GN，下）的加工刀具安装在这个刀轴上。

6. 刀轴 6

开槽刀轴，刀轴直径 $d=30$mm 或 40mm，刀轴的刀具装夹长度为 40mm。刀轴水平，安装下玻璃压条的圆锯片或窗台面安装槽的加工刀具。窗扇内形预成形之后，经这把刀切削，获得了玻璃实木压条，同时窗扇内形（FIoL）也最终成形。

窗扇外形、窗扇内形与窗框外形（下）不是单把刀具，而是前后刀轴上两把或两把以上的刀具完成成形加工，因此，实木窗廓形数量不等于刀具数量。上述分析的实木窗需要 23 把刀具：①截断圆锯片 1 把。②开榫刀 8 把。③纵向铣形 12 把。④玻璃压条铣形及锯切 1 把。⑤窗台面开槽刀 1 把。

三、切削刀具结构分析

实木窗刀具在结构上必须满足以下要求：

(1)刀具装夹高度恒定，如75mm，满足设备要求。

(2)刀具垂直方向定位高度恒定，如10mm。

(3)刀具基准直径满足设备要求，如开榫刀320mm(廓形最高点的直径)。

(4)采用专用轴套的组合铣刀，实现刀具快速安装。

(5)刀片为快速装夹，有径向和轴向定位。

(6)刀片为不重磨刀片，或转位刀片。

1. 开榫刀具

开榫刀具如图9-9。它是通过螺钉和垫片将三片装配铣刀固定在专用轴套上，轴套与多片铣刀组为一体，相邻两片铣刀采用垫片调节。轴套端部分别有键槽及平键，上下相互配合，并传递扭矩。轴套下端面与工件下表面之间的距离NH为刀具垂直方向的定位高度，一般等于10mm。刀具廓形最高点的直径为320mm，其他廓形点的直径以这点为依据进行计算。

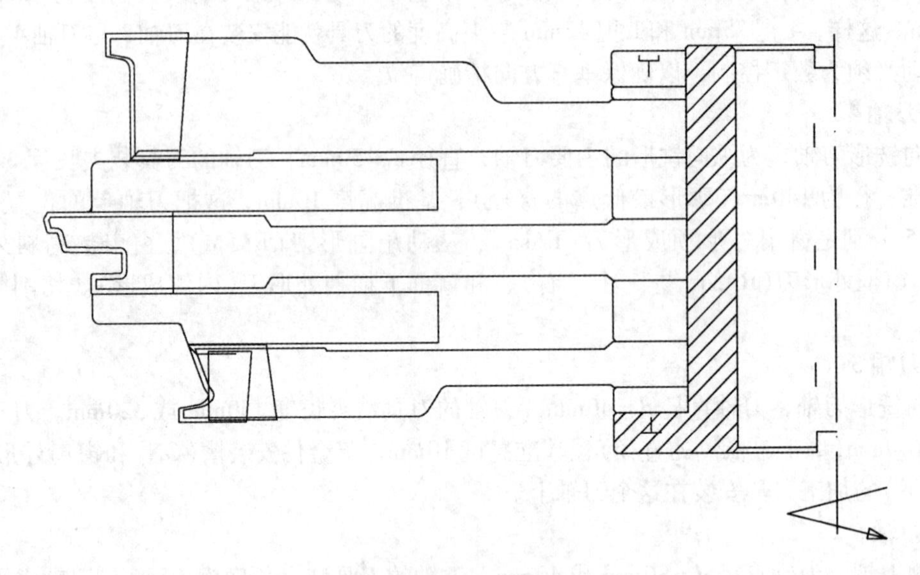

图9-9　实木窗开榫刀具

2. 纵向铣形刀具

纵向铣形刀具如图9-10。它是通过螺钉和垫片将三片装配铣刀固定在专用轴套上，轴套与多片铣刀组为一体，相邻两片铣刀采用垫片调节。轴套端部分别有键槽及平键，上下相互配合，并传递扭矩。轴套下端面与工件下表面之间的距离NH为刀具垂直方向的定位高度，一般等于10mm。刀具廓形最低点的直径为140mm，其他廓形点的直径以这点为依据进行计算。

木窗刀具是根据木窗结构、设备及生产技术要求，进行配置与设计的。针对一定结构的木窗，需要配置一套加工刀具。木窗结构需要予以编号，加工这套木窗的刀具也需要编制套

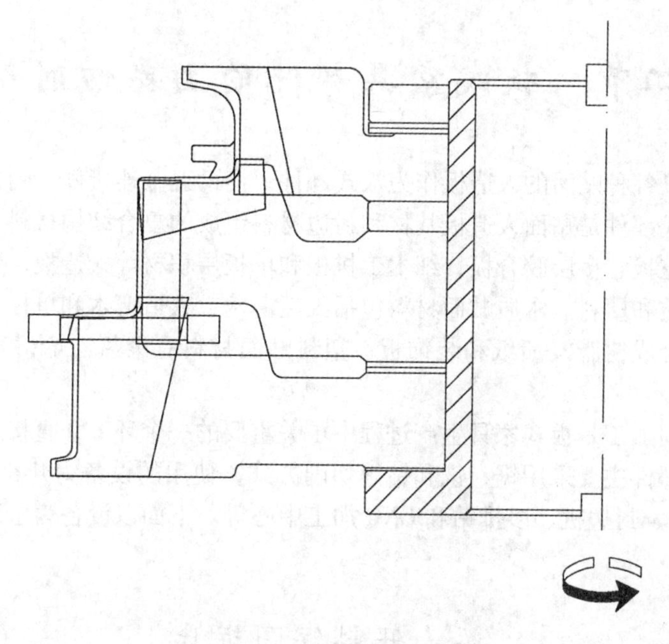

图 9-10　实木窗纵向铣形刀具

号，每把刀具需要部件号，单把刀具上的零件如刀片、垫片、轴套、螺钉等需要编制零件号。这样，在添加刀具、刀片或其他配件时，只需要列出编号，就可以获得所需要的刀具配件。

四、木窗刀具的发展

随着 CNC 木窗加工中心及集成木窗加工中心的技术进步，木窗刀具也得到了快速发展，尤其在装夹方式、刀片材料及刀片装夹定位。HSK 刀具装夹专为 CNC 木窗加工中心及集成木窗加工中心研制和开发。HSK 刀具装夹技术具有下列特点：

(1)采用锥面、端面定位的结合形式，使刀柄与主轴的有效接触面积增大，并从径向和轴向进行双面定位，从而大大提高了刀柄与主轴的结合刚度。

(2)具有较高的重复定位精度，并且自动换刀动作快，有利于实现 ATC(Automatic Tool Change)的高速化。

(3)具有良好的高速锁紧性；刀柄与主轴间由弹性扩张爪锁紧，转速越高，扩张爪的离心力越大，锁紧力越大，高速锁紧性越好；能快速实现刀具的更换。

随着金刚石涂层工艺与设备的改进，金刚石薄膜与硬质合金基体结合力的提高，金刚石薄膜剥离将会得到控制。化学气相沉积(CVD)金刚石多晶薄膜的纯度很高，硬度(9000～10000HV)接近天然金刚石，适合用于金刚石涂层硬质合金，制造不重磨的转位刀片，提高木窗刀片的耐用度。

第二节 板式家具部件的主要切削刀具

板式家具是以各种贴面的人造板作为板式部件，借助五金连接件、圆榫等结合方式组装而成的家具。板式部件是贴面人造板基材和封边材料组成的复合结构材料。常用的基材有中密度纤维板、刨花板、多层胶合板、细木工拼板和单板层积材等人造板，贴面材料主要有三大类：木质、纸质和塑料。木质贴面材料包括天然薄木、人造薄木和单板等；纸质贴面材料有印刷装饰纸、合成树脂浸渍纸和装饰板；塑料贴面材料有聚氯乙烯(PVC)薄膜和聚丙烯薄膜。

板式部件切削加工是板式家具生产过程中至关重要的一个环节，直接影响板式家具的外观和品质。板式部件主要采用锯、铣和钻等切削方式，使用的设备为开料锯(推台锯，电子开料锯)、双端铣、封边机、多排钻和CNC加工中心等。下面以设备为主线介绍板式部件加工的主要刀具。

一、开料锯圆锯片

目前，生产单位一般使用推台锯或电子开料锯裁切板式部件。开料锯机具有两个锯轴，如图9-11，配有两把圆锯片。处在进给前方，先切削工件的为划线锯(顺锯方式)，其后为主锯片(逆锯方式)。划线锯采用顺锯方式，即切削速度方向与进给速度方向一致，切削力的垂直分力将贴面层向上推，并且其锯路宽度根据主圆锯片的锯路宽度而定，通常比相应的主锯片大0.2~0.3mm，从而有效防止主锯片破坏下表面的贴面层。

推台锯锯切时，工件跟着工作台移动；电子开料锯则不同，主运动和进给运动均由圆锯片完成，是精密、重型和高效裁板设备。因此，电子开料锯与推台锯的圆锯片规格参数不一致。

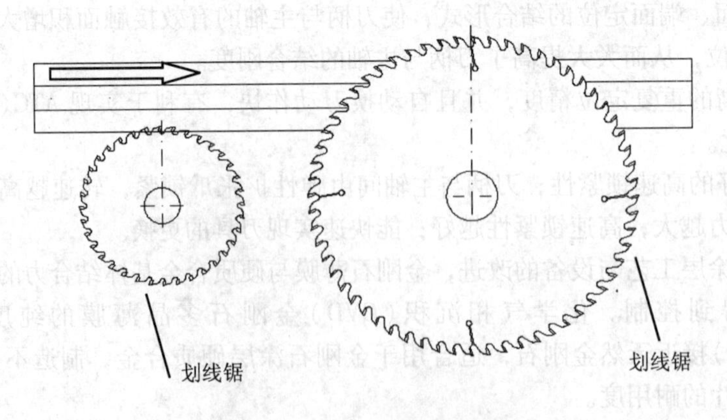

图9-11 开料锯锯切示意图

(一)推台锯圆锯片

推台锯的划线锯为两片组装的圆锯片，齿形多为平齿(FZ)，两个圆锯片之间的距离采用垫片或螺钉调节，调节范围为2.8～3.6mm。锯片直径为100mm、120mm、160mm，对应的孔径为20mm、22mm、30mm，对应的齿数为Z10＋Z10、Z12＋Z12、Z16＋Z16，前角12°，后角15°，前齿面内凹角1°、后齿面内凹角4°，锯料量0.4mm。

推台锯的主锯片齿形多为梯平齿（TR/FZ）、后齿面交错斜磨齿（WZ）或梯形齿（TR），初始锯路宽度3.2mm、3.5mm，锯身厚度2.2m、2.5mm，锯片直径为300mm、350mm，孔径30mm，齿数为Z72、Z84、Z96、Z108，前角10°，后角15°，后齿面斜磨角15°，前齿面内凹角1°，后齿面内凹角5°，锯料量0.5mm。

主锯片锯齿修磨后，锯路宽度会变小。划线锯的锯路宽度需要调整，保证划线锯锯路宽度比主锯片的锯路宽度大0.2～0.3mm。由于推台锯没有像电子开料锯一样配置上压梁，划线锯锯切深度因工件变形而改变，因此，推台锯不能采用锥形齿的划线锯，必须采用双片组装的平齿划线锯。

（二）电子开料锯圆锯片

划线锯一般为锥形齿（KON），如图9-12，锥角为10°。在锯切容易崩边的贴面板（如三聚氰胺树脂浸渍纸贴面板），有时采用后齿面斜磨的锥形齿（KON/WZ）。锯路宽度 B 根据主圆锯片的锯路宽度而定，通常主锯片锯路宽度比相应的划线锯大0.2mm或一致。因划线锯切入深度为1.5～3mm，故划线锯实际锯切宽度略大于主锯片。划线锯的常用规格尺寸与电子开料锯机的品牌及型号有关，见表9-1。划线锯的前角一般为5°，后角为15°，后齿面内凹角为5°，后齿面斜磨角为15°～25°。

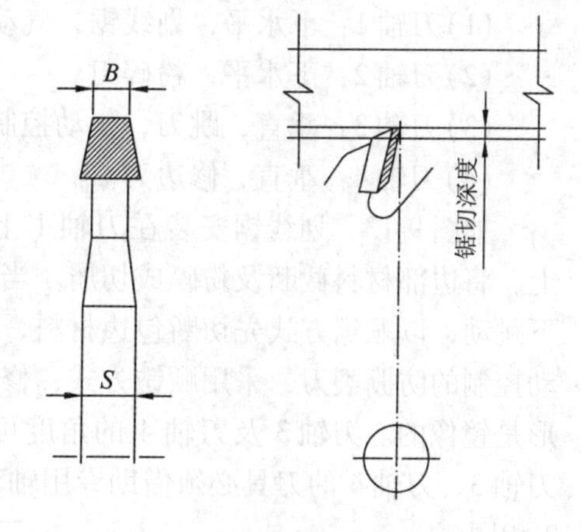

图9-12　划线锯齿形及锯切深度

表9-1　划线锯及主锯片的规格

锯机品牌	划线锯规格参数					主锯片规格参数				
	直径（mm）	锯路（mm）	孔径（mm）	齿数 Z	齿形	直径（mm）	锯路（mm）	孔径（mm）	齿数 Z	齿形
Anthon	180	4.4/5.2	20	30	KON/WZ	400/430	4.4	60	72	TR/FZ
		5.8/6.6	20	30	KON/WZ	530	5.8	60	60	TR/FZ
		6.2/7.0	20	30	KON/W	700	6.2	80	60	TR/FZ
Schelling	150	4.4/5.2	20	24	KON/WZ	400	4.4	30	72	TR/FZ
	180	4.4/5.2	20	30	KON/WZ	500	4.4	30	60	TR/FZ
	200	5.0/5.8	20	34	KON/WZ	450/530	4.4/5.0	30	72/60	TR/FZ
						550/650	5.0/6.2	40	72	TR/FZ
Holzma	180	4.8/5.6	45	36	KON/WZ	420	4.8	60	84	TR/FZ
	200	4.8/5.6	45	36	KON/WZ	380	4.8	60	72	TR/FZ
	340	5.0/3.5	45	36	KON/WZ	450/520	4.8	60	60/72	TR/FZ
	340	6.0/3.5	45	48	KON/WZ	570/670	5.8	60	72	TR/FZ

主锯片一般采用TR/ FZ、WZ、TR/TR齿形，用于锯切人造板素板或贴面板，常用规格见表9-1。法兰盘直径和圆锯片外径密切相关，通常是圆锯片直径的1/3~1/4。梯平齿(TR/FZ)主锯片的梯形齿与平齿交错配置，在半径方向上，梯形齿比平齿高出0.46mm。锯齿前角一般为15°、后角为15°、前齿面内凹角为0.5°、后齿面内凹角为6.7°。锯切高度与圆锯片直径、锯身厚度、圆锯片适张度及锯切材料密切相关。通常锯切时，主锯片露出工件表面的高度为10~15mm。

二、双端铣刀具

经裁板锯裁切的板式家具部件存在崩边和形位误差大的问题，需要经过双端铣进行规方定寸、开槽或修边。加工板式家具部件的双端铣一般配置4对刀轴(每侧4个刀轴)。为了满足板式家具部件的加工要求，双端铣常用的刀具配置方式如下：

(1)刀轴1：下水平，划线锯，气动控制跳动。

(2)刀轴2：下水平，粉碎刀。

(3)刀轴3：垂直，跳刀，气动控制跳动。

(4)刀轴4：垂直，修边刀。

如图9-13，划线锯安装在刀轴1上，先在工件下表面切出线槽；粉碎刀安装在刀轴2上，将边部材料截断及粉碎成切屑。当加工后/软成型的板式部件时，划线锯能气动控制上下跳动，以顺锯方式先切断包边材料，防止粉碎刀撕裂包边材料。跳刀安装刀轴3上，是自动控制的防撕裂刀，采用顺铣方式；修边刀安装在刀轴4上，以逆铣方式切削，两者刀齿廓形是镜像的。刀轴3及刀轴4的角度可以调节成垂直、水平或倾斜，转速多为6000r/min。刀轴3、刀轴4的刀具必须借助专用轴套或液压夹紧轴套固定，专用轴套的固定方法与刀轴2相同。

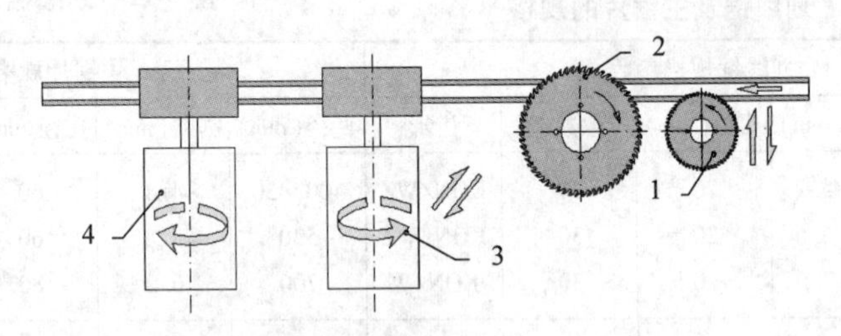

图9-13 双端铣刀具布置

若不加工后/软成型的板式部件时，双端铣的功能主要是规方定寸，那么只需要两对刀轴。下面以2轴双端铣为例讨论典型的刀具。

(一)刀轴1——划线锯

划线锯(图9-14)通过螺钉(6×M6)固定在专用的轴套上，轴套孔径为30H7，刀轴直径为30g6，双键连接，键为8×7。划线锯孔径为65H7，专用轴套的轴径为65g6。通过内六角螺钉(双螺纹 M16，M12)及端盖将专用轴套固定在刀轴上。刀轴转速为3000r/min。

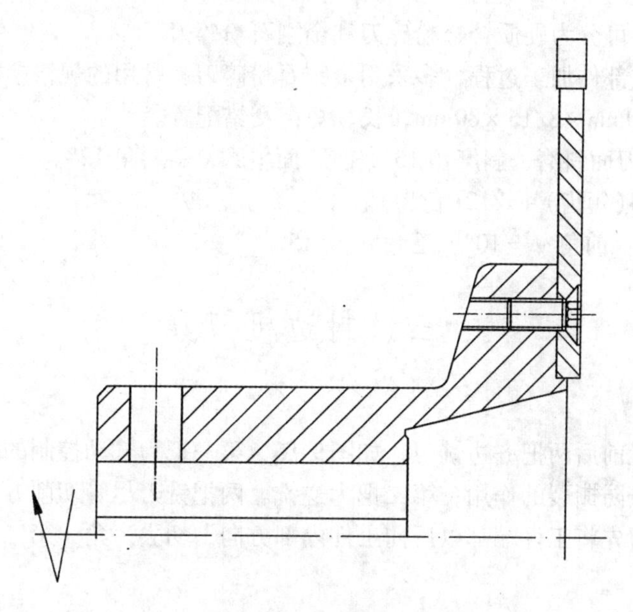

图 9-14　划线锯

划线锯规格参数如下：

(1)尺寸：180mm×3.5mm×65mm。

(2)齿形：后齿面斜磨齿(ES)。

(3)齿数：Z36，Z48，Z58。

(4)角度参数：前角 $\gamma=10°$，后角 $\alpha=15°$，前齿面锯料角 =1°，后齿面锯料角 =5°。

(二)刀轴 2——粉碎刀

粉碎刀(图 9-15)通过螺钉(8×M8)固定在专用的轴套上，轴套孔径为 35H7，刀轴直径 35g6，双键连接，键为 10×8。粉碎刀孔径为 80H7，专用轴套的轴径为 80g6。通过内六角螺钉(双螺纹 M20，M16)及端盖将专用轴套固定在刀轴上。刀轴转速为 3000r/min。

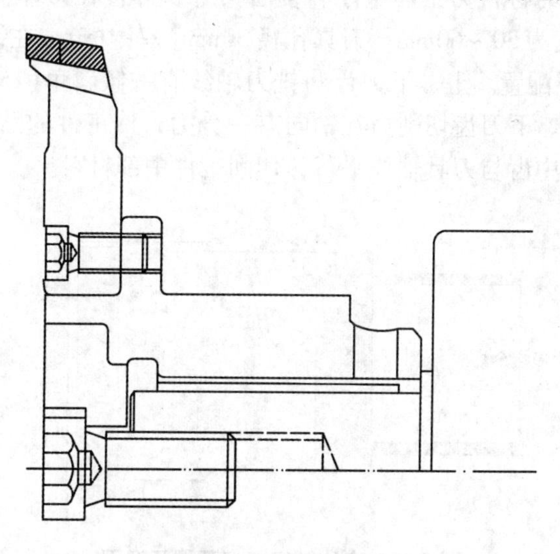

图 9-15　金刚石粉碎刀

粉碎刀种类较多，根据结构，可以分为整体粉碎刀、装配式粉碎刀和组合粉碎刀；根据刀具切削部分材料可分为硬质合金粉碎刀和金刚石粉碎刀。

目前，在板式部件加工过程，多采用金刚石粉碎刀，常用的规格参数如下：

(1)尺寸：250mm×8/15×80mm，长、短齿交错配置。

(2)齿形：后刀面斜磨，斜磨角15°，前刀面斜磨，斜磨角12°。

(3)齿数：Z24(短齿)+ Z12(长齿)。

(4)角度参数：前角γ =10°，后角α = 15°。

三、封边机刀具

(一)齐边铣刀

封边机上配置前后两把齐边铣刀，如图9-16，第一把为气动控制的跳刀，采用顺铣切削方式，起到封边条防撕裂的作用；第二把为逆铣。两把铣刀尽管切削方向相反，但铣削深度一致。防撕裂铣刀先将工件端部以压向工件内部方向，切去一角，第二铣刀切削时就不会撕裂端部封边条。

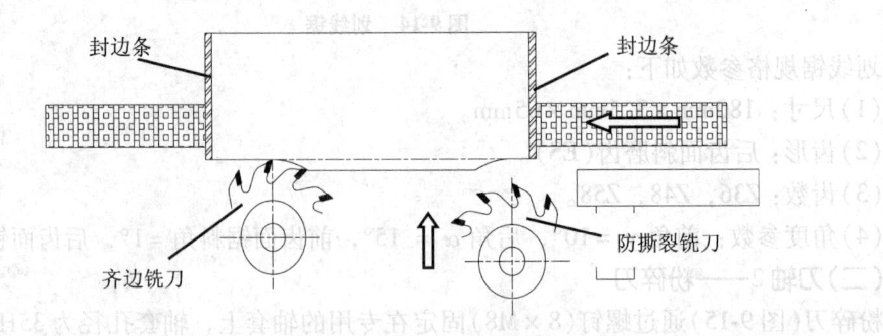

图9-16 齐边铣刀切削示意图

齐边铣刀切削部分的材料为聚晶金刚石复合刀片，焊接在刀体上。刀具切削圆直径为100~125mm，切削宽度为30~60mm，刀具孔径30mm(双键槽)。在铣刀宽度方向的刀齿按图9-17中的上、中、下配置。上、下刀齿与铣刀轴线有一倾斜角(15°~20°)，倾斜方向相反。在切削过程中，上、下刀齿切削力在轴向有一分力，使工件的贴面材料压向工件内部，保证贴面材料不撕裂，中齿与刀具轴线平行，切削工件中部材料。

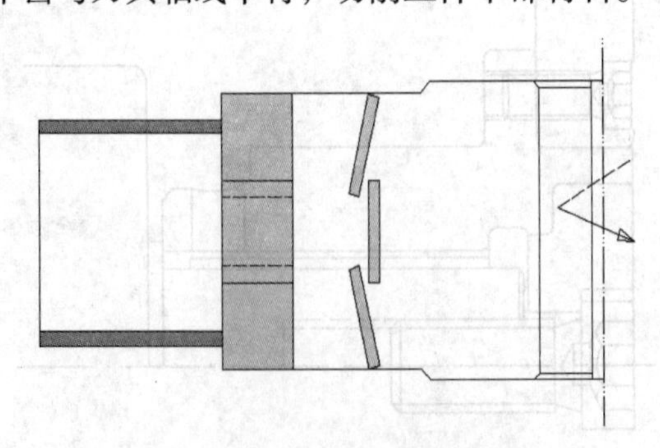

图9-17 齐边铣刀刀齿配置示意图

（二）前后截断锯

前后截断锯的直径、孔径及安装定位尺寸依据不同的封边机型号而定，其齿形及角度根据封边条材料、厚度而定。对于0.4mm厚的封边条，宜采用负前角、前后齿面单向斜磨的齿形；对于厚度3mm的PVC封边条宜，采用正前角、前后齿面单向斜磨的齿形；对于铝合金封边条，宜采用小前角、前后齿面双向大角度斜磨的齿形。

（三）修边刀

根据结构形式，修边刀分为整体和装配式铣刀；根据切削部分材料分为硬质合金和金刚石铣刀；根据装夹方式分为普通装夹与HSK装夹；根据功能分为粗修和精修铣刀。粗修铣刀的刃口为直线，如图9-18。精修铣刀的刃口一般为R2或R3的圆弧，如图9-19。

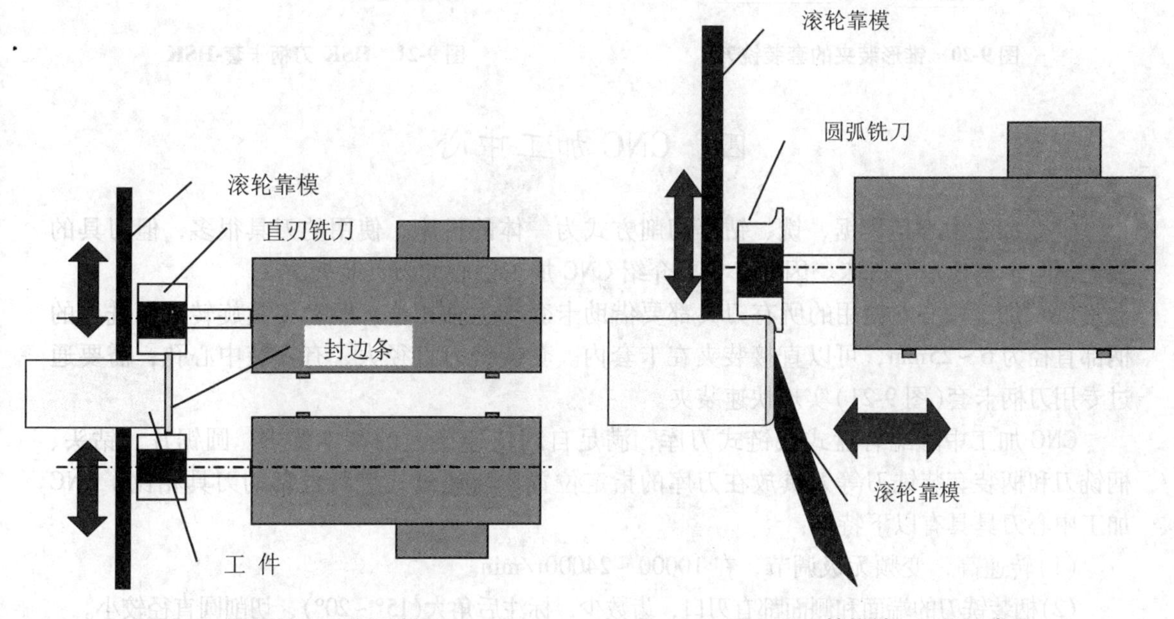

图9-18　粗修铣刀工作示意图　　图9-19　精修铣刀工作示意图

粗修铣刀直径和孔径根据设备型号而定，直径一般为70mm，孔径为16mm、20mm，带键槽，齿数为4或6。

精修铣刀直径和孔径也取决于设备型号，精修铣刀直径一般为56mm、78mm，孔径为16mm，带键槽，齿数为4或6。

在刀具设计时，刀具刃口分为直线段和圆弧段，粗修时使用刃口的直线段；精修时使用刃口的圆弧段，这样0.4mm与3mm厚的封边条能用同一刀具进行修边。

为了提高铣刀的装夹精度，降低刀具振动，现多采用HSK25R、HSK32R锥形装夹方式，如图9-20，图9-21为HSK刀柄卡套。HSK 25R/32R锥形装夹用于空间小、不适宜HSK F63或液压装夹的设备，如封边机。其特点：

（1）锥面与端面同时夹紧，装夹精度高。

（2）重复定位精度高。

（3）安全性高、锁紧力大。

（4）可承受的转速高，12000r/min。

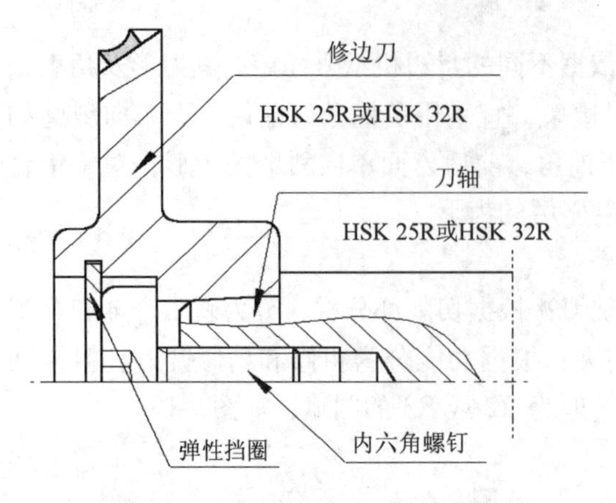

图 9-20 锥形装夹的套装铣刀

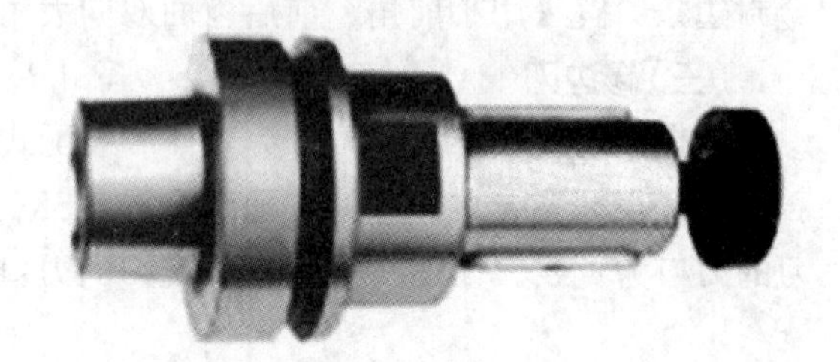

图 9-21 HSK 刀柄卡套-HSK

四、CNC 加工中心

CNC 加工中心是集锯、铣、钻等切削方式为一体的机床，使用的刀具很多，但刀具的装夹不同于其他木工机床。因此，主要介绍 CNC 加工中心的刀具装夹。

CNC 加工中心上使用的所有刀具都要借助卡套与主轴相连，驱动刀具旋转。柄铣刀的柄部直径为 6 ~ 25mm，可以直接装夹在卡套内。套装铣刀直径大，有安装中心孔，需要通过专用刀柄卡套(图 9-21)实现快速装夹。

CNC 加工中心配有盘式或链式刀库，满足自动快速换刀的基本要求。圆锯片、钻头、柄铣刀和柄装套装铣刀等刀具放在刀库的指定位置。与通过式进料设备的刀具相比，CNC 加工中心刀具具有以下特点：

(1)转速高，变频无级调节，在 10000 ~ 24000r/min。

(2)柄装铣刀的端面和侧面都有刃口，齿数少，标注后角大(15° ~ 20°)，切削圆直径较小。

(3)套装铣刀最大切削圆直径一般不超过 160mm 刀体采用铝合金制造，降低刀体质量。

(4)刀具需要借助中空锥形卡套 HSK 或锥形卡套 SK 实现刀具的快速装夹。

(5)刀具结构要满足刀具的基准高度调节。

CNC 加工中心的主轴锥孔通常分为两大类：锥度为 7: 24 的系统和 1: 10 的 HSK 系统。锥度为 7: 24 的通用卡套通常有五种标准和规格，即 NT(传统型)、DIN 69871(德国标准)、ISO 7388/1（国际标准)、MAS BT(日本标准)以及 NSI/ASME(美国标准)。锥形卡套 SK 是德国标准 DIN 69871 的柄部代号，SK 卡套由 7: 24 锥面卡套主体、螺母、卡簧和尾部螺钉(用于调节基准高度)组成，有 SK30，SK40 及 SK50 三种类型。

SK 卡套(图 9-22)，是靠卡套 7: 24 锥面与机床主轴孔的 7: 24 锥面接触定位的，通过卡套尾部的螺钉将卡套拉紧连接的。因此，与 HSK 相比，存在动态特性差、连接刚性低和重合精度低等不足。

HSK 锥形装夹是通过刀具的锥形内孔及与之配合的锥形刀轴，在夹紧力的作用下，其端面和锥面同时被夹紧的装夹。HSK 卡套的德国标准是 DIN69893，有六种标准和规格，即 HSK-A、HSK-B、HSK-C、HSK-D、HSK-E 和 HSK-F，木工刀具常用的为 HSK-F63。

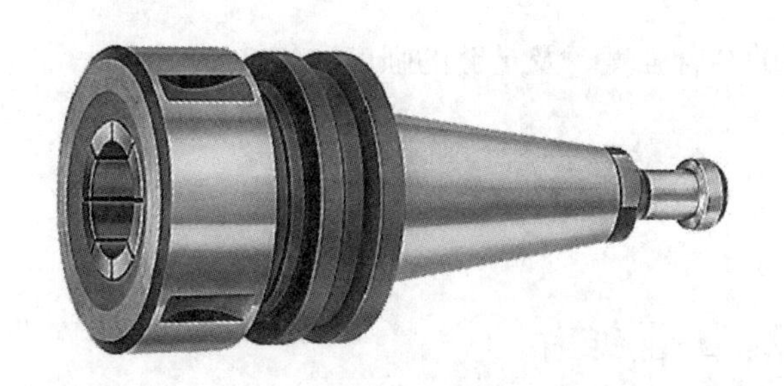

图 9-22　锥形卡套-SK

图 9-23　中空锥形卡套-HSK

HSK 卡套(图 9-23)的 1: 10 锥面与机床主轴孔的 1: 10 锥面接触，而且使卡套的法兰盘面与主轴面也紧密接触，这种双面接触系统在高速加工、连接刚性和重合精度上均优于 SK 卡套。

第三节　强化地板切削刀具

强化木地板为俗称，其学名为浸渍纸层压木质地板。它是以浸渍热固性氨基树脂的耐磨纸和木纹纸及平衡纸分别铺装在刨花板、中密度纤维板、高密度纤维板等人造板基材表面及背面，经热压、分片和加工企口而成的地板。耐磨纸是决定强化木地板寿命的关键，它具有高耐磨性能、高透明度及优异的物理力学性能。耐磨纸的耐磨性能通常以每平方米中 Al_2O_3 的重量来衡量，通常为 $46g/m^2$ 和 $62g/m^2$ 等，它将造成刀具的快速磨损。因而，在设计强化地板的切削刀具时，必须考虑到耐磨纸。此外，树脂浸渍的装饰木纹纸及平衡纸在切削加工过程中容易发生崩边，要求刀具刃口保持足够的锋利度。强化地板基材对刀具造成的磨损相对较小，通常加工基材的金刚石刀具能达到 100 万 m 切削长度，而切削耐磨层的精修刀，每个切削点只能维持 6000 ~ 10000m 切削长度。

强化木地板生产流程中，有两道工序为切削加工的：一是大板分片，二是企口加工。大板分片最简单的方法是采用推台锯，但效率及精度均较低。目前，主要采用多片锯生产线：真空吸盘大板自动上料→纵向定宽分片→横向转向输送→横向定长截断→出料输送→真空吸盘自动叠跺。企口加工的设备有纵向四面刨 + 横向双端铣的生产线和纵向双端铣 + 横向双端铣的生产线，目前，多采用后者，即：真空吸盘自动上料→纵向双端铣→转向输送→横向双端铣→出料输送→真空吸盘自动叠跺或自动包装线。

强化地板企口有平口和锁扣两种廓形，绝大多数采用锁扣廓形。锁扣廓形有不同的结构类型。根据不同的锁扣结构及加工设备，需要采用不同的刀具配置方案。现多采用的刀具配置方案为：预切→倒角→精修→锁扣→成形。

强化地板表面抗刮伤、抗磨损是通过均匀分布在耐磨纸内的 Al_2O_3 来实现的。Al_2O_3 的硬度仅次于立方氮化硼(CBN)和金刚石(PCD)，目前只能用金刚石刀具来加工。

耐磨层厚约 0.15mm，它会造成刀具刃口快速凹洼磨损。刀具设计时，需要考虑单位平方米地板的刀具成本，因此，加工耐磨层的刀具如预切刀具、倒角刀及精修刀，除了具有合理的角度外，还应具有多个切削点。此外，强化地板金刚石刀具还应满足以下几点：

(1) 中心孔配合精度高，刀齿径向、端向跳动小。

（2）运转时的不平衡度低。

（3）金钢石层和硬质合金（基体）有足够的结合强度，及足够的强度和韧性。

（4）具有足够的耐用度。

（5）榫头和榫槽配合可调，调节精度高。

（6）刀具结构合理，易于排屑除尘。

一、金刚石圆锯片

国内生产强化地板用的大板多为1.22m×2.44m，经多片锯生产线，裁切成一定长度及宽度的小板。为了提高设备的利用效率、改善锯切质量和降低刀具成本，现多采用金刚石圆锯片。金刚石圆锯片的规格及角度参数为：250mm×3.2/2.2×100mm，齿数为Z36，齿形为平齿（FZ），前角为3°，后角为10°，前齿面内凹角为0.4°，后齿面内凹角为6°。

金刚石圆锯片一般不是以法兰盘装夹，而是用任意定位的液压夹紧轴套装夹的。液压夹紧套的内部有一空腔，如图9-24，其中充满了液压油。施压时，液压轴套内壁膨胀，均匀地包紧锯轴，完全消除了圆锯片内孔和锯轴的配合间隙，保证了圆锯片的回转中心和锯轴旋转轴线一致，减小了刀齿的径向跳动，保证所有刀齿均衡参加切削。这样的圆锯片系统具有如下特点：

（1）降低了锯轴部件重量及锯轴不平衡度，延长了轴承的使用寿命。

（2）减小了切削平面以下材料的破坏不平度和运动波纹，崩边现象减少，提高了工件表面的加工质量。

（3）空载和负载噪声都降低。

（4）夹紧精度的重复性很高，安全可靠。

（5）和垫片、法兰盘装夹方法相比，装拆时间缩短90%。

（6）不依靠垫片调节圆锯片之间的距离，板宽调节时间大大缩短。

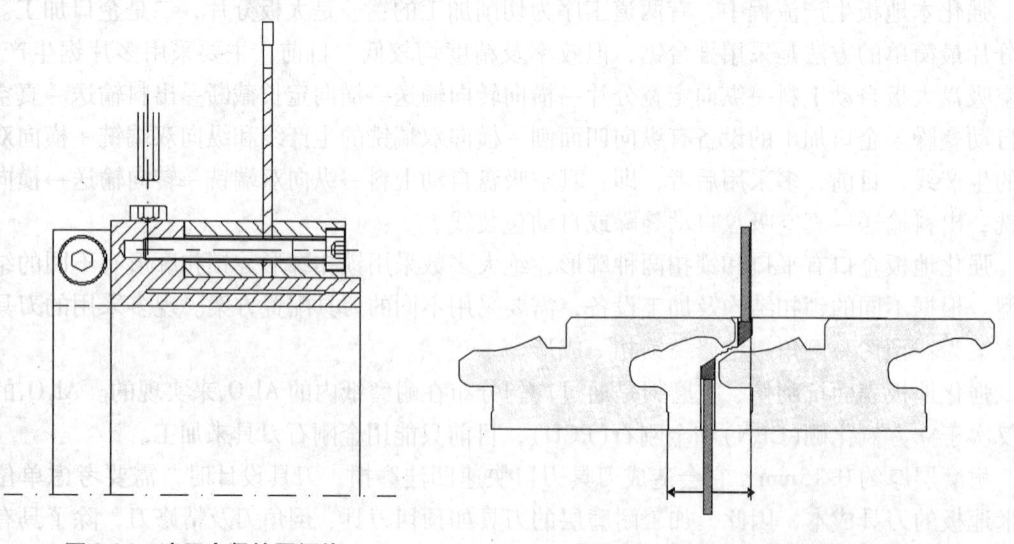

图9-24　液压夹紧的圆锯片　　　　图9-25　锁扣地板裁板示意图

针对锁扣地板的分片裁切，采用上、下错位的两组圆锯片完成裁板，如图9-25。采用这样的裁板方式，大约提高了3%的大板利用率。

二、刀具配置

根据不同的设备及锁扣形状，刀具的配置是不同的。即使同种设备及锁扣形状，也有不同的刀具配置方案。刀具配置方案直接影响到强化地板的切削质量、形位公差及刀具单位成本。在设计刀具配置方案时，应该注意下列几点：

(1)分析切削对象的材料特性。

(2)切削质量要求，含表面粗糙度、形位公差要求。

①预切刀每齿进给量控制在0.3～0.4mm。

②倒角刀、精修刀每齿进给量控制在0.2～0.3mm。

③成形刀每齿进给量控制在0.8～1.2mm。

④锁扣刀每齿进给量控制在0.6～1.0mm。

(3)研究设备信息，含刀轴转速、刀轴尺寸及位置、进给速度、刀具装夹和切削方式等。

(4)分析强化地板锁扣形状，合理分配各工位刀具功能及刀轴倾斜角度。

(5)选择切削方式(圆柱铣削、圆锥铣削及端面铣削)及切削方向(顺铣或逆铣)。

(6)合理分配左、右两侧的切削量，尽量使两侧切削力达到均衡。

(7)合理选择刀具结构，降低噪声及利于排屑。

(8)完成刀具设计计算，得出刀具尺寸、角度和齿数等技术参数。

下面以图9-26的锁扣形状、纵向进给速度为80m/min的双端铣开榫生产线为例分析刀具的配置方案。强化地板的纵、横两向的锁扣形状存在差异，图9-26(a)为纵向锁扣形状，采用旋转安装；图9-26(b)为横向锁扣形状，采用垂直压入安装，其间有一弹性塑料卡片。纵向锁扣廓形的锁扣面垂直于地板表面，即锁扣面为90°；横向锁扣廓形的锁扣面不垂直于地板表面，锁扣面为70°。此外，横向锁扣廓形没有榫头，只有榫槽，是通过弹性卡片及锁扣面实现连接的，弹性卡片取代榫的功能。

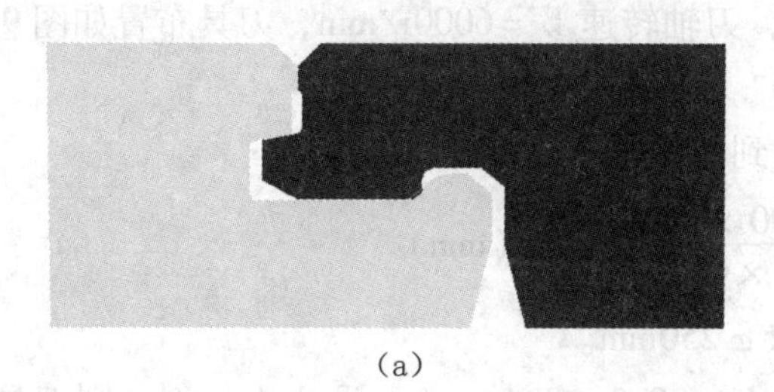

(a)

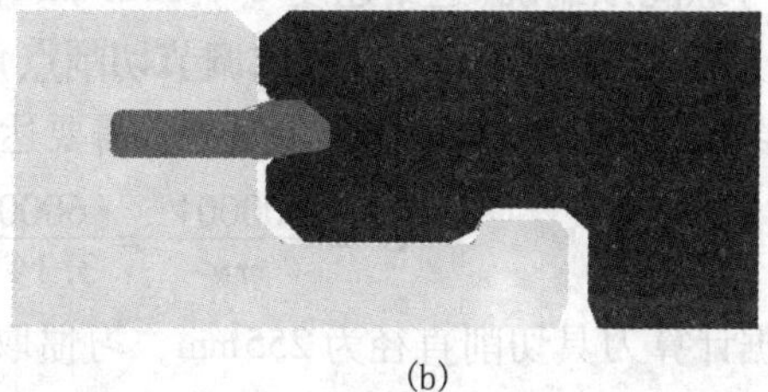

(b)

图9-26　锁扣廓形

依据图9-26锁扣地板廓形及设备进给速度，进行刀具配置，具体配置如下：

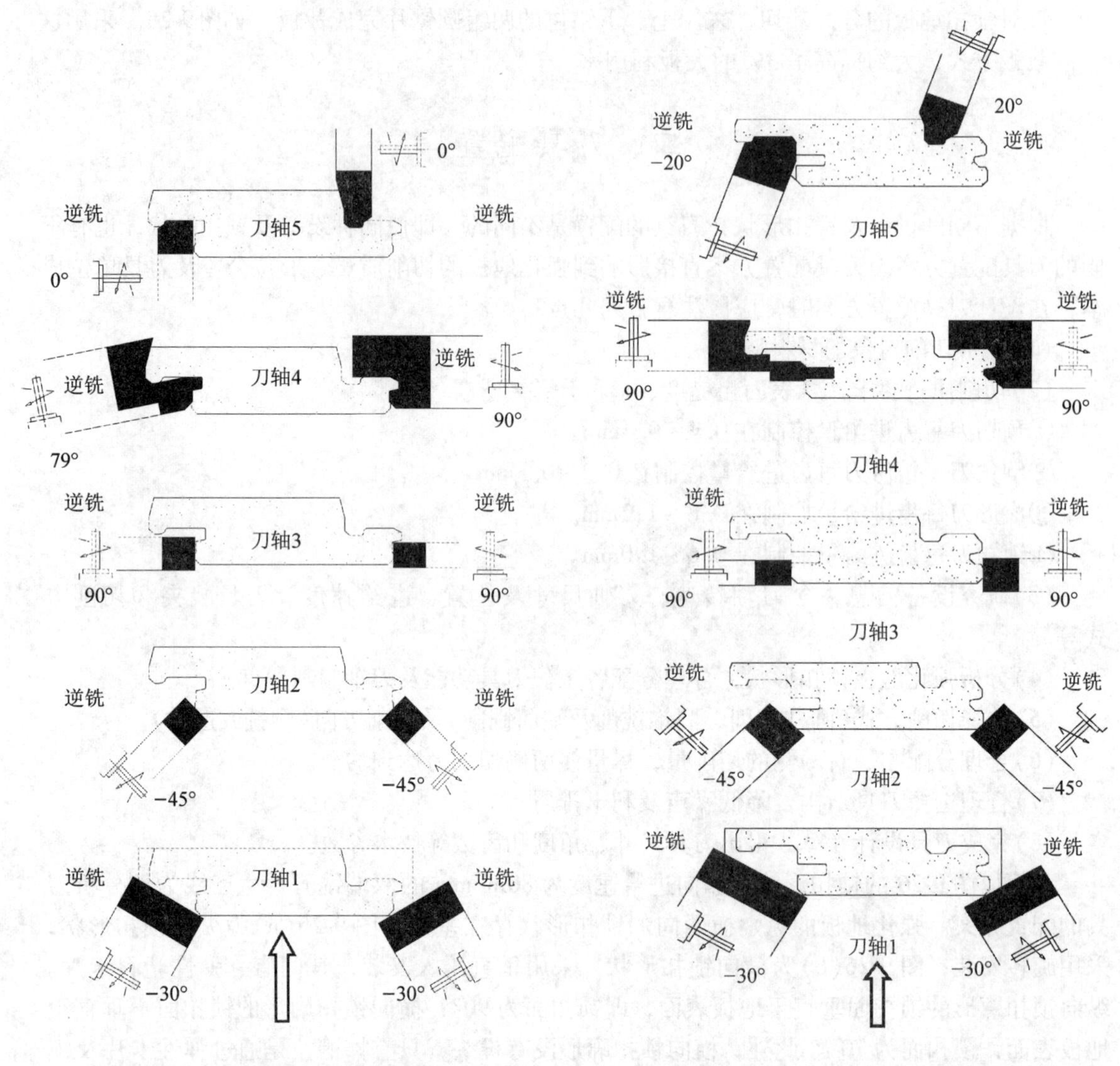

图 9-27　纵向双端铣的刀具布置　　　　　　图 9-28　横向双端铣刀具布置

(一)纵向双端铣(进给速度 $U=80\text{m/min}$，刀轴转速 $V=6000\text{r/min}$，刀具布置如图 9-27)

1. 刀轴 1——预切铣刀(要求调节切削点)

当切削高密度纤维板时，切削速度需要达到 80m/s，则刀具外径为：

$$D=\frac{60000V}{\pi n}=\frac{60000\times 80}{3.14\times 6000}=255\ (\text{mm})$$

根据计算刀具切削直径为 255mm，习惯取 φ 250mm。

预切刀主要切削耐磨层，要求每齿进给量 $U_z=0.3\sim 0.4\text{mm/z}$，取 0.4mm/z，则刀具齿数 Z 为：

$$Z=\frac{1000U}{U_z n}=\frac{1000\times 80}{0.4\times 6000}=33(\text{齿})$$

根据计算，刀具齿数为 33 齿，习惯取 36 齿，并且是长、短齿交错配置，即短齿为 24 个，刀刃长度为 8mm，长齿 12 个，刀刃长度为 15mm。刀刃长度越长，切削点调节的个数就越多。

根据计算及应用特点，预切铣刀的参数如下：

φ250×8/15×40，Z24+12；前角10°，后角13°。

2. 刀轴2——倒角铣刀（要求调节切削点）

倒角铣刀切削耐磨层，要求每齿进给量 $U_z=0.2\sim0.3$mm/z，取0.3mm/z，则刀具齿数Z为：

$$Z=\frac{1000U}{U_z\cdot n}=\frac{1000\times80}{0.3\times6000}=44(\text{齿})$$

根据计算及应用特点，倒角铣刀的参数如下：

φ250×8×40，Z44；前角10°，后角13°。生产单位也有采用36齿的倒角铣刀。

3. 刀轴3——精修铣刀（要求调节切削点）

若加工倒角地板，则精修刀没有切削耐磨层；若加工无缝直角地板，倒角刀不参与切削，精修刀需要切削耐磨层。因此，倒角刀需要布置在精修刀之前，以节省刀具成本。精修刀的参数与倒角刀相同，即φ250×8×40，Z44；前角10°，后角13°。因精修刀上侧刃参与切削，需要斜磨，斜磨角4°左右，以减少侧刃后刀面的摩擦。

4. 刀轴4——成形铣刀

为了确保强化地板切削加工的形位公差，要求精修刀与锁扣刀处在相邻的两个工位。但图9-26(a)纵向锁扣廓形的锁扣面垂直于地板表面，即锁扣面为90°，锁扣刀轴需要水平布置。如果锁扣刀在成形刀之前，锁扣刀两侧刃都需要参与切削，均需要斜磨，必须采用组合的锁扣铣刀，增加了刀具成本。为此，将成形铣刀放在锁扣刀之前。

成形铣刀切削基材，要求每齿进给量 $U_z=0.8\sim1.2$mm/z，取1.2mm/z，则刀具齿数Z为：

$$Z=\frac{1000U}{U_z\cdot n}=\frac{1000\times80}{1.2\times6000}=11(\text{齿})$$

根据计算，刀具齿数为11齿，习惯取10齿或12齿。因成形铣刀的两侧刃需要参与切削、两侧刃与刀具回转轴线垂直，且需要调节榫头、榫槽配合松紧度，因此，成形铣刀两侧刃需要斜磨，且设计成两片组装的铣刀。

根据计算及应用特点，成形铣刀的参数如下：

φ250×40，Z10+Z10；前角10°，后角13°。

5. 刀轴5——锁扣铣刀

锁扣铣刀切削基材和平衡层，要求每齿进给量 $U_z=0.6\sim1.0$mm/z，取1.0mm/z，则刀具齿数Z为：

$$Z=\frac{1000U}{U_z\cdot n}=\frac{1000\times80}{1.0\times6000}=13(\text{齿})$$

根据计算，刀具齿数为13齿，习惯取12齿或14齿。因锁扣铣刀的一侧刃需要参与切削、且与刀具回转轴线垂直，需要斜磨，斜磨角为4°。

根据计算及应用特点，锁扣铣刀的参数如下：φ250×40，Z14；前角10°，后角13°。

（二）横向双端铣（进给速度 $U=32$m/min，刀轴转速 $V=6000$r/min）

类似于纵向双端铣的刀具配置计算及应用分析，可得图9-28所表示的刀具配置方案。

三、刀具结构要求

(一)预切铣刀

预切铣刀主要切削耐磨层，铣削深度较大，产生较多的切屑，切屑中Al_2O_3粉尘像砂轮上的磨料一样，磨削双端铣的下支撑板、上压靴和链条盖板。因此，在刀体结构上要充分考虑排屑除尘问题。主要采用如下设计，改进排屑除尘效果：

(1)刀体上增加圆盘防护板，阻挡切屑。

(2)刀体上加工导屑槽，引导切屑向吸尘口运动。

(3)采用逆铣切削方式，利于切屑排除。

预切铣刀不仅要切削耐磨层，还要切削基材。切削耐磨层的刃口处，很快磨损变钝，但切削基材处的刃口仍然锋利，因此，要求预切铣刀能调节切削点，可调节的切削点数量越多，刀具耐用度就越高。在刀刃长度方向，有一部分刀刃只切削基材，其余部分刀刃是用来调节切削点的。因此，预切铣刀刀齿有长、短齿配置。长齿既切削耐磨层也切削基材；短齿只切削耐磨层，长齿与短齿的比例一般为2∶1。

为了避免刀具垂直放置时，刀齿刃尖碰到地面，造成崩齿，刀体端面凸出刀齿1mm左右。因预切铣刀是倾斜安装的，为了便于安装，刀体需要配置圆盘抓手。

(二)倒角铣刀

倒角铣刀也是倾斜安装，主要切削耐磨层，铣削深度为0.3～0.5mm，是对耐磨层进行精加工的，同时形成倒角。刀齿长度方向为单一长度，要满足调节切削点的要求。可调节的切削点数量越多，刀具耐用度就越高，其结构可以参考预切铣刀。

(三)精修铣刀

精修铣刀是垂直安装的，主要切削耐磨层，铣削深度为0.3～0.5mm。在高效排屑及防护方面的结构可以参考预切铣刀。锁扣廓形的榫槽和榫头的精修刀在调节切削点时，移动范围受到了限制，单片刀只有6～8个切削点。为了降低刀具成本，建议采用图9-29所示的两层或三层精修刀。两把或三把刀具共用一个液压轴套，在不换刀的情况下，增加切削点，提高刀具的耐用度。

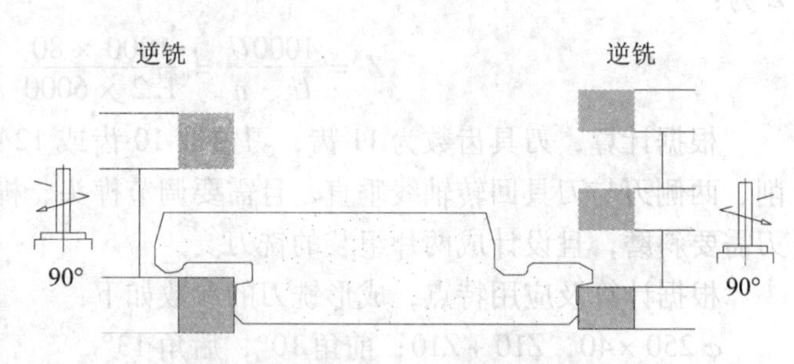

图9-29 两层或三层精修刀示意图

(四)成形铣刀

成形铣刀通常是垂直安装的，也有倾斜安装的(如图9-27，左刀轴4)，切削基材。铣削深度随地板廓形深度而定。图9-27左刀轴4倾斜安装的原因是榫槽底部材料只有通过这把倾斜的成形刀来加工。成形铣刀为两片组装的组合铣刀，如图9-30，安装在一个液压夹紧轴套上。它能方便调节各片刀具之间轴向距离，以满足地板的廓形配合要求。液压夹紧轴套具有两个施压螺钉，其一施压轴套内壁，其二加压轴套外壁，分别将轴套和刀体张紧在刀轴和轴套上，消除两两的配合间隙，并达到锁紧刀具的目的。液压轴套端部具有细牙螺纹，与之相旋合的调刀罗盘能调节一把刀具的上下位置。调刀罗盘的刻度为0.01mm，调节精度高。

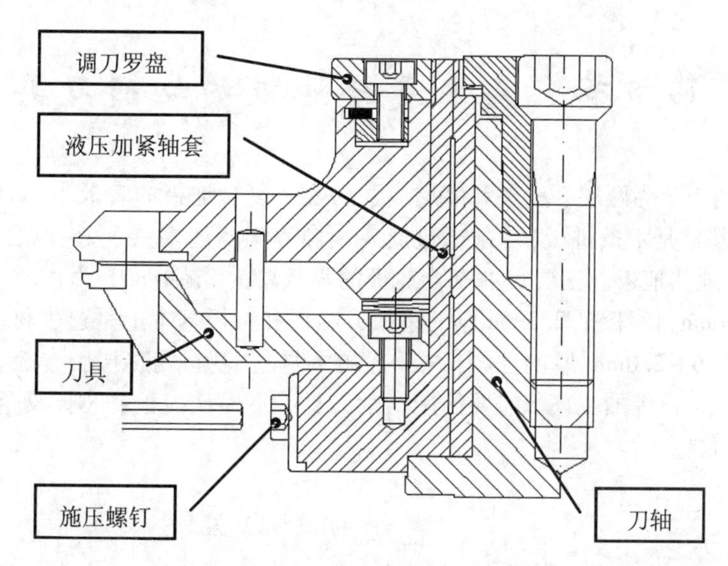

图 9-30　可调液压夹紧组合成形铣刀

(五)锁扣铣刀

纵向双端铣的锁扣铣刀是水平安装的，横向双端铣的锁扣刀是倾斜安装的，切削平衡纸及基材，铣削深度随地板廓形深度而定。由于在刀具上方，有双端铣上压靴，并保证刀齿尽量靠近上压靴，锁扣铣刀刀体需要设计成碟形。在高效排屑及防护方面的结构可以参考预切铣刀。

四、刀具使用与维护

强化地板的刀具都采用聚晶金刚石(PCD)复合刀片来制造。聚晶金刚石复合刀片是由作为表层的一定粒度的金刚石微细颗粒与作为基体的硬质合金在高温高压下烧结而成的复合体。因金刚石复合刀片把金刚石的高硬度和耐磨性同硬质合金的高强度和韧性结合起来，因此获得极优良的综合性能。在金刚石复合刀片烧结过程中，需要添加导电的金属粘结剂，因此，金刚石复合刀片可以采用电腐蚀方法加工。金刚石刀具的使用与维护应该注意下列事项：

(1)金刚石复合刀片针对不同切削对象，具有不同的牌号。牌号不同，金刚石颗粒大小及粘结剂含量不同，其韧性及耐磨性也不同。

(2)刀具在切削过程中，其前、后刀面粘附了强化地板中的树脂，需要定期采用超声波清洗设备清洁刀具。

(3)需要专业的电腐蚀设备修磨金刚石刀具。

(4)金刚石刃口磨损变钝之后，是修磨后刀面的。为了防止后刀面的刀体碰到切削平面，一定要定期修磨刀体。

(5)金刚石刀具与其相配的液压轴套为一体，需要一起发往专业的修磨中心。

(6)刀具修磨后，需要检查动平衡。

(7)刀具修磨后，需要在专用的投影仪上，检测刀刃的锋利度、径向跳动及端向跳动。

(8)成形铣刀、锁扣铣刀在修磨后，需要在专用投影仪上检测廓形的准确性。

第四节 实木复合地板的切削刀具

实木复合地板分为两层、三层和多层。两层实木复合地板的表板是4mm厚的独幅薄板(优质木材)，基材是木条拼板(木条通过筋条横向等间隔连接)或多层胶合板(加工等间隔槽)，主要用于地热地板。三层实木复合地板的表板厚为2~4mm，为优质木材，木条芯板厚为8.5~10.5mm，背板是2.5mm厚的单板，芯板和背板基本上是速生材。多层实木复合地板的表板是0.6~2.0mm厚的独幅薄板(优质木材)，基材是多层胶合板。实木复合地板在表板、芯板及企口等加工环节需要使用切削刀具。下面从表板、芯板及企口等加工环节，介绍各类切削刀具。

一、表板切削刀具

制作表板的板方材在剖分成薄板之前，需要四面刨光及双端精截(定长)；剖分成薄板之后，还需要边部铣削(定宽)。因此，表板切削刀具包括刨刀(平面铣刀)、圆锯片、框锯条及齐边铣刀。

(一)表板截断圆锯片

板方材的截断面常出现锯痕过深、木材纤维撕裂和烧焦等加工缺陷。造成这些缺陷的主要因素有：圆锯片稳定性、锯齿的角度和齿数。因此，在选用硬质合金圆锯片时，要考虑法兰盘的直径、齿形和齿数。

1. 法兰盘

当圆锯片切削时，因离心力和锯切温度的作用，锯身半径上各点的弦向应变和应力总是大于径向应变和应力，使得圆锯片周边的金属产生了较大的弦向伸长，却没有产生相应的径向伸长，造成齿缘部分的金属材料松弛。圆锯片在切削时失去稳定，锯齿向两侧游动，在锯切表面留下较深的锯痕。为此，圆锯片出厂之前，均经过了适张度处理，使锯腰存在一定的弦向残余应力和应变，提高圆锯片的稳定性。但圆锯片适张度受到了锯身厚度、钢材材质和修锯工技术等因素的影响，并且法兰盘直径、进给速度、锯片转速、锯路高度和工件材性还左右了圆锯片的稳定性。在众多因素中，法兰盘直径是影响圆锯片稳定性的关键因素。因而，在选择截断圆锯片时，应根据圆锯机型号和圆锯片直径，推算法兰盘的直径。通常，法兰盘直径是圆锯片直径的2/5。

2. 齿形和角度

横锯时，进给速度方向与木材纤维方向垂直，锯齿主刃与木材纤维平行。这就要求锯齿的侧刃先于主刃将木材纤维割断，防止锯齿主刃和前齿面把木材纤维拉断，从而保证光滑的锯切表面。横锯齿侧刃应以十分锋利的刃口切断木材纤维，其角度就显得十分重要。横锯齿的前、后齿面均要交错斜磨，如图9-31。侧刃以小于90°的切削角切入木材，将纤维割断。显然，斜磨角越大，横锯时的锯切表面就越光滑。但斜磨角大小受到硬质合金锯齿尺寸和强度的影响，所以前齿面斜磨角 ε_γ 通常为15°，后齿面斜磨角 ε_α 为10°~15°。

锯齿侧刃先于主刃切入木材除了和锯齿前角 γ 大小有关之外，还与工作锯齿所处的锯片象限有关，如图9-32。当锯片第一、三象限的锯齿切削时，锯机工作台面与锯轴中心线的垂直距离 H 必须满足下式：

$$H \geqslant \frac{D}{2}\sin\gamma$$

式中：D——圆锯片切削圆直径(mm)；

γ——锯齿前角(°)。

否则，锯齿的主刃先于侧刃切入木材，造成木材纤维被撕裂，降低锯切表面质量。当锯片第二、四象限的锯齿切削时，锯齿应该为负前角，以保证锯齿的侧刃先于主刃将木材纤维割断。

可见，表板板材截断选用正前角还是负前角的圆锯片，视锯机结构和圆锯片的工作象限而定。但无论何前角，锯齿的前、后齿面均需要斜磨。

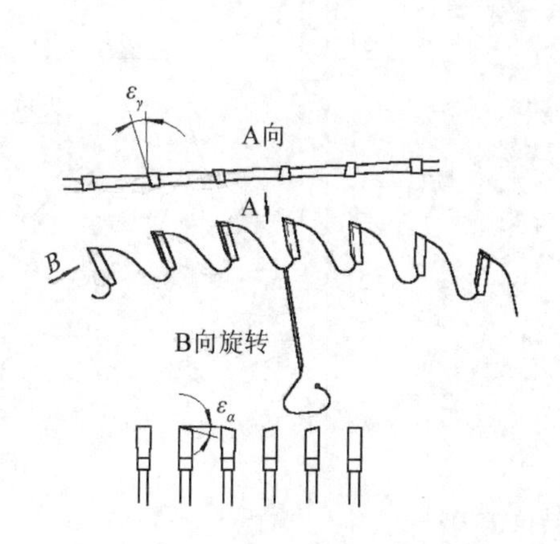

图9-31　横截圆锯片的齿形

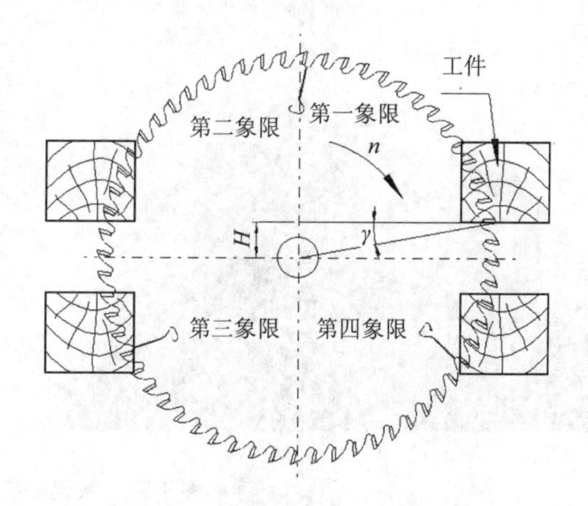

图9-32　横截圆锯片象限与锯齿前角的关系

(二)板材四面刨光的刨刀(平面铣刀)

1. 组合转位预刨刀

用于四面刨预刨刀轴上，加工工件的基准面。刀体为封闭式圆刀体结构，如图9-33，刀体宽度有20mm、30mm和50mm三种规格。刀体上有两个定位销孔，根据工件加工表面宽度，若干片刀体通过销钉组合在一起。相邻刀体上的刀片位置错开。在铣削宽度上，刀片不是同时参加切削。切削冲击小、切削平面以下木材的破坏小、噪声低。此外，刀片崩刃时，只需转位或更换一刀片，降低刀具成本。

图9-33　组合转位预刨刀

刀片为不重磨转位，材料为硬质合金，磨损变钝之后旋转180°再用另一刃口。刀片通过刀体上斜面定位，定位精度取决于刀体的制造精度。刀片上具有安全定位孔，通过夹紧楔块和螺钉夹紧在刀体上。

2. 快速安装转位刨刀

用于四面刨的左、右立刀轴上和精刨水平刀轴上，对工件表面进行精刨光。刨刀结构如图9-34。刀片通过离心力、夹紧楔块和沟槽定位块装夹在刀体上，所有刀片能精确定位在同一切削圆上。更换刀片时，无须将刀体从刀轴上取下，而是松开锁紧螺钉，将刀片沿轴向抽出或径向取出，大大节省更换刀片的时间。刀片的对应两边为刃口，磨损变钝之后旋转180°再用另一刃口。两个刃口用过之后，刀片可重复修磨前刀面。重磨区为1mm，可修磨3～4次。刀体上具有断屑器，在切削层木材的破坏延伸到切削平面以下前，使切屑断裂，改进工件表面的切削质量。

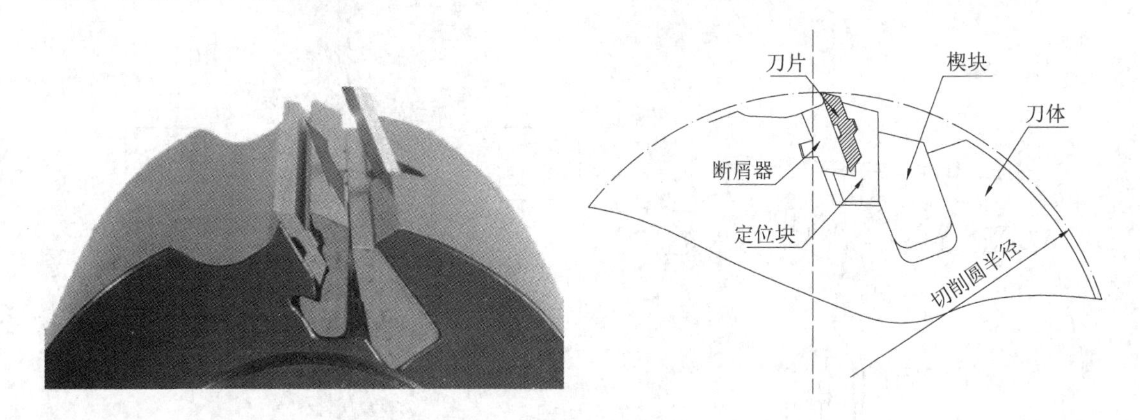

图9-34 快速安装转位刨刀

3. 液压夹紧装配式刨刀

根据木材铣削原理，凡是以铣削方式切削形成的工件表面，都会留下有规律的波纹。当波纹长度为0.2～0.8mm时，切削表面光滑；当波纹长度为0.8～2.5mm时，切削质量中等；当波纹长度为2.5～5mm时，切削表面粗糙。在理想情况下，刀具上所有刀齿参加切削，各刀齿达到均衡切削。实际切削情况往往不同于理想情况，刀具各刀齿受制造精度和振动的影响，不能达到均衡切削。刀具运转时，某些刀齿径向突出过大，挖切切削平面以下的木材，形成大的运动波纹。

造成刀具非均衡切削的因素主要有：①刀具制造精度。②刀具动平衡标准。③机床和工件振动。④刀轴颤动。⑤刀具和刀轴的配合公差。前四个因素可以通过改进设备、刀具制造和质量检验标准得到控制。但刀具内孔和刀轴需要一定的配合间隙，以方便刀具安装。若直径为40mm，则配合间隙通常为0.009～0.05mm。因此，刀具回转轴线和刀具内孔中心线不在同一线上，这势必导致刀齿产生不均衡切削。在进给速度低（≤20m/min）的情况下，因每转进给量小，不均衡切削对工件表面质量影响不明显；高速进给情况下，不均衡切削对工件表面质量影响就十分明显。在高速送料情况下，必须使用液压夹紧轴套消除配合间隙。

图9-35的液压夹紧刨刀用于高速四面刨机床上，进行实木平面切削。液压夹紧力约为270 bar，夹紧力大，刨刀内孔与刀轴的同心度高，刨刀振动小，切削质量高。

为了保证光滑的加工表面，液压刨刀的每齿进给量 U_z 控制在1.3～1.7mm，铣削深度为

0.5～0.8mm。需要根据进给速度和转速配备不同直径和齿数的刀具。通常刨刀直径180～220mm，对应的齿数为8～16。例如，刀轴转速为6000rpm，进给速度U为60m/min，一般配置12个刀齿。刀片材料为高速钢或硬质合金，刀片可重磨。

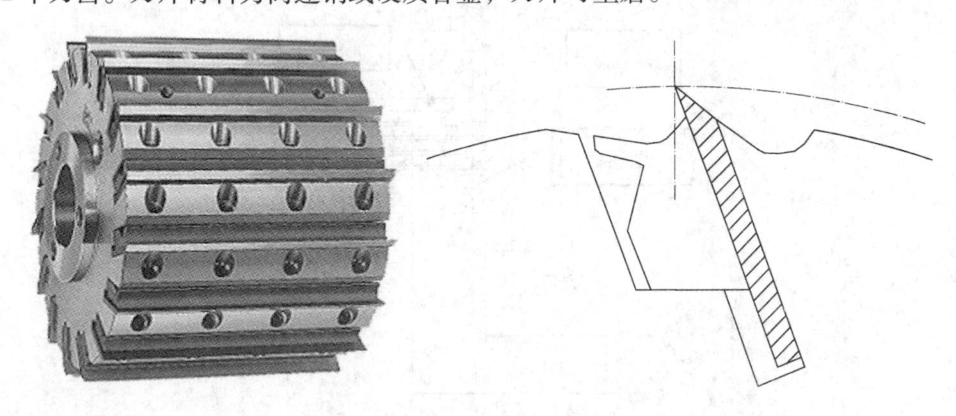

图9-35　液压夹紧装配式刨刀

（三）表板剖分圆锯片

表板的板材经过四面刨光之后，需要剖分成厚约4.2mm的薄板。为了提高出材率，表板剖分通常使用薄锯路圆锯片。剖分锯片规格视剖分锯机类型而定。常用的剖分锯机有Weinig、A. Costa和Schroder，锯机均有左右两垂直锯轴，锯片为水平工作状态。三种锯机锯轴直径和装刀轴套各不相同，如图9-36、图9-37和图9-38。Weinig轴径为50mm，与开放式液压夹紧轴套相配。A. Costa轴径为40mm，轴上具有10mm的双键槽，与普通轴套相配。Schroder轴径为45mm，键槽为8mm，配有特殊轴套。不论何种锯机，都应该保证锯片工作时的稳定性。因此，锯机的轴套结构和法兰盘尺寸显得十分重要。在不同锯机上配置薄锯路圆锯片时，要充分考虑锯轴和轴套的结构，并依据锯片直径D、锯身厚度S和锯切高度H选择法兰盘直径FLD。表9-2列出常用薄锯路圆锯片的规格和相应的法兰盘直径。随着材料及制造技术的发展，圆锯片锯路及锯身也在减小，出现了1.2mm锯路的剖分圆锯片。

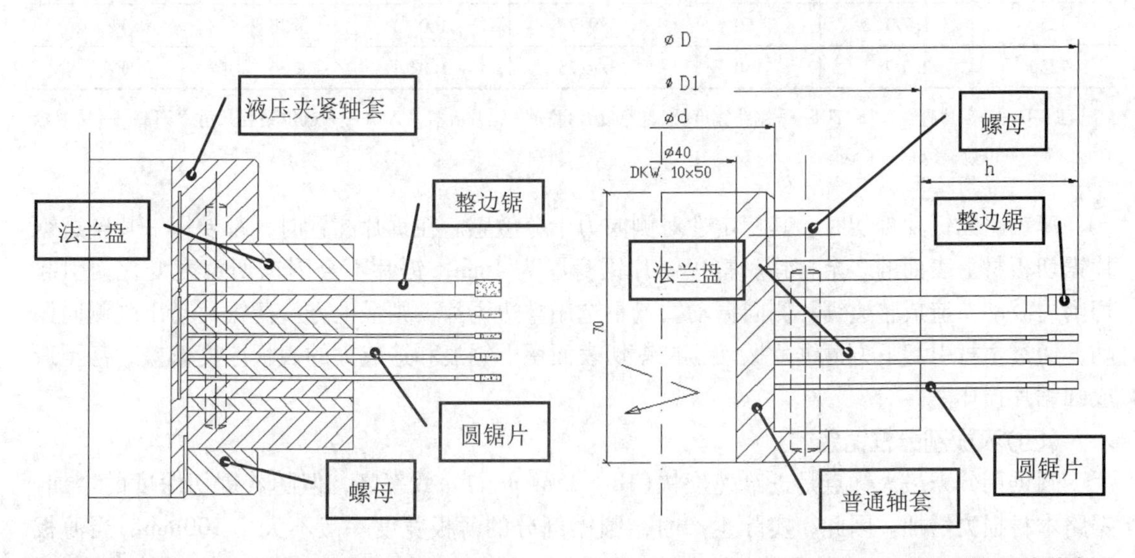

图9-36　Weinig剖分锯机的薄锯路圆锯片装夹　　图9-37　A. Costa剖分锯机的薄锯路圆锯片装夹

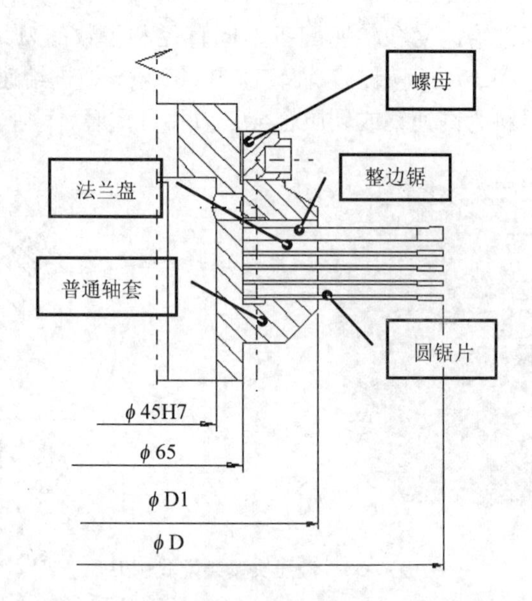

图9-38 Schroder剖分锯机的薄锯路圆锯片装夹

表9-2 薄锯路圆锯片规格及相应的法兰盘直径

D(mm)	*SB/TDI*(mm)	*BO*(mm)	*NLA*(mm)	*FLD*(mm)	*Z*	齿形代号
180	1.5/1.0	60	3/9/75	120	32	FZ
180	1.8/1.3	60	3/9/75	100	32	FZ
200	1.5/1.0	60	3/9/75	120	36	FZ
200	1.8/1.3	60	3/9/75	120	36	FZ
215	2.0/1.4	65	3/9/75	120	30	FZ
225	1.8/1.3	60	3/9/75	140	40	FZ
225	2.0/1.4	60	3/9/75	140	40	FZ
250	1.7/1.2	60	3/9/75	160	36	FZ
250	2.0/1.4	60	3/9/75	160	36	FZ

注：D——锯片直径；SB/TDI——锯路宽度/锯身厚度；BO——锯片孔径；NLA——定位销孔尺寸；FLD——法兰盘直径；Z——齿数；FZ——平齿。

薄锯路圆锯片锯切时，其稳定性对侧向力十分敏感。在锯片配置时，都要用一片整边锯片锯切板材上表面的多余材料。整边锯片锯身厚为4mm，锯片不会因锯切宽度变化而引起切削力波动，造成整边锯片侧向振动。若不选用整边锯片，则最上方一薄锯片易出现侧向振动，通过木材引起下方薄锯片振动，在锯切表面留下锯痕和造成大的表板厚度偏差，甚至造成圆锯片损坏。

(四)表板剖分框锯条

圆锯剖分锯最大优点是进给速度快(18～25m/min)、效率高，但随着锯切深度的增加，锯路木材损失增加。因此，实际生产时，圆锯剖分的薄板宽度一般不大于100mm。当薄板宽度大于100mm时，应使用框锯(排锯)或带锯。尽管框锯进给速度低(0.2～1.5m/min)，但锯路木材损失低、薄板厚度公差小(当锯切高度≤250mm，薄板厚度公差≤±0.15mm；当锯切高度≤150mm，薄板厚度公差≤±0.10mm)、表面粗糙度低(可直接胶合)。因此，框锯广泛用于实木复合地板表板的加工。

框锯条安装在锯框上，通过曲柄连杆机构驱动锯框作上、下往复运动，木方作间隙进给运动，即锯框下行时，木方进给，锯框上行时，木方停止进给。锯切高度(板材宽度)决定了锯框和框锯条的尺寸，其关系如下：

(1)当锯切高度≤80mm时，框锯条规格为380×40×1.05/0.6mm，齿距$t=13$mm。

(2)当锯切高度≤120mm时，框锯条规格为420×40×1.15/0.7mm，齿距$t=13$mm。

(3)当锯切高度≤150mm时，框锯条规格为455×40×1.15/0.7mm，齿距$t=13$mm。

(4)当锯切高度≤200mm时，框锯条规格为505×40×1.25/0.8mm，齿距$t=15$mm。

(5)当锯切高度≤250mm时，框锯条规格为555×40×1.25/0.8mm，齿距$t=15$mm。

当锯切软材时，框锯条前角为12°~14°，框锯条后角为12°~15°；当锯切硬材时，前角为5°~7°，框锯条后角为8°~10°。锯切湿材时，前角增加2°~4°及锯料量增加0.1~0.15mm。

二、芯板切削刀具

芯板剖分锯，如图9-39，主要是芯板剖分锯片。芯板多在多锯片圆锯机上剖分，采用履带链通过式进料。锯轴在工作台下方，锯片切削区为第一象限。工件进给方向与木材纤维方向平行，锯齿主刃应该先于侧刃切断木材纤维，以保证锯切表面光洁度。在选用圆锯片时，锯齿前角必须大于零。理论上，锯齿前角γ应满足下式：

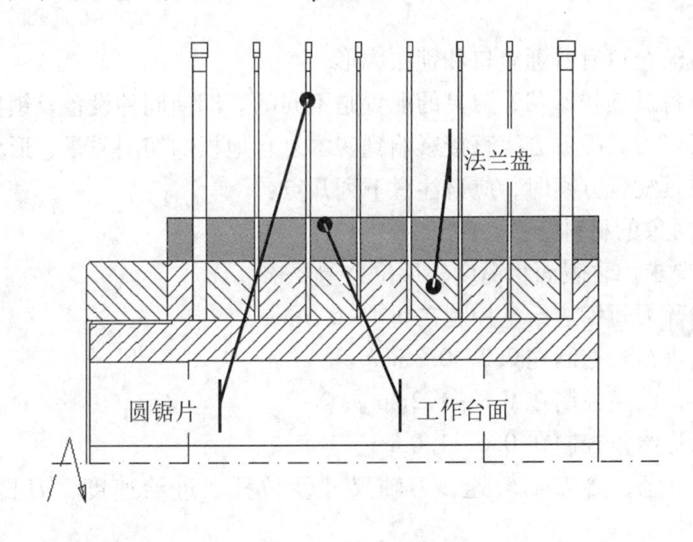

图9-39　芯板剖分锯

$$\gamma \geqslant \arcsin\left(\frac{2(H_1+h)+5}{D}\right)$$

式中：H_1——板材厚度(mm)；

　　h——工作台面厚度(mm)；

D——圆锯片直径(mm)。

锯齿宜使用内凹齿，前、后齿面都为直磨。前齿面内凹角为0.5°~1°，后齿面内凹角一般为5°。芯板剖分锯常用的规格见表9-3。

因锯路高度较大，锯身上应有贮屑槽及刮齿，起临时贮存锯屑及修整锯路壁的作用，防止圆锯片发热失去切削性能。

表9-3 芯板剖分锯的常用规格

D(mm)	SB/TDI(mm)	BO(mm)	FLD(mm)	Z	齿形代号	锯路高度 H
200	2.0/1.4	30	100	24	FZ	≤30mm
250	2.0/1.4	30	130	24	FZ	≤50mm
250	2.4/1.6	30	130	24	FZ	≤50mm
250	2.4/1.6	70	120	24	FZ	≤50mm
250	2.4/1.6	80	120	24	FZ	≤50mm
300	2.8/1.8	70	140	30	FZ	≤70mm
300	2.8/1.8	80	140	30	FZ	≤70mm
300	3.2/2.2	80	120	36	FZ	≤70mm

注：D——锯片直径；SB/TDI——锯路宽度/锯身厚度；BO——锯片孔径；NLA——定位销孔尺寸；FLD——法兰盘直径；Z——齿数；FZ——平齿。

三、刀具配置

实木复合地板的企口有普通企口和锁扣廓形。

根据不同的设备及锁扣形状，刀具的配置是不同的。即使同种设备及锁扣形状，也有不同的刀具配置方案。刀具配置方案直接影响到实木复合地板的切削质量、形位公差及刀具单位成本。在设计刀具配置方案时，应该注意下列几点：

(1)分析切削对象的材料特性。

(2)切削质量要求，含表面粗糙度、形位公差要求。

①划线锯及粉碎刀每齿进给量控制在0.4~0.5mm。

②精修刀每齿进给量控制在0.2~0.3mm。

③成形刀每齿进给量控制在0.8~1.2mm。

④锁扣刀每齿进给量控制在0.6~1.0mm。

(3)研究设备信息，含刀轴转速、刀轴尺寸及位置、进给速度、刀具装夹和切削方式等。

(4)分析实木复合地板的锁扣形状，合理分配各工位刀具功能及刀轴倾斜角度。

(5)选择切削方式(圆柱铣削、圆锥铣削及端面铣削)及切削方向(顺铣或逆铣)。

(6)合理分配左、右两侧的切削量，尽量使两侧切削力达到均衡。

(7)合理选择刀具结构，降低噪声及利于排屑。

(8)完成刀具设计计算，得出刀具尺寸、角度和齿数等技术参数。

(一)实木复合地板普通企口的刀具布置

实木复合地板企口通常在双端铣上加工。长向设备两侧各有有三个刀轴，短向设备两侧各有四个刀轴。各刀轴刀具的功用依据设备类型和结构，存在一定差异。典型的双端铣床刀轴布置如图9-40。下水平刀轴安装了划线锯，上水平刀轴安装了粉碎刀，垂直刀轴为榫槽、榫头成形刀具。

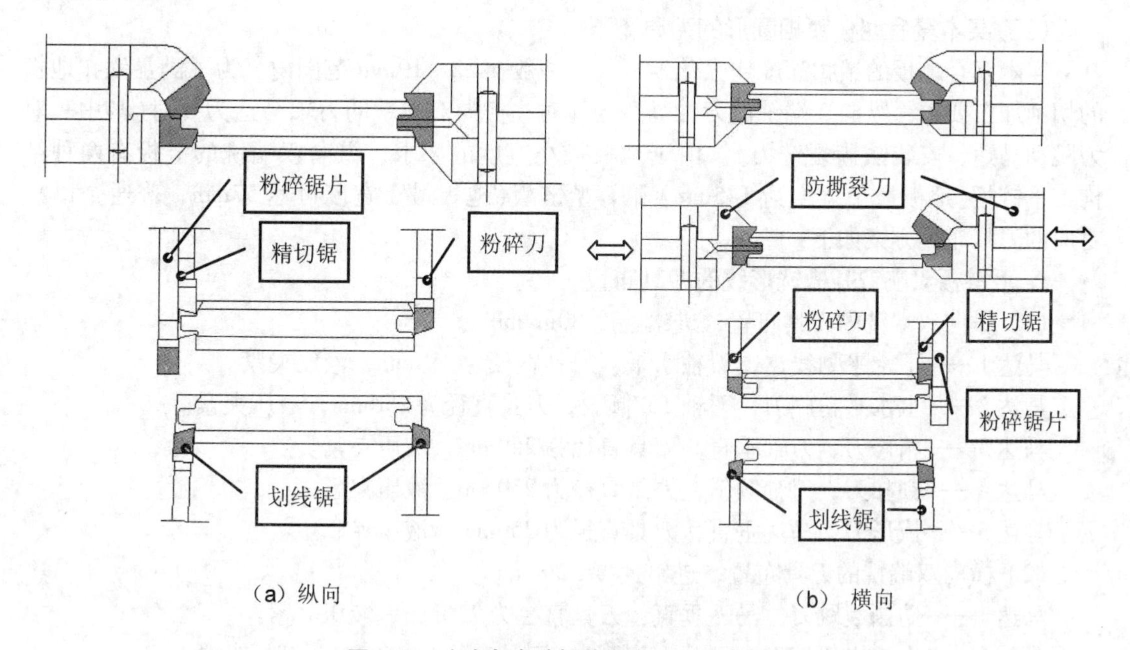

图9-40　实木复合地板普通企口刀具布置

纵向双端铣上，划线锯顺纤维切削表板；横向双端铣上，划线锯为横纤维切削表板。粉碎刀除了将多余的材料变成切屑之外，还要保证背板切削质量。板坯经过水平刀具切削之后，绝大部分加工余量已变成切屑，成形刀具铣削深度已相当小，成形切削不会造成表面木材被撕裂等加工缺陷。

地板榫头、榫槽的表板是划线锯切削的，其齿数多、锯身厚，为端面铣削，切削表面不会形成铣削运动波纹。因此，地板成形后，榫槽、榫头表面相当光滑。既然纵、横向的划线锯切削方向相对于纤维方向不一样，那么其锯身和锯齿都存在一定的差异。通常纵向划线锯要采用较大的前角和较少的齿数，横向要采用较小的前角(甚至负前角)和较多的齿数。纵向划线锯采用前、后齿面直磨或后齿面单向斜磨的内凹齿。但横向划线锯的锯齿前、后齿面均需要单向斜磨，前齿面斜磨角一般为10°后齿面斜磨角为15°。粉碎刀有两种基本结构形式：整体组合和装配组合。粉碎刀由两片或两片以上的锯片组成，形成工件表面的为精切锯片，其他为粉碎锯片。地板背板加工表面质量取决于精切锯片，故纵、横向精切锯片在齿形、齿数和角度上的差异和划线锯相似。目前，实木复合地板厂家对板坯尺寸控制较好，加工余量不大。生产时，以榫槽侧定位，余量留在榫头侧。这样，榫槽侧仅需要单片的粉碎刀。

实木复合地板成形铣刀两种基本的结构形式：焊接式组合铣刀和装配式组合铣刀。和整体组合铣刀相比，装配式铣刀主要具有下述优点：

(1)刀片定位精确，配备液压夹紧轴套后，能保证所有刀齿在同一切削圆上，达到均衡切削。

(2)刀片夹紧楔块具有断屑功能，一般不会发生挖切现象，提高表面切削质量。

(3)刀片为不重磨刀片，地板廓形不会因刀具重磨而变化。

因此，随设备配置的刀具通常为装配式组合铣刀，配置不重磨刀片，费用较高。目前，多采用金刚石成形刀具或硬质合金组合铣刀。

(二)实木复合地板锁扣廓形的刀具布置

实木复合地板的锁扣深度比强化地板大，一般在12~19mm范围内。为了满足锁扣地板的切削加工要求，纵向双端铣的刀轴马达为5对；横向双端铣的刀轴马达为6对(其中一对为跳动马达，安装防撕裂铣刀)。由于地板最小宽度的要求，纵向双端铣的链板有两种结构：平链板(地板最小宽度为145mm)和L型链板(地板最小宽度可达57mm，普通企口)，对应的刀具布置方案如下：

1. 平链板双端铣开槽铣形线的刀具布置

(1) 纵向双端铣的刀具布置，进给速度80m/min。

马达1——下水平划线锯，刀轴水平，刀具直径为250mm，液压夹紧。

马达2——上水平粉碎刀，刀轴15°倾斜，刀具直径为250mm，液压夹紧。

马达3——精修刀，刀轴垂直，刀具直径为250mm，液压夹紧。

马达4——锁扣刀，刀轴倾斜，刀具直径为250mm，液压夹紧。

马达5——成形刀，马达垂直，刀具直径为250mm，液压夹紧。

(2) 横向双端铣的刀具布置，进给速度32m/min。

马达1——防撕裂跳刀，马达垂直，刀具直径为220mm，液压夹紧。

马达2——上水平粉碎刀，刀轴15°倾斜，刀具直径为250mm，液压夹紧。

马达3——下水平粉碎，刀轴水平，刀具直径为250mm，液压夹紧。

马达4——下水平划线(精修表板)，刀轴水平，刀具直径为250mm，液压夹紧。

马达5——锁扣刀，刀轴倾斜，刀具直径为250mm，液压夹紧。

马达6——成形刀，马达垂直，刀具直径为220mm，液压夹紧。

2. L型链板双端铣开槽铣形线的刀具布置

(1) 纵向双端铣的刀具布置，进给速度80m/min。

马达1——上预切刀，刀轴倾斜，刀具直径为250mm，液压夹紧。

马达2——下预切刀，刀轴倾斜，刀具直径为250mm，液压夹紧。

马达3——精修刀，刀轴垂直，刀具直径为250mm，液压夹紧。

马达4——锁扣刀，刀轴倾斜，刀具直径为250mm，液压夹紧。

马达5——成形刀，马达垂直，刀具直径为250mm，液压夹紧。

(2) 横向双端铣的刀具布置，进给速度32m/min。

马达1——防撕裂跳刀，马达垂直，刀具直径为220mm，液压夹紧。

马达2——上水平粉碎刀，刀轴15°倾斜，刀具直径为250mm，液压夹紧。

马达3——下水平粉碎，刀轴水平，刀具直径为250mm，液压夹紧。

马达4——下水平划线(精修表板)，刀轴水平，刀具直径为250mm，液压夹紧。

马达5——锁扣刀，刀轴倾斜，刀具直径为250mm，液压夹紧。

马达6——成形刀，马达垂直，刀具直径为220mm，液压夹紧。

通常采用金刚石刀具切削加工实木复合地板的锁扣企口。刀具配置的计算方法、刀具结构及刀具使用与维护参看本章第三节内容。

第五节　新型木工套装铣刀

切削加工是木材工业生产中最基本、最广泛、最重要的工艺之一，它直接影响工业生产的效率、成本和能源消耗。随着木材工业发展，各种木质材料、木塑材料、秸秆人造板、贴面板、集成材(含竹子集成材)，尤其是三聚氰胺浸渍纸贴面板、PVC贴面板、Al_2O_3强化地板、亚克力(ACRYLIC)等材料越来越多地用于家具、门窗、地板、墙板等领域，某些材料对切削加工带来了很大的难度。简单的切削工序、常规的刀具结构和普通的刀具材料难以胜任或根本无法实现切削加工。另外，随着木材工业技术装配的发展，人造板生产设备、制材设备、家具制造设备和地板等木制品制造设备朝自动化程度高、功能全、进给快和生产效率高等方向发展。这两方面的因素促进了切削刀具的发展与进步，出现了不少新型的木工刀具。

套装铣刀是刀体中心具有安装孔，通过螺钉、螺母或轴套等附件装夹在刀轴上的铣刀。为了满足设备、切削对象、功能和工件粗糙度的要求，近年来，套装铣刀得到较快的发展，出现各种结构和类型的套装铣刀，下面介绍几种常用的新型套装铣刀。

一、高效排屑铣刀

切削加工过程都会产生切屑，切屑量随着铣削深度、宽度和进给速度的增加而增大。切屑不仅造成了环境的粉尘污染，还会因静电吸附在工件表面，影响后续工序的实施。为此，需要采用静电除尘设备清除工件表面的粉尘。生产单位都希望切屑从工件上分离后能全部进入吸尘口被抽走，达到清洁生产的目的。

切削区材料在高速回转的刀具作用下从静止状态变为(不同粒度的切屑)高速运动状态，尽管切屑流线速度衰减迅速，但切屑离开刀具刃口瞬间线速度高达80m/s，而气力吸尘的气流速度通常为28～32 m/s。切屑流的线速度只有小于气力吸尘的气流速度，切屑才能被吸走。传统套装铣刀的刀体上没有设置导屑槽、挡屑板，吸尘罩内没有设置切屑引流板和切屑缓冲区，切屑是在没有控制的情况下四处飞散，气力吸尘装置只能把刚离开工件的一半切屑吸走，余下的切屑需要经过多次循环或抽走或残留在机床上。

高效排屑铣刀及吸尘罩如图9-41，是一种刀具与吸尘罩结合的高效除尘系统(dust flow control，缩写为DFC)。高效排屑铣刀是根据切屑流空间运动特征和气流动力学原理，在满足铣刀功能的前提下，在刀体设计导屑槽、挡屑板，定向引导切屑流的运动方向，使切屑飞入吸尘罩的缓冲区(减速区)。高效吸尘罩是根据刀具形状、尺寸、旋转方向和切削方式等因素进行设计与制造的，它由罩体、前舌板(可调)、后舌板(可调)、引流板、缓冲区和吸尘口等组成。刀体上的挡屑板阻断切屑的运动，导屑槽定向引导切屑进入吸尘罩的缓冲区，切屑流运动速度衰减迅速，低于气力吸尘的气流速度，因而大部分切屑能进入吸尘管道输送到料仓。据报道，高效排屑铣刀与高效吸尘罩结合使用，能吸走90%～95%的切屑，防止切屑在吸尘罩内二次循环或多次循环，从而实现高效除尘的目的。

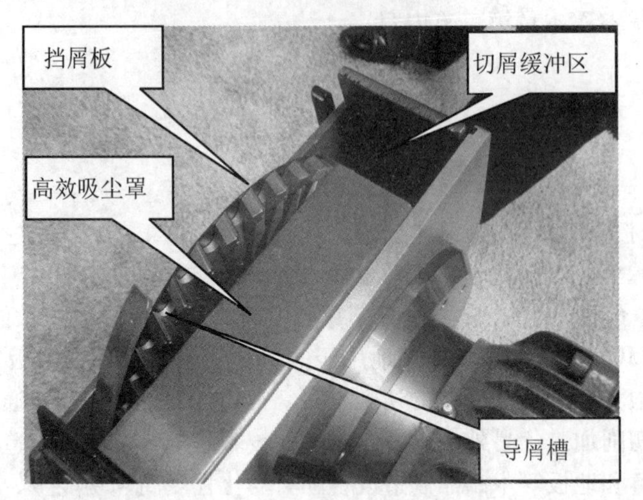

图 9-41 高效排屑刀具及吸尘罩

在满足铣刀功能与工件表面切削质量的前提下，应尽量考虑除尘效果。在设计或选用刀具时，建议考虑以下几点：

(1)逆铣方式的除尘效果比顺铣好。

(2)斜齿(螺旋齿)圆柱铣削的除尘效果比直齿圆柱铣削好。

(3)圆柱铣削的除尘效果比端面铣削好。

(4)单片铣刀的除尘效果比组合铣刀好。

由于设备刀轴数量与布置的限制和工件廓形需要，有时不得不采用除尘效果最差的组合铣刀。当大直径的刀具阻挡了小直径的刀具齿槽时，需要在大径刀具的刀体上为小径刀具设计排屑槽。

二、快速装配铣刀

装配铣刀是刀片通过螺钉和楔块等附件固定在刀体上的铣刀。装配铣刀种类很多，根据刀体结构，装配铣刀分为方刀头和圆刀头；根据螺钉施压方向，分为径向施压和弦向施压；根据刀体所受的应力，分为拉应力和压应力；根据楔块数量，分为无楔块(螺钉直接夹紧)、单楔块和双楔块；根据刀片定位方式分为无定位、沟槽定位和孔定位；根据刀片形状与结构，分为普通刀片、转位重磨刀片和转位非重磨刀片。普通的装配铣刀在更换或重磨刀片时，通常需要将铣刀从刀轴上取下拆装刀片，并用对刀器调节各刀片的伸出量。这不仅浪费时间，而且很难保证刀体上所有刀片在同一切削圆上。因而，开发快速拆装和定位的装配式铣刀对提高产品品质和设备的利用率具有十分重要的意义。

图 9-42 为快速拆装转位铣刀，用于四面刨的最后上水平刀轴或最后下水平刀轴，对工件表面进行精刨。它由刀体 1、刀片 2、夹紧楔块 3、沟槽定位块 4 和夹紧螺钉 5 组成。在加工易产生挖切的材料时，还要配置不同结构的断屑齿。

刀片为沟槽定位的重磨转位刀片，磨损变钝之后旋转 180°，再用另一刃口。两个刃口用过之后，刃磨刀片前刀面，然后继续使用。刀片初始厚度为 3mm，可重磨区为 1mm。

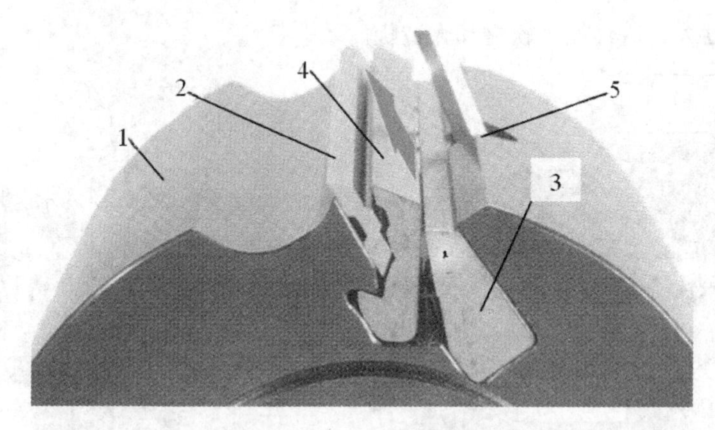

图 9-42　刀片快速装夹铣刀

刀片拆装时，无须把铣刀从刀轴上取下，只要将夹紧螺钉松开，楔块向下移动，定位块松动，刀片就能沿轴向抽出或径向取出，大大节省了更换刀片的时间。

刀具设计时，考虑了刀片重磨前刀面后，切削圆半径不变的要求，它是通过精确的定位面来确保的。刀片装在定位块上，旋转锁紧螺钉，楔块向上移动，使得定位块带着刀片沿着定位面移动。刀片在半径方向的位移正好补偿了刀片修磨后刀片在半径方向上缩短量，从而确保刀片重磨后刀片刃口自动处在重磨前的切削圆上。

转位刀片通常是整体的硬质合金(钨钴类)。当所有刃口磨损变钝之后，刀片就失去了其功能。俗话说，好材用在刀刃上。新型转位刀片的刃口处采用纳米级硬质合金，其他部位采用钨钴材料。一来可以降低刀片成本，二来可以提高刀片的强度与冲击韧性。

三、T 形槽定位的装配铣刀

装配式成形铣刀一般都采用螺钉和楔块等零件夹固刀片。需要花较长的时间调节刀片径向和轴向位置，以保证刀片的径向、端向跳动在允许的公差内。装在常规结构刀体上的成形刀片只能装夹对应的刀体上。这对于工件廓形经常变化的家具企业，就需要配置不同规格的刀体。另外，常规成形刀片均是重磨后刀面，需要仿形工具磨床来保证刀片的精确形状。因此，一些厂家宁愿选用焊接式成形铣刀。

图 9-43 所示的新型装夹的成形铣刀，其刀体、刀片结构突破了传统的装配成形铣刀的设计。在刀体上加工了“T”槽，刀片也是“T”结构，刀体上“T”槽与刀片后刀面平行。刀体上加工了高精度的定位面，刀片前刀面通过螺钉和销钉施压，紧贴在定位面上。重磨前刀面之后，刀片在螺钉的作用下沿着“T”槽移动，补偿刀片在半径方向的缩短量，从而满足切削圆直径不变的特点。这种铣刀具有以下特点：

(1) 刀片可重磨，重磨次数多。

(2) 重磨后，刀具前、后角不变。

(3) 刀片可以安装在不同直径的刀体上。

(4) 切削圆恒定。

(5) 刀片无夹持应力。

(6) 刀片更换迅速。

(7)铣削深度大，适合加工软材和人造板。

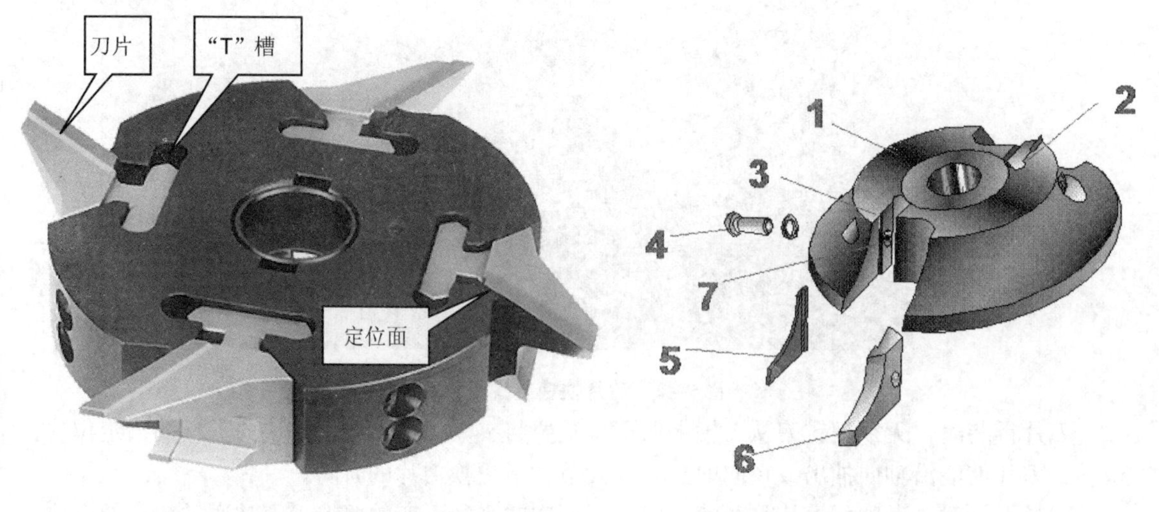

图 9-43 T 形槽定位的装配铣刀　　图 9-44 弦向夹紧高精密的装配铣刀

四、弦向夹紧装配铣刀

图 9-44 所示的铣刀为弦向夹紧沟槽和孔定位的高精密装配铣刀。刀体 1 上具有轴向定位销 7 和径向定位凸棱 3，成形刀片 5 上具有与之对应的定位沟槽和孔，刀片夹持楔块 6 具有螺纹孔，楔块端部为半圆柱体，刀体对应位置有与之配合的半圆孔，楔块可以小范围内转动。刀片 5 通过螺钉 4、楔块 6 固定在刀体 2 上，刀片定位沟槽和孔分别卡入刀体上的径向定位凸棱 3 和定位销 7，达到轴向与径向定位的目的。可见，定位精度取决于刀体与刀片的制造精度。为了达到高精密的定位要求，刀体需要在高精密的数控加工中心上加工；成形刀片要以刀片上的沟槽与孔为基准进行修磨。归纳起来，这种新型铣刀具有以下特点：

(1)刀片是不重磨纳米级硬质合金刀片。

(2)切削圆恒定，刀具前、后角不变。

(3)刀体形状与刀片形状一一对应。

(4)定位精度高。

(5)楔块上可以设计断屑齿。

(6)适合加工实木。

五、螺钉固定的装配铣刀

图 9-45 所示的铣刀为螺钉直接固定的装配铣刀。刀体 1 上具有轴向和径向定位凸棱，成形刀片 2 上具有与之对应的定位端面和沟槽。刀片 2 直接通过螺钉 3 固定在刀体上，螺钉 4 为轴向定位基准。归纳起来，这种新型铣刀具有以下特点：

(1)结构简单，适合纤维板与刨花板。

(2)刀片是不重磨纳米级硬质合金刀片。

(3)切削圆恒定，刀具前、后角不变。

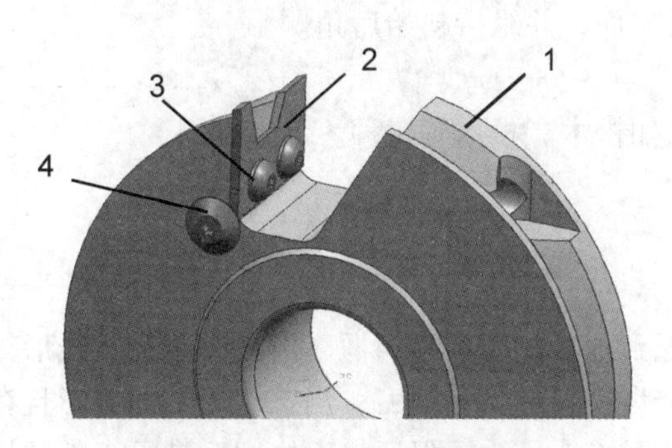

图 9-45　螺钉固定的装配铣刀

(4)刀体形状与刀片形状一一对应。

(5)齿槽大，排屑顺畅。

六、快速液压夹紧装配铣刀

图 9-46 所示的铣刀(或称刨刀)是一种新型的快速液压夹紧装配铣刀。通过液压油枪和刀体 1 上注油嘴 4，向刀体腔体内加入油脂，使刀体腔体内壁膨胀，消除铣刀中心孔与刀轴的配合间隙，达到锁紧铣刀的目的。松开卸压螺钉 5，油脂排出，压力卸除，铣刀就可以从刀轴上取下。刀体 1 与刀片 2 接触的表面 6 分别加工了相互配合的锯齿槽，使得刀片径向调节方便快捷。动平衡之后，刀体上的齿槽与楔块 3 各自编号(号码相同)，使楔块总是放入其相应的齿槽，维持动平衡精度。该铣刀主要有以下特点：

(1)适合高速进给的四面刨床，进给速度可达 300m/min。

(2)刀片更换和调节时，刀体无须从刀具拆卸，也不需要对刀器，方便快捷。

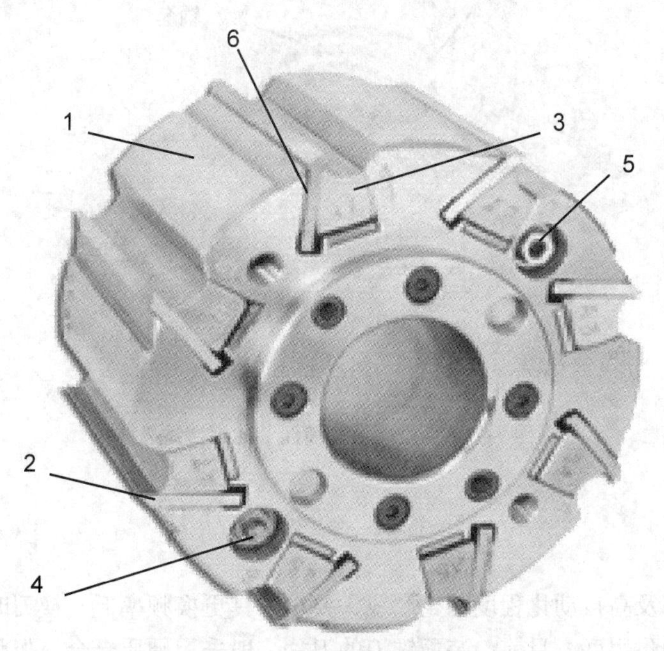

图 9-46　液压夹紧的装配铣刀

(3)刀片可以重磨后刀面，并维持初始后角。

(4)切削圆恒定。

(5)适合加工软材，如松木、杉木等树种。

七、螺纹轴套调节铣刀

木制品加工中经常遇到地板、墙板、门框、门板和装饰木线形等复杂工件截形。当工件为单面截形，可以采用铲齿铣刀或尖齿铣刀；当工件为双面截形且存在与铣刀轴线垂直的边或圆弧时，如地板的榫槽和榫头，为了保证铣刀修磨后满足工件的尺寸精度和配合精度，必须用组合铣刀用来加工。

组合铣刀由两把或两把以上的铣刀组成。单片铣刀可以是铲齿铣刀，也可以是尖齿铣刀；可以是整体铣刀，也可以装配铣刀。为了保证组合铣刀重磨后工件截形不变，组合铣刀一般设计成可以调节铣削宽度，以补偿刀齿重磨后廓形的变化。

组合铣刀常采用自身并拢、垫片和螺纹套筒三种方法调节铣削宽度。前两种方法都需要将刀具从刀轴拆卸下来，才能调节铣削宽度。螺纹套筒也是一种常用的调节方法，但图9-47所示的金刚石组合铣刀是一种新型的液压螺纹轴套调节铣刀，它由液压螺纹轴套、铣刀1和铣刀2组成，而液压螺纹轴套由螺纹轴套、螺母、罗盘、定位销钉和夹紧螺钉构成。铣刀1通过螺钉固定在液压夹紧轴套上，液压轴套端部具有细牙螺纹，与之相旋合的调刀罗盘能调节铣刀2的上下位置。调刀罗盘的刻度为0.01mm，调节精度高。调刀时，首先松开液压夹紧轴套的施压螺钉，然后松开调刀罗盘的夹紧螺钉，罗盘便可转动。顺时针转，地板榫头厚度变小；反之，榫头厚度增加。刀具报废之后，液压螺纹轴套还可以继续使用。

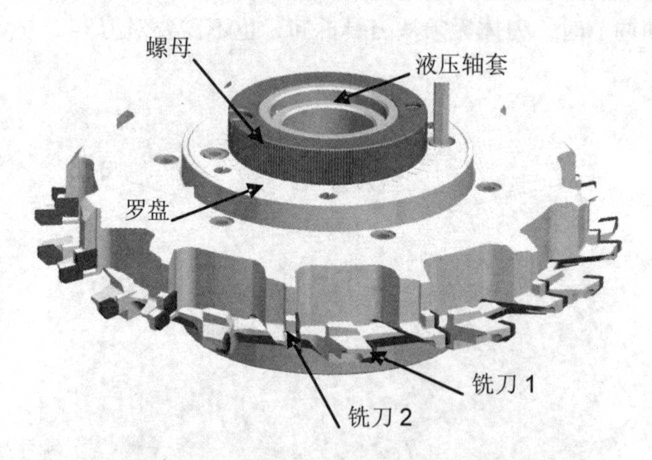

图9-47 新型螺纹套筒调节的组合铣刀

八、金刚石涂层刀片

高速进给设备及高自动化程度的生产线，要求刀具更换频率低、换刀时间短。因此，要求刀具拥有更高的耐用度。目前，装配铣刀的刀片一般采用硬质合金，但耐用度远不如金刚石。在同等使用条件下，金刚石耐用度是硬质合金的80~360倍。金刚石具有极高的硬度和极好的化学稳定性，具有耐强酸和强碱的能力，但韧性很差。若以韧性较好的刀具材料为基体，涂覆一层硬度高、耐磨性高、化学惰性好的涂覆层，使刀具既具有一定的强度和韧性，又具有很好的耐磨性和切削性能，就满足了刀片高耐磨性的要求。金刚石涂层刀片的使用不失为一种理想的抗磨手段。

1995 年日本 Takao 等用 CVD 法将金刚石薄膜涂在硬质合金转位刀片的前刀面(涂层厚 20μm)，进行刨花板的切削试验，结果表明涂层剥落是致命的缺点。一旦涂层没有剥落，刀具磨损几乎没有变化，一直维持在 40～50μm。我们于 1995 年研究了金刚石涂层硬质合金转位刀片，进行中密度纤维板的铣削试验。研究发现金刚石薄膜均有程度不同的剥离，但未剥离的薄膜起到了堤岸保护作用，降低了基体材料的磨耗，因而，刀具耐磨性提高了近一倍。

随着涂层工艺与设备的改进，金刚石薄膜与基体的结合力进一步提高，薄膜剥离将会得到控制。目前，已用金刚石涂层硬质合金材料制造加工强化地板的刀具(精修刀)，用于切削强化地板表面的 Al_2O_3耐磨层，效果良好。然而，CVD 金刚石多晶薄膜的纯度很高，硬度(9000～10000HV)接近天然金刚石，可加工性很差，常规机械加工或电火化腐蚀都难对其实现加工。故金刚石涂层硬质合金材料适合制造不重磨的转位刀片。

在装配式木工铣刀结构中，为了提高刀片装夹速度和定位精度，现较多地采用了不重磨刀片或转位刀片。在随进口设备配备的刀具中，50% 左右的为不重磨或转位装配式铣刀，如封边机、双端铣、四面刨和 CNC 加工中心等木工机械的装配式铣刀上，不乏安装了不重磨或转位刀片。因此，金刚石涂层硬质合金刀片在木工刀具领域内，有着广阔的应用前景。

第六节　木工铣刀装夹

随着木工刀具相关联的技术装备和工件材料的发展，对木工刀具的要求也越来越高，具体表现为：①刀具制造精度高。②刀具装夹迅速。③安装及定位精度高。④刀具耐用度高。⑤切削方式优化。⑥刀具工位的分配合理。⑦噪声低。⑧排屑效果好。在满足刀具制造精度的前提下，刀具装夹技术与方法直接影响设备操作性、使用效率、运行安全、切削精度和工件表面粗糙度。因此，刀具装夹是设备与刀具设计、制造过程中必须考虑的重要环节。总体而言，木工刀具装夹方法与技术必须满足以下要求：

(1)装夹牢固，安全可靠。

(2)安装及拆卸方便快捷。

(3)装夹精度高。

(4)定位及重复定位精度高。

(5)使用寿命长。

鉴于木工刀具结构类型多，装夹技术与方法也很多。按刀具类型分为：①套装铣刀装夹。②柄铣刀装夹。③钻头装夹。④圆锯片装夹。按施力方法分为：①螺母/螺钉。②液压。③热变形装夹。④三点机械变形装夹。按装夹结构类型分为：①螺母装夹。②液压轴套装夹。③专用轴套装夹。④卡套装夹。

一、套装铣刀装夹

套装铣刀是刀体中心具有安装孔，通过螺钉、螺母或轴套等附件装夹在刀轴上的铣刀。

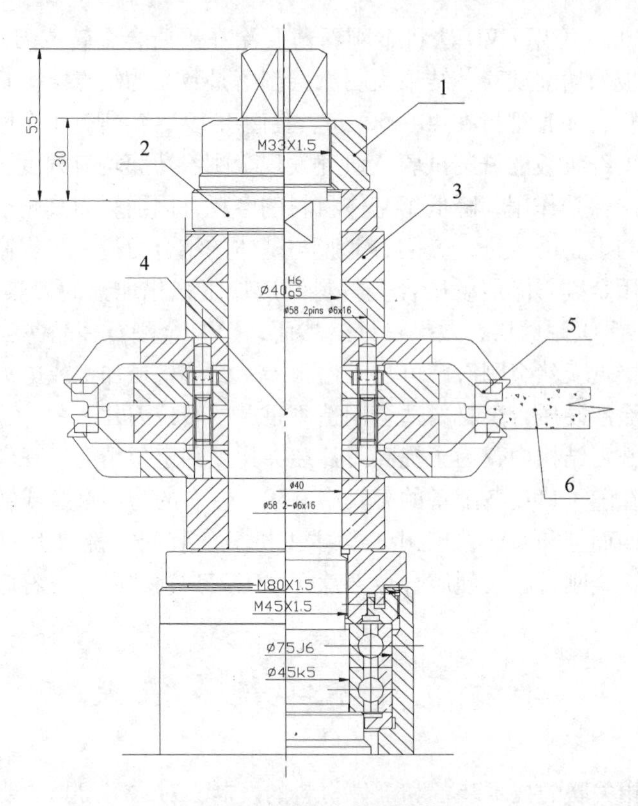

图9-48 螺母装夹套装铣刀

(一)螺母夹紧

螺母装夹，如图9-48，主要用于单轴铣床、四面刨床等木工机械上。刀具5通过螺母1、垫圈2和轴套3安装在刀轴4上，在高速回转过程中切削工件6。刀轴4的轴端有螺纹M33×1.5及止动端，专用套筒扳手两内孔与之配合，实现刀具的装拆。根据刀具旋转方向，轴端螺纹有左右之分，螺纹旋向与刀具旋转方向相反。当刀具旋转方向需要与刀轴的轴端螺纹一致时，需要采用专用的防松螺母1及垫圈2。

刀轴与刀具内孔的配合通常采用H6/g5。存在一定的配合间隙，不能保证刀具内孔中心线与刀轴中心线一致，刀具所有刀齿不在同一切削圆上，工件表面的运动波纹长度不是每齿进给量，而是每转进给量。在这种情形下，刀具的齿数，与工件表面的运动波纹长度没有关系。因此，螺母装夹只能用于进给速度低的机床上，进给速度一般不得超过30m/min。

(二)液压夹紧

液压夹紧套的内部有一空腔，充满了液压油或油脂。施压时，液压轴套内壁膨胀，均匀地包紧刀轴，完全消除了刀具和刀轴的配合间隙，保证了刀具回转中心和刀具旋转轴线一致，减小了刀齿的径向跳动，保证所有刀齿均衡参加切削。液压夹紧轴套具有如下优点：

(1)减小刀具振动，降低轴承磨损，延长轴承使用寿命。

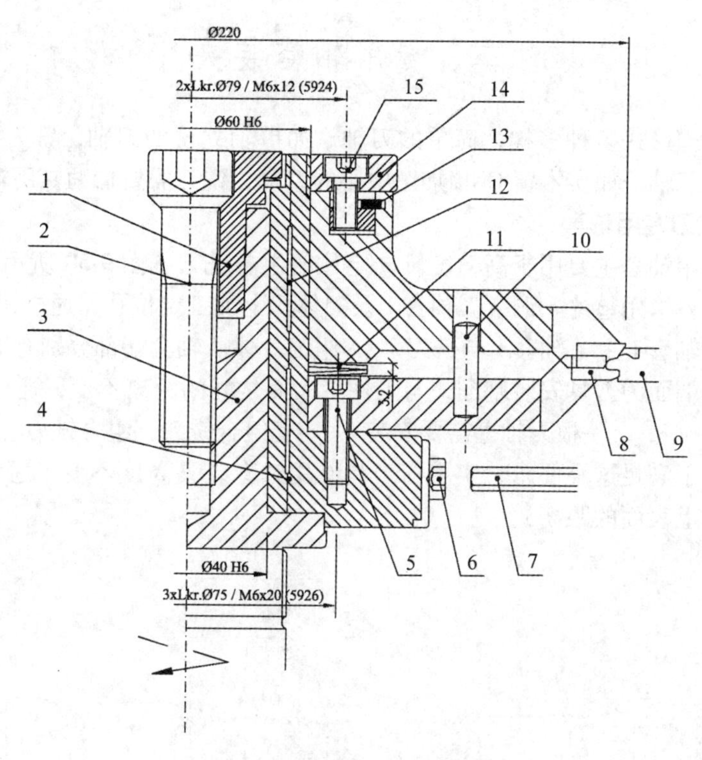

图 9-49　液压装夹组合铣刀

(2)降低切削平面木材的破坏不平度和运动波纹，提高了工件表面的加工质量。

(3)延长了刀具的使用寿命。

(4)刀具装卸方便，缩短换刀和停机时间。

(5)夹紧精度的重复性很高，安全可靠。

液压夹紧轴套需要应用在不同类型设备的刀轴上，用来装夹不同结构的刀具，具有不同结构的液压夹紧轴套。根据施压介质，液压夹紧轴套分为开放式的和封闭式的。根据装刀数量，液压夹紧轴套分为单片刀的、双片刀的和三片刀的。根据施压螺钉的位置，液压夹紧轴套分为侧向加压的和轴向加压的。开放式液压夹紧轴套采用油脂施压；封闭式液压夹紧套采用液压油施压。当加工单面截形的工件时，一片刀就能完成工件廓形的切削，应采用单片刀的液压夹紧轴套；当加工双面截形的工件时，需要采用两片或两片以上的组合刀具，使用双片刀的或三片刀的液压夹紧轴套。组合刀具安装在一个液压夹紧轴套上，应满足刀具在重磨之后能方便调节各片刀具之间轴向距离的需要，以保证工件的廓形不变。

图 9-49 的为液压装夹的两片组合铣刀，它由液压轴套 4、刀具 8、固定螺钉 5、施压螺钉 6、销钉 10、碟形弹簧 11、挡块 13、罗盘 14 和锁紧螺钉 15 等零件组成，通过压紧端盖 1 和内六角螺钉 2 安装在刀轴 3 上。通过扳手 7，松开锁紧螺钉 6 和 15，就能转动罗盘 14，挡块 13 带动刀具上、下移动，达到调节两片刀具之间轴向距离的目的。刀具调节完毕之后，拧紧施压螺钉 6，轴套 4 的内腔 12 变形膨胀，消除了刀轴与液压轴套内孔的配合间隙。当设备进给速度大于 30m/min，应该采用液压夹紧轴套。

二、专用轴套装夹

设备刀轴结构形式多种多样，简单的刀轴，如单轴立铣的刀轴，铣刀可以采用螺母装夹；结构复杂的刀轴，如实木窗CNC加工中心的刀轴，铣刀需要借助专用轴套实现装夹。

（一）组合铣刀专用轴套

组合铣刀专用轴套主要用于高精度轴向定位的组合铣刀，图9-50所示的实木窗组合铣刀，相邻两片铣刀采用垫片3调节。轴套1及刀体5上加工定位孔，通过螺钉7及端盖4将数片铣刀固定在轴套1上，轴套1与铣刀5、6组为一体。轴套端部分别有键槽及平键2，相互配合。轴套下端面为刀具安装基准，与工件下表面之间的距离不变，通常为10mm。在实木窗CNC加工中心上，一根刀轴上需要安装4～8套组合铣刀，组合铣刀上、下位置精确定位十分重要。为了满足这个要求，实木窗刀具专用轴套装夹高度不变，通常为80mm（轴套下端面与平键2上表面的距离）。

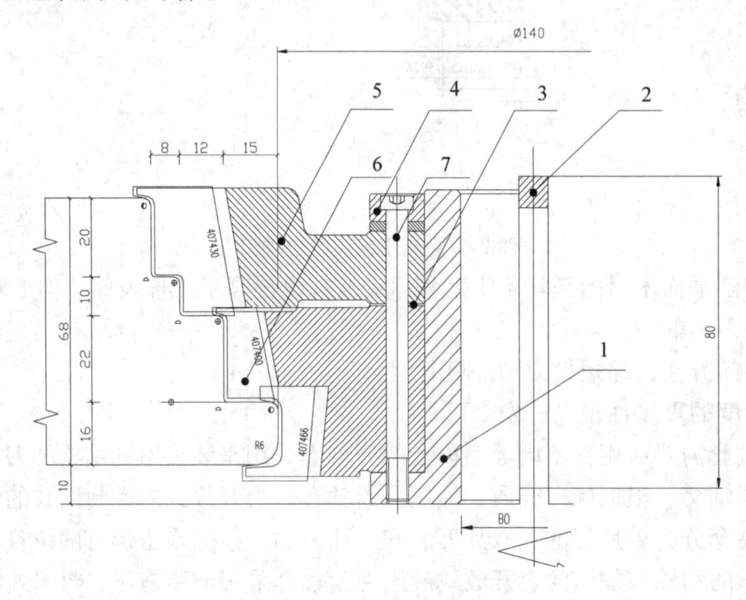

图9-50 组合铣刀专用轴套装夹

（二）划线锯专用轴套

该专用轴套用于双端铣下水平马达刀轴上，装夹高精度定位的划线锯，如图9-51，划线锯转速为3000r/min。

划线锯7通过螺钉6（6×M6）固定在专用轴套5上，专用轴套5通过端盖2、嵌套1和内六角螺钉3（双螺纹M16，M12）装夹在马达刀轴4上。刀轴4与专用轴套5的配合为30H7/g6，刀轴直径为30g6，键为8×7m，轴套的孔径为30H7。划线锯内孔直径为65H7，与划线锯内孔配合轴的直径为65g6。

当划线锯磨损变钝之后需要刃磨时，只需要拆卸6只螺钉6，划线锯7便可从专用轴套5上卸下。专用轴套可以反复使用，一旦划线锯报废，仅需要将新的划线锯安装在专用轴套上便可。

由于采用双螺纹螺钉的轴端固定方式，因此，可以根据需要在轴套上装夹顺锯或逆锯的划线锯。

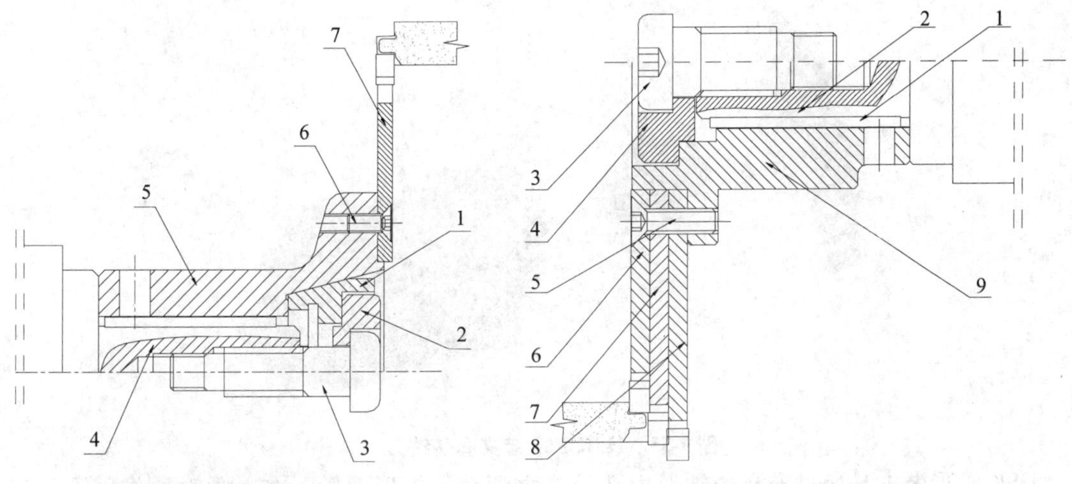

图 9-51 划线锯专用轴套　　图 9-52 粉碎刀专用轴套

(三)粉碎锯专用轴套

用于高精度定位的划线锯，如双端铣上水平刀轴。转速为3000r/min。刀轴与轴套的配合为35H7/g6，刀轴直径为35g6，键为10×8mm，轴套的孔径为35H7。划线锯通过螺钉固定在专用轴套上，螺钉为8×M8，螺钉孔中心圆直径为100mm。轴套可以反复使用。粉碎刀内孔直径为80H7，与粉碎刀内孔配合轴的直径为80g6。刀具通过内六角螺钉、压紧端盖及专用垫圈固定在刀轴上，内六角螺钉为双螺纹(M20，M16)。

该专用轴套用于双端铣上水平马达刀轴上，装夹高精度定位的粉碎刀，如图9-52，粉碎刀转速为3000r/min或6000r/min。

粉碎刀6、7、8通过螺钉5(8×M8)固定在专用轴套9上，专用轴套9通过端盖4和内六角螺钉3(双螺纹 M16，M20)装夹在马达刀轴2上。刀轴2与专用轴套9的配合为35H7/g6，刀轴直径为35g6，键为10×8mm，轴套的孔径为35H7。粉碎刀内孔直径为80H7，与粉碎刀内孔配合轴的直径为80g6。

当粉碎刀磨损变钝之后需要刃磨时，只需要拆卸8只螺钉5，粉碎刀6、7、8便可从专用轴套9上卸下。专用轴套可以反复使用，一旦粉碎刀报废，仅需要将新的粉碎刀安装在专用轴套上便可。

由于采用双螺纹螺钉的轴端固定方式，因此，可以根据需要在轴套上装夹顺锯或逆锯的粉碎刀。

三、HSK 套装铣刀装夹

HSK 装夹卡套是德国阿亨(Ächen)工业大学机床研究所在20世纪90年代初开发的一种双面刀具装夹技术。HSK 卡套已于1996年年列入德国 DIN 标准，并于2001年12月成为国际标准 ISO12164，主要应用于 CNC 加工中心的柄铣刀装夹，实现自动换刀。为了满足套装铣刀自动换刀要求，近几年来 HSK 装夹技术开始应用于高速四面刨、双端铣等木工机械上，图9-53所示的是直接装夹马达刀轴 HSK F63 装夹的套装铣刀。

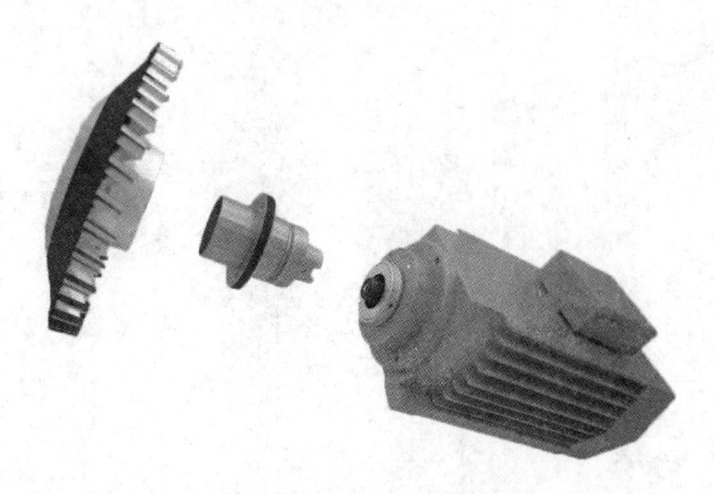

图 9-53 HSK F63 装夹套装铣刀

HSK 锥形装夹是通过卡套的锥形内孔及与之配合的锥形刀轴，在夹紧力的作用下，其端面和锥面同时被夹紧的装夹技术，如图 9-54。HSK 字母含义如下：

H——中空(Hollow/Hohl)；

S—— 轴(Shaft/Schaft)；

K——锥形(Cone/Kegel)，锥度为 1∶10。

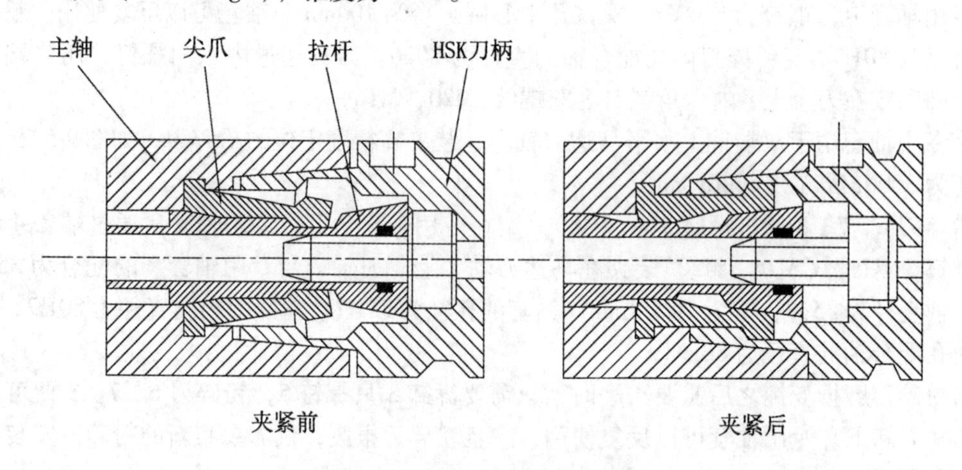

图 9-54 HSK 中空锥形装刀卡套

HSK 中空锥形卡套有 A、C、E、B、D 和 F 结构类型，木工刀具采用 HSK-F63 系列，63 表示锥面最大直径为 63mm。

HSK 中空锥形卡套得工作原理是：拉杆在外力作用下移动，使得夹爪张开嵌入 HSK 卡套内孔，带动 HSK 卡套一起朝主轴移动，直到主轴和 HSK 卡套的锥面、端面同时接触和夹紧为止。换刀时，拉杆在外力作用下反方向移动，夹爪松开，主轴与卡套便可分离。

HSK 卡套具有下列特点：

(1)有效地提高了铣刀与机床主轴的结合刚度。由于采用锥面、端面过定位的结合形式，使卡套与主轴的有效接触面积增大，并从径向和轴向进行双面定位，从而大大提高了刀柄与主轴的结合刚度。

(2)具有较高的重复定位精度，并且自动换刀动作快，有利于实现 ATC(Automatic Tool

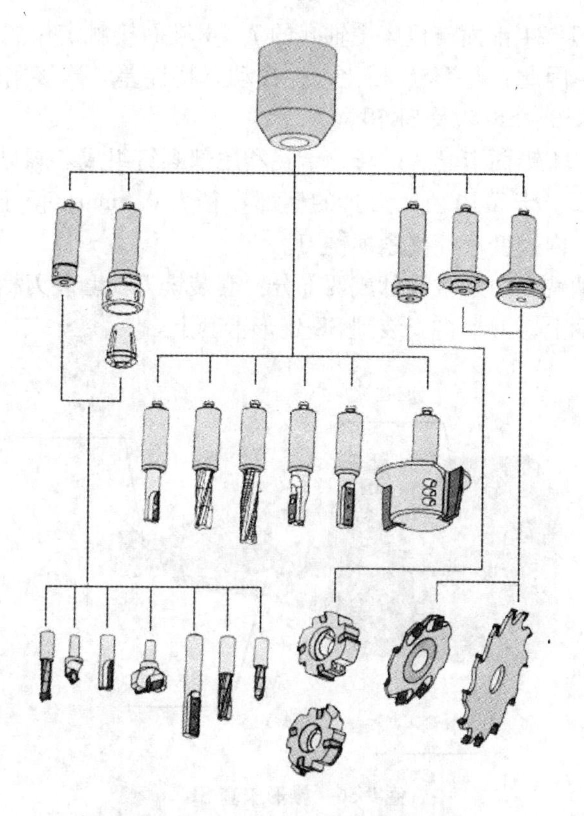

图 9-55　CNC 加工中心卡套装夹柄铣刀

Change)的高速化。

(3)具有良好的高速锁紧性。卡套与主轴间由弹性扩张爪锁紧，转速越高，扩张爪的离心力越大，锁紧力越大，高速锁紧性越好。

四、柄铣刀装夹

柄铣刀除了切削部分和刀体部分之外，还有供装夹用的柄部，主要用于镂铣机和 CNC 加工中心。柄铣刀主要有以下装夹方法：

(1)螺母、卡簧装夹。

(2)液压装夹。

(3)锥形卡套 SK 装夹。

(4)中空锥形卡套 HSK 装夹。

(5)热变形装夹。

(6)三点机械变形装夹。

镂铣机的柄铣刀主要采用螺母、卡簧装夹，CNC 加工中心的柄铣刀采用装刀卡套(锥形卡套 SK 或中空锥形卡套 HSK)装夹。CNC 加工中心卡套装夹柄铣刀主要方法如图 9-55。下面介绍几种常用的柄铣刀装夹方法。

(一)锥形卡套 SK 装夹

CNC 加工中心的主轴锥孔分为两大类：锥度为 7∶24 的 SK 系统和 1∶10 的 HSK 系统。

SK 卡套是靠卡套7: 24 锥面与机床主轴孔的7: 24 锥面接触定位的，通过卡套尾部的螺钉将卡套拉紧连接的。因此，与 HSK 相比，存在动态特性差、连接刚性低和重合精度低等不足。SK 卡套分为 SK30、SK40 及 SK50。

SK 卡套组成由7: 24 锥面卡套、螺母、卡簧和尾部螺钉组成。螺母有左、右旋之分，方向与刀具旋转方向相反。卡簧内径比刀具的柄部直径大 0.5mm，便于刀具装入卡簧内孔。拧紧螺母，卡簧变形，内径变小，夹紧柄铣刀。

对于直径较大的柄铣刀，通常设计成两部分：套装铣刀与套装刀柄。套装铣刀通过端盖及螺钉固定在套装刀柄上，刀柄再安装到 SK 锥形卡套上。

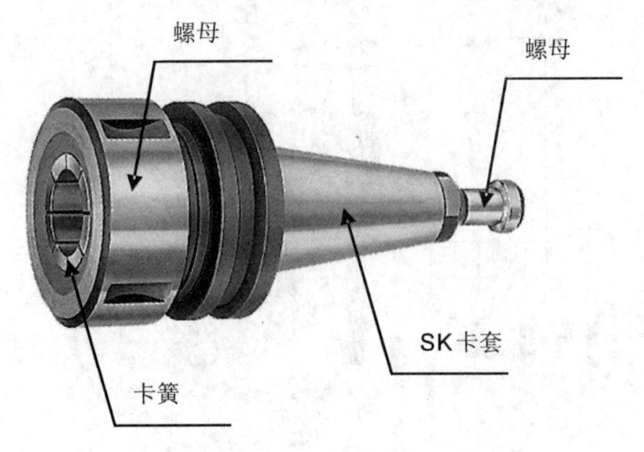

图 9-56 锥形卡套 SK

(二)中空锥形卡套 HSK 装夹

与 SK 卡套相比，HSK 中空锥形卡套具有下列优点：

(1)可适应高速旋转，20000 ~ 40000r/min。

(2)端面与锥面始终同时定位，安装刚性高。

(3)由于有辅助分离功能，即使在刀具热膨胀时，也能方便卸下。

(4)定位精度高，径向跳动不超过 5μm，轴向重复定位精度高达 1μm。

中空锥形卡套 HSK 已广泛应用于各种带刀库的 CNC 加工中心上，图 9-57 所示的刀具 HSK F63 柄装铣刀，铣刀 3、5 通过端盖 7 及螺钉 8 固定在 HSK F63 卡套 1 上。

(三)热装夹装刀卡套

无论是 SK 还是 HSK 装刀卡套，卡簧内孔与柄铣刀柄部均存在间隙，螺母旋紧后，卡簧收缩变形，消除两者之间的间隙。因此，SK、HSK 的刀具装夹精度取决于间隙消除的程度及均匀性。在实际操作过程中，很难完全保证装刀卡套的回转轴线与柄铣刀中心线一致。

热装夹装刀卡套不采用螺母及卡簧夹紧柄铣刀，而是利用热胀冷缩的原理，在特殊的高频加热装置加热装刀卡套，使内壁温度达 240 ~ 270℃，外壁温度达 260 ~ 350℃，装刀卡套内孔直径变大，柄铣刀柄部可方便地装入卡套内，如图 9-58。冷却后，卡套恢复原状，卡套内孔与柄铣刀柄部形成过盈配合，消除了间隙，保证装刀卡套的回转轴线与柄铣刀中心线完全一致，如图 9-59。

(四)压力收缩装刀卡套

压力收缩装刀卡套也不采用螺母及卡簧夹紧柄铣刀，其技术核心是卡套内孔不是圆柱体，如图 9-60，而是三角圆柱体。在专用施压装置上加压后，内孔变成了圆柱体，柄铣刀边部能顺利装入卡套，压力释放后，内空恢复成三角圆柱体，紧紧夹持刀具，保证装刀卡套的回转轴线与柄铣刀中心线完全一致。

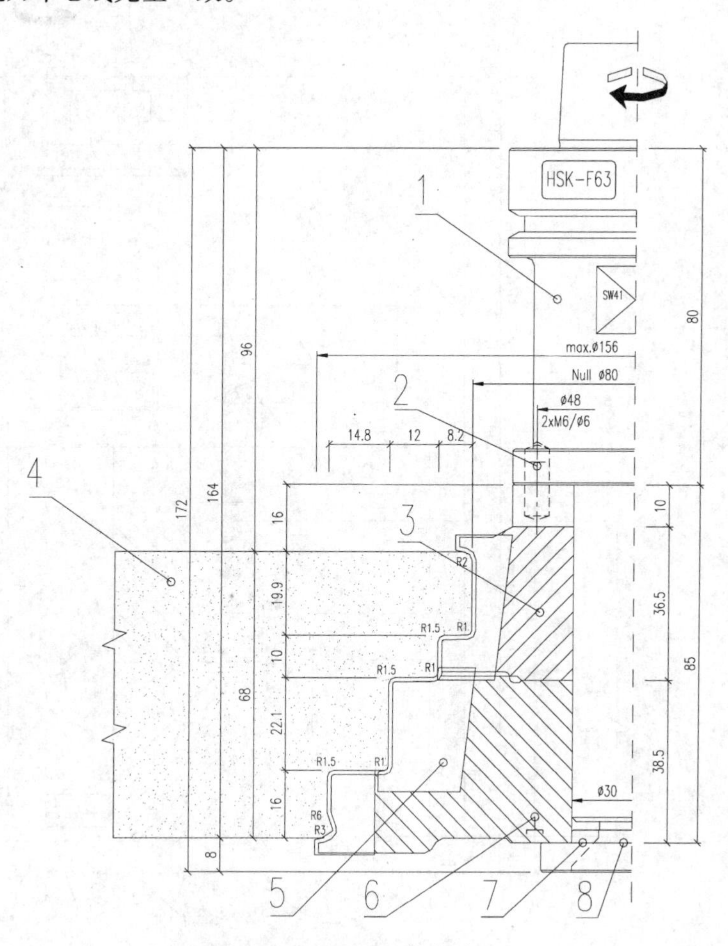

图 9-57 HSK F63 装夹铣刀

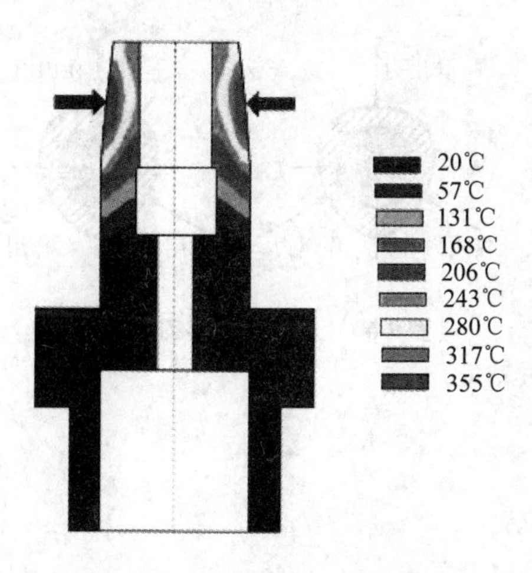

图 9-58 卡套加热后温度分布

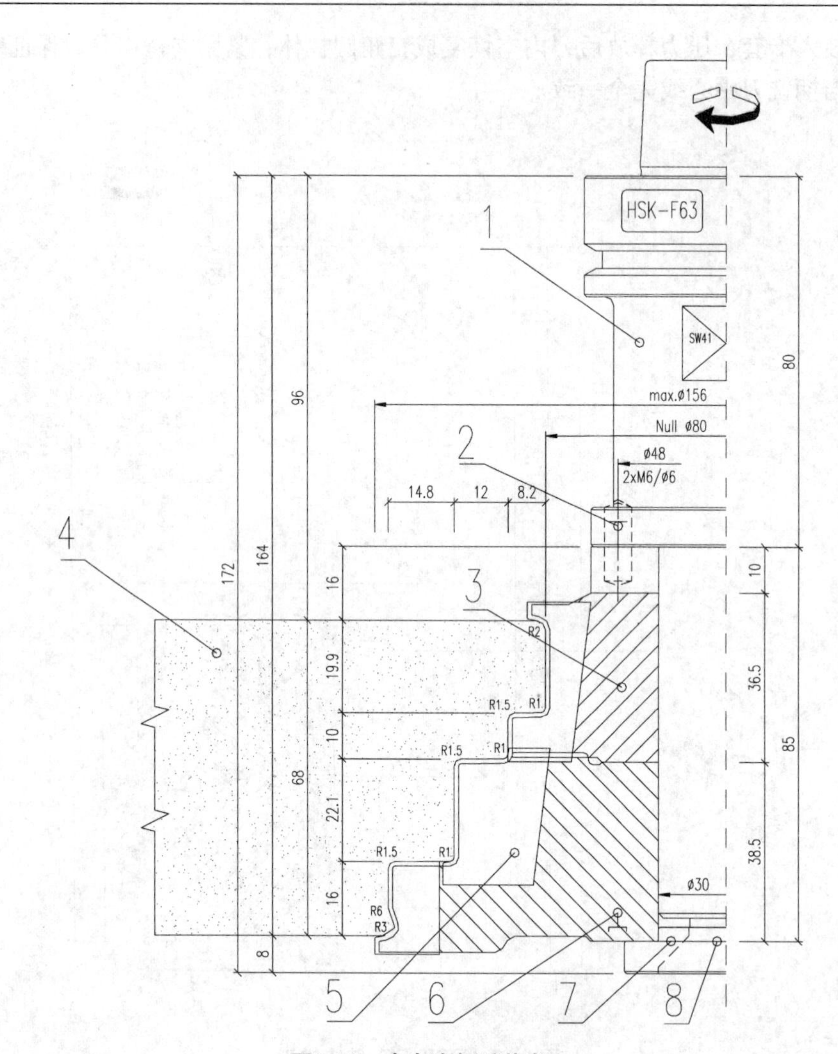

图 9-59 卡套冷却后装夹

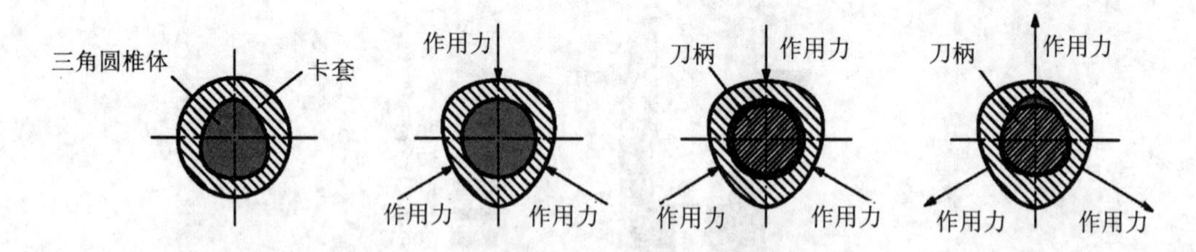

图 9-60 压力收缩装刀卡套

参考文献

1. 李黎．2005. 木材切削原理与刀具[M]. 北京：中国林业出版社.

2. 金维洙．2005. 木材切削与木工刀具[M]. 哈尔滨：东北林业大学出版社.

3. 陈日曜．2004. 金属切削原理[M]. 北京：机械工业出版社.

4. 李黎，杨永福．2002. 家具及木工机械[M]. 北京：中国林业出版社.

5. 孟庆午，李传信．2001. 木材切削刀具刃磨技术[M]. 哈尔滨：东北林业大学出版社.

6. 肖正福，刘淑琴，胡宜萱．1992. 木材切削刀具学[M]. 哈尔滨：东北林业大学出版社.

7. 南京林业大学．1983. 木材切削原理与刀具[M]. 北京：中国林业出版社.

8. 马岩．2007. 国外木材切削刀具设计理论研究新进展[J]. 林业机械与木工设备，35(3).

9. 曹平祥等．2001. 金刚石涂层木工刀片磨损的研究[J]. 林业科学，37(2)：101～107.

10. 曹平祥．2001. 木材切削刀具的液压夹紧轴套及其应用[J]. 林产工业，28(6)：34～37.

11. 曹平祥等．2003. 木工刀具磨损机理及抗磨技术[J]. 林产工业，30(4)：13～16.

12. 曹平祥．2003. 金刚石刀具在木材加工中的应用[J]. 木材工业，17(5)：14～16，28.

13. 李黎，刁宝田，杨永福．2002. 圆锯片上热应力及回转应力的分析[J]. 北京林业大学学报，24(3)：14～17.

14. 曹平祥．1999. 木材年轮对切削力和切屑变形的影响[J]. 木材加工机械，02.

15. 曹平祥，郝宁仲，王瑾．1996. 中密度纤维板切削力的研究[J]. 南京林业大学学报，20(2)：75～79.

16. 王景林，曹平祥．2004. 单板旋切过程中工作后角的变化[J]. 人造板通讯，11(7)：11～13，19.

17. 曹平祥．2006. 当代木工刀具的发展概况[J]. 木材加工机械，17(2)：29～34.

18. 马连祥．2006. 木工刀具制造技术的现状与展望[J]. 木材工业，20(2)：63～65.